U0838104

THE
HERO
WITHIN

THE
HERO
WITHIN

是什么能够让特蕾莎修女和迈克尔·乔丹如此振奋人心？为何哈雷戴维森品牌如此引人注目？苹果品牌又为何如此具有革新特质？《内在英雄》为您揭晓答案。

卡罗尔·S·皮尔森博士是詹姆斯·麦格雷戈伯恩斯领导能力学院院长，马里兰大学帕克分校公共关系学院领导力研究处教授。

卡罗尔·S·皮尔森博士在马肯国际品牌逻辑学术研讨会。

卡罗尔·S·皮尔森博士同时也是美国马里兰州乔治城大学变革型领导者认证项目负责人。

美国著名摇滚歌手韦伦·詹宁斯表示自己深受《内在英雄》启发。

THE
HERO
WITHIN

内在英雄

创造丰盛的生命

[美] 卡罗尔·S·皮尔森 著
王甜甜 译

光明日报出版社

图书在版编目（CIP）数据

内在英雄／(美) 皮尔森著；王甜甜译. -- 北京：光明日报出版社，2015.5

书名原文: The hero within

ISBN 978-7-5112-8278-1

Ⅰ. ①内… Ⅱ. ①皮… ②王… Ⅲ. ①性格－通俗读物 Ⅳ. ①B848.6-49

中国版本图书馆CIP数据核字 (2015) 第083128号

图字号：01-2014-6215

THE HERO WITHIN: Six Archetypes We Live By
Copyright ©1986, 1989, 1998 by Carol S. Pearson
Simpified Chinese Translation copyright © 2015 by Beijing Double Spiral Culture & Exchange Company Ltd.
Published by arrangement with HarperSanFrancisco,
an imprint of HarperCollins Publishers
through Bardon-Chinese Media Agency
博達著作權代理有限公司
ALL RIGHTS RESERVED

内在英雄

著　　者：【美】卡罗尔 · S · 皮尔森　　**译　　者**：王甜甜

策　　划：双螺旋文化
责任编辑：黄海龙　张盈秀　　**责任校对**：傅泉泽
特约编辑：唐　浒　孙丽丽　　**责任印制**：曹　诤
装帧插画：7 拾 3 号　张晓晨　　**特约技术编辑**：张雅琴　沈永勤　杨　骏

出版发行：光明日报出版社
地　　址：北京市东城区珠市口东大街5号，100062
电　　话：010-67078248（咨询），67078870（发行），67019571（邮购）
010-63497501、63370061（团购）
传　　真：010-67078227，67078255
网　　址：http://book.gmw.cn
邮　　箱：gmcbs@gmw.cn
法律顾问：北京德恒律师事务所龚柳方律师

印　　刷：北京中印联印务有限公司
装　　订：北京中印联印务有限公司
本书如有破损、缺页、装订错误，请与本社联系调换

开　　本：720×960mm　1/16
字　　数：360千字　　**印　　张**：22.25
版　　次：2015年8月第1版　　**印　　次**：2015年8月第1次印刷
书　　号：ISBN 978-7-5112-8278-1

定　　价：39.80元

版权所有　翻印必究

《内在英雄》风靡全球

跨越12年，3次修订，6种原型，30年追捧。

《纽约时报》畅销冠军，美国公共电视台节目《神话的力量》热烈讨论，20世纪最伟大的神话学大师约瑟夫·坎贝尔倾心推荐。

“《内在英雄》第一版的销售几乎完全是靠口口相传……不少读者都购买了不止一本《内在英雄》，打算送给自己的朋友和同事……很多读者说，自己放在办公室或家中的书经常会不翼而飞。”

——本书作者

来自世界的赞誉

“她展示给我们一系列词句——孤儿、流浪者、战士、利他主义者、天真者和魔法师，采用积极和消极的事物两面，来归纳人类关系的多样模式。其结果具有非凡的洞察力，将人类自我展露无遗……读来令人愉悦。”

——杰西·本纳德，《女性世界》的作者

“一本所有人都可以快速掌握的心理实用书。”

——琼·筱田·博伦，医学博士

“今天，许多人都想追随自己的幸福，《内在英雄》就为我们揭示了获得幸福的秘诀。皮尔森对个人家庭及组织机构的内在灵魂给予了充分的尊重，帮助读者在承担起个人社会责任的同时也找到并实践了自我。任何一名在成长旅行中行走的人都应该读一读这本书。”

——罗伯特·约翰逊，《他和她》作者

献给阿马利埃·弗兰克

目录
Contents

03 找到自我：流浪者

当他们做好准备，重新回到社会群体中的时候，他们往往会惊讶地发现身边的人和团队竟然都很喜欢那个真实的自己。

04 证明你的价值：战士

自力更生是成年人生活的基础，我们必须展示自身卓越的能力，并切实有效地向这个世界证明自己。

05 展示你的慷慨：利他主义者

我们不仅要承受磨难，而且还要在承受磨难的同时一直保持对生活的热爱和勇气，以及爱护他人的能力。无论遭受到怎样的苦难，都不会将其再传递给另一个人。

06 实现幸福：天真者的回归

如果我们选择用欣赏的眼光去看待我们已经拥有的一切，并且让生活中积极的事件和环境引起自己的共鸣，我们就会突然之间变得更加快乐、幸福。

07 改变你的生活：魔法师

我们需要面对的问题之一，就是当周围的一切乃至我们的内心世界都在改变的时候，我们该如何保持平静和平衡。只有那些愿意放下执著思想的人，才有获得成功的机会。

第二部分 自我掌控：旅行指南

08 尊重你的生活：路径

学会如何以欣赏的眼光去看待迄今为止你所经历过的生活，以及你从中所收获的礼物。

09 陷入困境时的指引：指南针

生活会不断地为我们提供机会，让我们去面对自己的恐惧，面对我们需要意识到的一些东西，又或者，我们需要掌握的技巧。

10 旅行的道德规范：原则

人们对于成功的认识都要求我们具备一定的自知之明。如果我们从来不曾了解自己内心真实的自我，我们就永远都无法获得真正的自我满足感。

附录A 英雄神话自测

附录B 英雄之旅支持团队指导方针

附录C 创造英雄环境

附录D 唤醒12种原型：注意事项

前言

一位电脑专家曾经向我抱怨，许多人第一次购买了个人电脑后，常常会暴跳如雷地打进热线电话，原因就是他们买回去的电脑用不了。事实上，他们是不知道该如何使用它。

我们所有人的内心都蕴含着异常丰富的能量——一股神秘的潜能，只要唤醒这股潜能，它就可以帮助我们获得生活中那些更伟大的成功和满足感。然而，今时今日，知道如何调动这种内心潜能的人却寥寥无几。《内在英雄》就是一本致力于研究这一新兴的内心能量开发（IRD）领域的基础读物，将丰富的内心能量王国还给每一个人，从而让普通人也可以过上一种与众不同的生活。

绝大多数人都知道，当我们买回一台电脑后，即便不去上电脑课，至少也应该阅读电脑的使用说明书。可是，当我们面对自己的心灵或精神世界时，却经常天真地希望他们能够管理好自己，流畅自如地工作。我们的文化似乎已经默许了一种观念的存在，即："只有在出现问题之后，我们才需要审视自己的内心世界。"每当这时，我们往往会致电专家（医师、心理学家、牧师、精神导师等），确认自己到底是什么地方出了问题、存在哪些不足，或是萌生了什么罪恶思想，从而导致了问题的出现。这就好比我们在一部出了故障的机器上寻找有问题的零部件，然后找到后再把它换掉一样。

我们这个时代涌现出许多自我帮助题材的书籍，其中不少都取得了成功，而这也恰好反映出人们渴望为自己的心理健康和精神发展而负责。大多数此类书籍都着重于向我们阐述自己到底出了什么问题，然后再告诉我们怎样做才能让自己变得更好。就拿电脑来说吧，也许我们根本就不需要把它送去修理，只要弄明白自己想要它做什么以及如何在当前的状态下使用它就行了。

我们可以把《内在英雄》当成是一本关于心灵世界的使用说明，或者，我们也可以把它看成是旅行中的一张地图或一本指南。书中描述了6种内心世界，又或者说是6种可以帮助我们完成生命之旅的精神原型。借助于它们的帮助，我们就可以顺利通过成长过程中那些不可预测的困境和难关。当我们学会如何获取这一来自内在的帮助之后，我们对未来的恐惧心理也会随之减退。到那时，我们就会明白：无论在前进的道路上遇到何种挑战，我们都可以从自己的内心汲取到应付挑战所需的全部能量。

生活是如此复杂，我们又怎么能够把了解内心能量的机会拱手让给心理学家或其他专家呢？要想在当前的工作中取得成功，我们就必须开发自己的情商和精神智慧。而本书中介绍的这些原型（基础的心理结构）就能够帮助我们解开内心世界的精神密码，同时也能帮助我们了解他人的内心生活，从而使我们能够胸有成竹地应对生活中出现的各种挑战。

瑞士精神病专家荣格是心理原型研究这一领域的先行者，他提出了关于心理类别、个性化过程、移情、投射及同步性等问题的相关理论。荣格将心理原型描述为人类精神中的一种深沉而长久的模型，其能量和存在不会随着时间的推移而减弱或消失。用荣格本人的话来说，这些原型可能存在于“集体潜意识”或“客体心灵”之中，它们甚至还有可能被纳入人类的大脑，成为其组成部分。荣格在病人的梦境、艺术和文学作品以及神话中发现了这些原型，并且针对它们开发出了各种治疗方案，譬如说梦境分析、活跃的想象练习，以及在清醒状态下对原型尺度的剖析。通过治疗，有些患有严重情感和心理疾病的病人的病情大幅好转，甚至治愈。不过，荣格研究原型的目的是为了治疗机能障碍，而《内在英雄》虽然应用了荣格的理念和方法，但其目的却是为了帮助人们获得一个更加健康有益的内心世界。

在现今世界的大多数地方，无数普通人正面临着一系列选择，然而，并非所有人都有机会站在决策的十字路口，只有那些最幸运的人才能获得这一机会。在人类的历史上，决定一个人的生活方式及其思想的因素往往有如下几个要素：这个人所扮演的特定的性别角色、既定的职业模式以及由当时他所处的阶级地位或种族群体所决定的那些可预测的行为。现在，性别角色的概念已经越来越模糊，而种族也不再是限制个人身份和地位的决定性要素。经济的发展和社会变革使我们当中的许多人在短暂的一生当中可能会追求和从事多种职业。此外，我们也完全有自由去选择一种与众不同的生活方式。所有这一切都对生活在现代社会的我们提出了更多、更高的要求。为此，我们需要让自己变得更加灵活，惟有如此，我们才能接住所有抛向空中的球。与此同时，我们还需要做出无数个或大或小的决定，来确定我们到底想成为什么样的人，以及我们想要的生活。

当今世界是如此的复杂，以至于我们所有人都必须了解自己的内心及其潜能。不幸的是，绝大多数人都没有接受过这方面的系统训练，以至于我们并不熟悉自身的内在渴望和能量。事实上，除非人们感到沮丧，或是遇到其他更大的难题，迫使他们不得不求助于心理临床医师，不然，大多数人往往不会试着想要去了解自己真实的内心世界。

今天，许多人已经意识到我们有义务对自己的精神健康负责。当我们生病之后，要想康复，不能仅仅依赖医生，我们至少还要注意适度的锻炼和饮食，同时保持一种健康的生活方式。只有这样，我们才能阻止疾病的再度降临。

健康的心理和健康的身体同样重要。通过为普通大众提供各种专业信息，《内在英雄》可以帮助读者重新获得对自己生活的控制权。此外，我们还能掌握一些我们需要了解的基础知识，从而使我们能够有机会领悟自己丰富的内心世界。

《内在英雄》中的原型可以被用来提高一个人的情商和精神智慧。该书的应用范围很广，因为它允许我们在不窥探个人生活或历史的前提下与自己展开深入而真实的沟通。在帮助人们与自己的精神和灵魂进行沟通的同时，本书并不会影响（既不鼓动，也不违背）我们现有的宗教承诺。通过书中的方法，我们可以走进自己的内心世界，找出自身的问题所在。与此同时，我们也能借此发现自己的潜能，从而建立起更加牢固的自尊，并且让自己的内心更好地为生活服务。

本书的出版历史

第三版的《内在英雄》是在第一版和第二版的框架及文字基础上完成的。我写《内在英雄》的灵感来自于一种关注：假如大多数人都持之以恒地去寻找“外在”或“别处”的英雄，那么，我们这个时代的许多重要的政治、社会及哲学问题将会始终无法得到解决。这本书是对这种追求所做出的回应，同时，它也是对读者的一种挑战，从而激发出其内在的能量，督促他们踏上各自的人生之旅。但这并不是要你变成一个比其他人更强大、更好或更重要的人。我们所有人都一样，都很重要。我们每个人都肩负着一项至关重要的使命，要想实现这一使命，我们就必须冒着可能存在的风险，做好真实且独一无二的自己。

在当今这个世界，许多人都不由自主地投入到了一种疯狂的追逐之中，而他们所追求的不过是金钱、身份、权力以及社会上流行的奢侈生活之类的名和利。无论是身处于追逐之中的那些人，还是置身其外的人，我们每个人的心里其实都很明白，人们已经被一种前所未有的空虚感所包围，心灵饥渴已经成为一种普遍现象。在撰写《内在英雄》一书的过程中，我感觉我们每个人都需要了解一下各自生活的意义（不是泛泛的“生活的意义”），需要找到能够让自己拥有强大的内心、过真实且有意义的生活的力量。

尽管我早已知道这本书可能会在读者中引起强烈的反响，可当PBS电视台播放的由比尔·莫耶斯和约瑟夫·坎贝尔主持的访谈节目《神话的力量》时那些热心读者们的反馈还是让我有些惊讶，同时也备感欣慰。原来，已经有这么多人做好准备、迫不及待地想响应召唤，开始人生之旅。

《内在英雄》第一版的销售几乎完全是靠口碑相传。当我知道有不少读者都购买了不止一本《内在英雄》，打算送给自己的朋友和同事并想让他们和自己一起投入到追求真实自我的旅程时，我感到欣喜若狂。很多读者说，自己放在办公室或家中的书经常会不翼而飞。我想，拿走他们书的那个人可能是他们的朋友、爱人或家人，也有可能是他们的客户或同事。

许多热心的读者还专程写信或致电过来，告诉我们《内在英雄》真实地反映了他们的经历，还会与我们分享他们的心路历程——他们的内心因为阅读了本书而变得更加强大了。其中有一名来自澳大利亚的读者给我留下了深刻的印象。他曾先后三次打来电话，向我表示感谢，感谢我写了这本书。尽管每次他听到的都是我电话答录机的声音，但是显然，他的热情并没有因此而减退。不过，更让我感动的是那些真实的个人转变案例。一个生活在美国西北部地区的小伙子告诉我，他曾一无所有，甚至独自一人住在森林里。但有一天，他看到了这本书，并且相信了书中的方法，随后，这本书就彻底改变了他的生活。后来，当他带着一本已经破旧不堪的《内在英雄》来到我的演讲现场时，他已经是一间小公司的行政管理者。我想这就是神话般的力量。

第二版《内在英雄》源自于读者们提问频率最高的一个问题："有没有这样一种可能，我们可以通过做某些事情在生活中鼓励并促进某种原型的发展？"我的回答是"有"。而我在第二版中添加的那些练习就是针对这一问题而展开的。

第三版《内在英雄》的出版则是基于一个很简单的事实：自从《内在英雄》问世以来，这个世界已经发生了许多变化。它帮助人们逐渐意识到了内心能量的存在，并告知他们唤醒内心能量的方法。这类书籍也让人们的思想较十年前发生了很大的变化，变得更加细腻复杂，对自身内在能量的了解也更深厚。今天，美国总统有意识地提到了国家的"前途"；财经类书籍也在不断地告诫那些管理者：他们必须继续自己的人生之旅，改变自我从而具备应有的实力，适应当今这个充满竞争的世界。事实上，所有人都明白，我们已经进入一个充满挑战的时代，生活在这个时代的每一个人都必须具备一定的能力，而在过去，只有少数特殊的人才需要满足这一要求。

我很感谢旧金山哈珀出版社，感谢邀请我在第二版的基础上对此书的内容进行修订和拓展。通过撰写本书，我不仅看到了自己观念的演变历程，而且也更加清楚地看到了文化集体潜意识的过去和现状，以及它的转变。也正是因为有了这次的写作经历，我在对待个人潜能和社会转变问题方面变得更加乐观了。种子已经撒下，幼苗正在茁壮成长。我们可以用自己的关注来灌溉这些新生命，而这份的关注就是最好的肥料。

与第二版的不同

修订第二版《内在英雄》最主要的目的就是想让它变得更加平易近人，让它走进更多人的生活。第二版出版后，不少读者都和我们分享了他们阅读本书后的感想，以及他们的生活因为这本书而发生的改变。因此，我希望通过这次修订让更多的人能够接触到并学会利用本书。首先，我对原有的引文做了必要的修改和拓展，用一种更加简单明了的方式对书中所涉及的那些关键概念进行简单的阐述。此外，在书的结尾处，我也新增了三个章节，帮助读者了解如何在自己的日常生活中运用书中所提到的原型。自从本书第一版问世至今，已经有数十年的时间，所以我们拥有了更加丰富的实践力量，从而能够指导读者有意识地应用原型模式来掌控自我。

本书中的许多内容源自于个人私密信息；第二章至第七章向读者描述了几种不同的原型，其间，我引用了一些文学作品中的案例加以说明；与此同时，我也引用了一些真实的故事加以支撑和佐证。在那些探寻如何在生活中利用原型意识的章节中（见本书的第一章，以及第八章至第十章），我引用了大量的真实的案例。不过，为了保护当事人的隐私，我对所有的真实案例都进行了加工和再创作。譬如说，将多个案例的故事糅合成一个，又或是虚化了其中的一些内容或人名，从而确保这些故事不会泄露案例中当事人的真实信息。此外，我还在书中插入了一些来自于我个人生活中的小事件。

修改本书的另一个原因在于，原书中所提及的某些性别角色及其原型影响具有一定的时代背景。当我最初动笔撰写《内在英雄》的时候，我注意到了当时社会上的一个事实——女性很少会把自己看成是英雄，因为按照当时的社会观点，她们并不是社会的主体。这也是我没有在书中使用“女英雄”这个词语的原因。

女性开展内心旅行的方式不同于男性，有时候，其结果也会不同于男性，但是从本质上来说，英雄之旅并无性别之分。在过去的十年当中，男性和女性的生活已经越来越趋同。因此，当我着手修改书中的内容时，我就适当地更新了一些关于性别的案例。

在过去，性别因素会对人们的生活和行为产生诸多限制，且男性和女性都同样会受其约束。男人们想尽一切办法增加自己身上的男子气魄，与此同时，他们也竭力避免各种女性化的言行。女人们则千方百计地增加自己的女人味，尽可能表现得温柔体贴，并且刻意不让自己表现出丝毫的阳刚气。但现在，越来越多的男人希望能够亲自抚养子女，协助“构建和谐家庭”，并且主动和配偶甚至朋友分享内心情感。而越来越多的女人则希望自己能够出去工作，并且在有需要的时候展示自己强硬的一面。

今天，许多我曾经在《内在英雄》中倡导过的观念已然发生，至少年轻的一代人已经赶上了这次变革。在第一版中，我鼓励女性像战士一样在这个世界上生活、工作，同时我也鼓励男性拓展内心英雄主义的范畴，接触或进入传统意义上的女性英雄主义——就像利他主义者那样。从很多方面来说，正是因为有了女性所展现出来的对他人的关心和爱护，我们的家庭和社会才能成为一个整体。相对于男性来说，女性接纳并投入传统男性角色的速度往往更快，很大程度上是因为，相对而言，我们的文化更尊崇男性的行为方式。书中最后一个讨论的心理原型是魔法师。我之所以如此安排，不仅是因为它掌控着王国的运转，而且从本质上来说，这一原型没有性别之分，从而可以水乳交融地体现两性的传统特征。我相信，这一原型的提出会在个人思想乃至社会上形成一个平衡点，其所具备的强大能量一定可以让男性和女性都得到平等的对待和重视。

在修改本书的过程中，我所遭遇的最大挑战来自于书中各种原型的表述，因为它们在过去十年中一直在不断地变化。这种由文化变迁所带来的理念上的改变也影响了我对那些心理原型的命名，以及对这些原型的排列顺序和每种原型的描述。

当我在撰写第一版《内在英雄》的时候，我很担心其中的战士原型，因为其与生俱来的征服本性很可能会摧毁这个世界。当时，冷战正在愈演愈烈，各大国之间的核武器竞备开始加速，种族间的紧张关系不断加剧。此外，接二连三的环境灾难，以及如脱缰野马般狂奔的竞争似乎都无休无止。但在那之后，柏林墙被推倒了，南非的种族隔离制度被废黜了，人们的环境保护意识也越来越强烈，各种运动（充满男子气概的战士角色在其中起到了十分关键的作用）爆发了。心理原型的形式是永恒的，但是其内容表述却是由各个特定的历史时期的意识程度来决定的。在大部分有记载的人类历史当中，人们总是在战斗中来证明自己。不过，自从越战开始，战争已经受到了越来越多的质疑。

随着核武器的出现，战争对文明的破坏已经大到无法估量的程度，人类也因为战争本身的极度危险性而不敢再轻易发动它。如此一来，关于原型的表述也提升到了一个更高的程度。我们把年轻的男孩和女孩送进公司，并且警告他们必须要做出一点属于自己的东西。战士的能量几乎全都转化为渴望获得成就的意志力，无论在田径赛场上，在学校里，还是在办公地点。

此外，利他主义者原型也发生了十分显著的变迁。20世纪80年代，当我在撰写第一版《内在英雄》的时候，我把这一原型称为殉道者，当时的我已经注意到了女性为丈夫和孩子所作出的伟大牺牲。但在那之后，女性的社会角色发生了显著的变化，人们举行的各种运动暴露出了一个事实，即这种与生俱来的自我牺牲观念不仅存在于传统女性的头脑中，也同样存在于传统男性的观念之中。在协同依赖性的心理学著作中还把殉道者当成是一种病理来研究和分析。于是，殉道就变成了社会上一种无法被人接受的概念。事实上，“殉道者”这个单词被人们误认为带有一些消极的意义。所以，我觉得，在新版的《内在英雄》一书中，如果能够用“利他主义者”这个意义与其相近但不含负面意义的名称来替代原有的殉道者原型，似乎显得更加恰当。不要小看这一变化，这不仅仅只是一个名称的改变。“利他主义者”一词的使用其实是对过去十年中心理原型所发生的改变的一种认可和尊重。我们在努力地表达内心的利他主义思想的同时，我们又会很小心，以免成为不受人认同的殉道者。在这一过程中，原型就受到了压制和束缚。然而，面对街上那些无家可归的流浪者，还有家里疏于照顾的孩子，以及富人与中产阶级之间的巨大收入差异，生活在这样一个时代中的我们比以往任何时候都更需要利他主义者。

天真者原型也同样发生了变化。当我刚开始写《内在英雄》的时候，文化和精神的觉醒才刚刚起步。当遭到拒绝或否定时，天真者就会转用其他方式来表现自我，譬如说，像孩子一样依赖他人、沉醉于以自我为中心的自我欣赏之中，又或是干脆表现出诸多文化层面的脆弱行为（尤其是在遇到环境污染和社会不公平现象的时候）。不过，当精神进入生活之后，天真者就会变成一个神秘主义者，能够体会到宇宙中那些美好的事物。文化中的精神回归意味着尽管天真者被宠坏的一面依然存在，但是这是一个好的信号，能够给人带来无限的希望。今天，越来越多的人正在体验天真者重返伊甸园的那种感觉。天真精神在文化领域的大举回归，使得我在修改本书时，将天真者一章移到了倒数第二章，放到了利他主义者之后，魔法师之前。原型内涵高度的上升也使得我将高层次的天真者同魔法师区分开来。英雄找到了宝藏，并且重新获得纯洁天真的精神，接下来，他就能发挥其魔法师的能力，改造自己的王国。这意味着我们改变世界并不是为了让自己快乐、幸福，而是我们首先找到了幸福，然后才着手改造世界。

我知道，有些读者在看到我对本书做出的种种改变之后可能会感到不高兴，尤其是那些十分钟爱以往两个版本的读者。在动笔之前，我就已经预料到了这一结果，我曾经发表过一些演讲，其中有一次，一位观众在提问环节中直接站起来说，我改写这本书令他感到十分气愤。他解释说，他就喜欢原来的《内在英雄》，对于我将原有的6种原型拓展为12种的做法，他感到很生气；而且他也很讨厌我在新书中诠释这些原型的方式，他想要我保持原书的结构和内容。

在1986年出版的《内在英雄》一书的前言结尾处，我写道："如果许多年后，你和我在路上偶遇，请不要让我为这本书中的观点进行任何辩解。因为那时的我很有可能已经了解了更多信息，不再认同我当初写下的那些话。你只需要告诉我你的想法，然后问我自从我写完这本书以后我都学到了些什么就可以了。"这本修订版将会回答你的这个问题。我期待能够从读者对这本书的反馈中学到更多，也期望这种持续的影响力能够继续影响我的观点和生活。

如何使用本书

《内在英雄》主要是写给那些努力探寻自我、追求成功的读者的。此外，它也适用于：

为人父母者：鼓励孩子成为一个成功、有道德并且幸福的人。

心理治疗：识别心理原型的类别有助于治疗，与此同时也能让被治疗者了解自己需要发展哪一种心理类型才能更有效地利用内在能量。

学校：性格培养及在职培训，员工/教师的进阶培训，以及旨在激励学生的课程都可以应用书中的内容。

咨询：让职业和生活都更上一层楼，同时增强婚姻以及家庭给人带来的满足感。

康复计划：帮助那些因为其家庭功能失调或自身酗酒或滥用药物而消极的人重新开始的生活课程。

组织：组织者可以将它当成一种工具，应用于团队建设、多样性培训、领导力开发和组织变革等工作之中。

执行力和过渡性培训：由内而外地调动领导力。

学者、记者和其他带有分析性质的思考者：帮助其认识到（以原型为基础）那些破坏个人客观性的偏见，以及在不同“现实”中运作的范例或精神地图。

致谢

众多热心的读者就是我动笔修改本书并拓展书中内容的最大动力——他们慷慨地与我分享了自己在人生之旅中所发生的故事，以及《内在英雄》影响他们生活的点滴轶事。他们的邮件和电话常常会让我有所触动，受到鼓励，有时候我甚至还会有一种受到挑战的感觉。为我提供宝贵信息的不仅有热心的读者，还有那些曾经跟随我学习如何使用这些原型的专业工作者。更让我感到惊喜和兴奋的是，尽管我着手这项工作已经很多年，但是我仍然经常获悉他人能够用一些略微不同于我的方法来学习和使用这些材料，有时候旁人甚至能够在某些被我遗忘的地方取得一些突破性的观点或见解。我尤其要感谢被我称为“梦之队”的培训团队，感谢他们所提出的真知灼见。帕特里西亚·埃德森，其所著的《真正的北方》一书就好比一枚指南针，为临床心理学家们如何利用那些心理原型医治患者起到了尤为重要的作用；还有艾琳·霍利和帕特里克·霍利，是他们将这些原型运用到了教育领导者的培训之中；克里斯·萨德，他将这些概念和存在主义哲学、心理学整合为一体，与此同时，他对选择重要性的关注也对本书产生了相当深远的影响；此外，还有编辑了《英雄链接》一文的苏珊妮·盖伊，这篇文章的宗旨就是帮助那些希望能在生活及工作中利用人生之旅的人们。

书中列举的这些原型的产生受到了来自其他许多理论的积极影响。这本书融合并发展了三种主要的心理学传统理念：荣格哲学、英雄旅程的学院派思想以及新思想精神原则。在荣格的世界里，我希望能够向以下诸位，表达我的感激之情，尤其是荣格本人，是他为我撰写本书提供了心理原型的先锋研究资料，没有他的那些研究和理论就不会有这本书。此外，我还要感谢詹姆斯·希尔曼，因为他的原型理论是荣格理论的延伸，也是关键的承接和发展；弗朗斯·帕克思，正是在其卓越的分析培训才能的引导下，我才最终理解了自身的心理原型。当然，还要感谢约瑟夫·坎贝尔所取得的学术性成就，以及大卫·欧德菲尔德对这一成就所做出的实用性运用成果，其所提供的范例为我开发书中的各项练习起到了至关重要的辅助性作用，如果没有他们这本书将永远都无法与读者们见面。此外，埃里克·巴特沃思在新思想精神传统上所取得的成就也为我撰写本书提供了不可小觑的帮助。

我的思想也受到了其他理论观点的影响，这其中包括：格式塔治疗法、女性及种族研究、认知心理学、学习理论、家庭体系理论以及组织发展系统理论。

我还要向那些曾经用自己的专业素养和关心关注过本书的编辑们表示衷心的感谢：本书第一版的编辑帕特·拉桑德、第二版的编辑以及本书出版建议的发起者汤姆·格拉迪，说服我继续写作本书的安吉拉·米勒、本书的编辑马克·奇姆斯基——在写作过程中他还为我提供了许多珍贵的指导性意见，以及本书的排版编辑安·莫罗。我还要向为本书录入作出修改的伊迪丝·拉曾比表示感谢。最后，我要感谢我的丈夫大卫·默科维茨，感谢他在我写作期间给予我的物质帮助以及无尽的爱和支持。

第一部分
英雄之旅：地图

引文：让一切变得不同

尽管早已有各个时代的英雄走在了我们前面，然而，我们至今仍然不敢冒险独自踏上征程。众所周知，整个旅途就像迷宫一样令人迷惑、彷徨。我们只能跟随英雄留下的足迹，步步为营。一路上，在我们认为会出现恶魔的地方，我们找到了天使；我们以为能够杀死他人的地方最后却成了我们自己的葬身之所；原本我们以为能够四处遨游，却没曾想进入了自我存在的内核之中。当我们觉得孤独无援的时候，其实全世界的人就在我们身边。

——约瑟夫·坎贝尔《神话的力量》

你是一名英雄——或者说，你能够成为一名英雄。

无论是在神话里，还是在文学作品或现实生活中，英雄总是在路上，征服可怕的火龙（或者其他困难），最后发现真我的宝藏。尽管他们在追逐的过程中可能会感到孤单，但是最终他们往往都会感觉到：他们其实并不孤单，他们始终和其他人在一起，和这个世界在一起。每一次身处险境的时候，他们就要征服一条火龙。每一次选择鲜活的生活，继续探求真我的时候，他们就等于经历了一次新生，并且将一股新鲜的活力注入到了他们的文化之中。

踏上旅程、探寻自我是人类与生俱来的一种本能。如果我们循规蹈矩地接受既定的社会角色，不敢冒险，不敢选择一条属于自己的路，久而久之，我们就会思想僵化，四肢麻木，宛如一个没有思想的木头人。那些没有信心屠龙的人最终会把这种本能的渴求转化为一种内在的鞭策力，通过各种他们认为会令自己感到不悦的方式来鞭笞自己，譬如说向自己的懒惰、自私心理或感官享受等宣战。或者，他们会极力压制这种感受，从而让自己变成一台高效率的表演机器。又或者，他们会变成一条变色龙，抹杀自身的个性，树立起一个全新的形象，并以此来换取成功或确保自身安全。一旦我们向自己的真我宣战，最终的结果往往只有一个：我们会失去自己的灵魂。假如我们长期保持这一状态，就很有可能会生病，或是为了自己的健康和幸福而不得不时刻打起十二万分的精神。假如我们刻意回避自身的这一本能需求，就会觉得生活了无生趣，与此同时，我们也无法从文化中汲取精神活力。这是一种生活在荒原的感受。

寻找真我

在经典神话故事的开头，王国往往都是一片荒原并且土地上寸草不生，村庄里疾病肆虐，新生婴孩的啼哭声几乎绝迹，孤立和绝望这两种情绪在王国中肆无忌惮地蔓延。王国陷入如此困境在很大程度上都源于统治者的失败——他无能或专制暴戾。老国王或王后代表的是一种制约文化发展的时代性消极因素。

因此，一名充满朝气的年轻挑战者将会踏上旅途，征服火龙，然后赢得宝藏——最终赢得的宝藏可能会是一大笔财富，也有可能是一件具有象征意义的物品，譬如说圣杯神话中的圣杯，又或是渔王神话中的圣鱼。旅行会改变挑战者，而挑战者所取得的宝藏就是一种能够帮助其确立人生观的事物。当英雄带着这一新观点回到王国时，它还将会改变王国里所有人的生活。游历归来的英雄也因此变成一名全新的指导者。因为找到并带回了新的答案，所以王国里的土地再度变得肥沃起来，物资也逐渐丰足。豆大的雨滴从天而降，滋润了因干旱而龟裂的土壤。田里的庄稼茁壮成长，初生婴儿的啼哭声划破了宁静，瘟疫被止住了，人们心中又再度充满希望，所有人都觉得自己仿佛获得了重生。

在这个故事里，你可能会留意到出生于不同时代的人对它的理解稍有差异。如果你是一名年轻人，你可能会把老国王看成是父母或其他当权者。其实，他们并不一定是坏人，只不过，他们所秉信的真理来自于另一个时代。这就是为什么你必须踏上自己的旅程的原因。

在任何年龄阶段，只要你感到自己对家庭、单位以及所在的团队萌生出不满，或者当你对自己的生活方式感到不满时，你都会经历这样一种旅行体验。当你踏上旅途，寻找内心的活力和向往的生活的时候，你其实也在寻找一些问题的答案：一些综合起来就能够让你发生改变的答案。

事实上，无论何时，只要你发现自己的生活中出现了荒原因素（疾病、乏味、呆滞、孤僻、空虚、失落、沉迷、失败、愤怒）你就需要踏上旅途了。你可以在这些不满的召唤下独立出行，也可以是为了满足心中冒险的渴望而踏上征途。一旦你迈出旅行的第一步，这段旅途就将不可避免地改写你和你的人生。系统理论告诉我们，当一个系统中的任何一个因素发生改变后，整个系统都将需要重新装配。因此，当你经历了一次心灵上的蜕变之后，你身边所有的社会体系都会随之发生改变，你的家庭、学习、工作以及你所处的社会，全都会随之改变。

如此一来，英雄所指的并不只是那些逐渐成长、改变和勇敢地踏上旅途的人，他们还是改变的载体。在《英雄：神话/意象/象征》一书中，多萝西·诺曼坚持认为，“英雄神话最能体现人类在面对生与死的追求时坚定不移地选择前者的立场”。约瑟夫·坎贝尔在《千面英雄》当中将英雄定义为：“正在转变中的斗士，而非已经转变完成的斗士；被屠宰的火龙则恰好精确地代表了现状——固守过去”。英雄的使命往往是要将新的活力注入垂死或患病的文化之中。

在古代，国王和王后是整个社会的统治者。绝大多数人都不享有对自己生活的控制权。今天，即便是生活在一个倡导平等主义的社会中，我们仍然肩负着各自的职责和使命。这是我们所有人都必须履行的义务，而非少数人的特权或使命。今天，英雄主义的含义是我们所有人都需要去寻找关于真我的宝藏，然后和整个社会一起分享自己的寻宝成果——方法就是做真实的自己，并且一直保持这一状态。只要能够做到这一点，我们的王国就能发生转变。

勇敢迈出第一步

许多人总是一而再再而三地推迟自己踏上旅途的日期，希望能够得到他人的关注和爱护。可是在当今世界里，这样的愿望很快就会落空。我们当中的绝大多数人都会从别人身上寻找安全感，指望其他人能保证自己的安全，然而这个世界是残酷的，它会逐一将我们甩出自认为安全的小窝。结果，我们因此而学会了飞翔，或是重重地摔在地上后尝试重新飞起来。以下就是这个世界要求我们在面对无常的事物和现实时所应表现出来的立场和态度：

许多年轻人觉得自己被疏远了，而原因就在于他们隐隐地觉得自己并没有达到父母对自己的期望。在美国，我们想当然地认为进步会自然而然地发生：下一代理所当然地要比上一代更好。现在，这样的想法似乎与现实并不相符，至少在很多情况下是如此。无论我们对这一现状有多么不满，乃至愤怒，我们都仍然需要在这个世界中冲出一条活路，继续前进。

过去，人们认为结婚就是一辈子的事情。现在，离婚已经变得司空见惯。有些人的配偶在他们毫无准备的情况下离开了自己，有的是在感情上抛弃了他们，有的则是在经济上离开了他们，于是，他们便陷入了深深的失落之中；另外一些更加精于世故的人则早就准备好了后备方案，但是他们也知道这样做等于在他们和自己的配偶之间竖起了一道小小的屏障。不过，绝大多数人仍然愿意选择前者，冒着失去的危险，只为品尝到亲密关系所带来的甜蜜和快乐。

以前在许多公司，雇员们都相信，只要自己勤奋工作，忠于公司，就一定能在公司里谋得一席之地。今天，这种由忠诚搭建起来的信仰已经崩塌。结果，员工们不仅为此感到忧心忡忡，而且还觉得只有自己才会对自己的将来负责。不过，假如这些员工足够聪明，他们就不会因噎废食，从此陷入恐惧的深渊而无法自拔。他们会发现自己的职业追求，并且对自己的工作及工作质量立下承诺——无论他们是受雇于当前的雇主，还是换一份工作，或是成立属于自己的公司，情况都是如此。

当我们认为英雄之旅只是社会上少数的特殊人群的专利时，我们这些余下的大部分人就会安于现状，停滞不前。现在，我们已经找不到安全的藏身之处。在当今这个世界，就算我们没有勇敢地迈出第一步，开始自己的追求，它也会自己找上门来，届时，我们就会被生硬地推上旅途。这就是为什么所有人都必须学习旅途须知的原因。

敢于承担选择所带来的责任

日新月异的时代要求英雄精神。管理咨询师和商业学教授罗伯特·奎恩描述过快速转变的全球经济所带来的压力。他总结道，当今的商业组织必须学会走进未知的领域，并且不断地更新、改造自己。他写道，这样做“可能会带来一种可怕的体验，因为在这一过程中很有可能会遭遇失败或丧生，而这些全都是事实，并非比喻”。假如身处于商业机构中的个体没有踏上各自的英雄旅程，其所属的机构和组织恐怕也无法进入自身的英雄之旅轨道。对此，奎恩解释说，之所以会这样，是因为“个人层次与机构层次之间的深度改变存在着一种重要的关联关系”。

奎恩继续解释说，实现个人层次的深度改变就是开发“一种新的范例，一个新的自我，一个能够更有效地贴合当前现实的计划”。除非个人和组织都心甘情愿地踏上英雄之旅，不然，无论是个人还是组织都无法取得成功，这也是一个关于个人及团队转变历程的故事。按照奎恩的观点，这要求我们“走出我们原有的模式”，“转变思想”。在旅途中，我们将会更新、改造自我，从而“使我们更好地适应周围的环境”。

通过带领我们潜入自己的灵魂深处，英雄之旅可以让我们在不变成变色龙的前提下适应这个不断变化的世界。与此同时，我们还可以一路深入下去，找到我们在面对挑战时的真实写照。如此一来，我们也就离真我更近一步了。

我们正在见证一种具有史诗般宏大规模的转变过程。而它也正在影响所有领域的研究和工作，它甚至在获得成功所需的意识领域中也竖起了自己的标杆。在诸多因素的作用下（来自核能源和环境灾难的威胁，推动这个世界进入现代化的科技冒险，以及我们社会中那些以指数、倍数增长的变化）一场改革已经发生，而人类根本无法置身事外。

今天的英雄主义需要自觉，而这就意味着我们必须要抵制各种消极思想及时代性的错误观念。正是因为如此，解构主义才会成为当今学术界的主导思路；

社会上才会有数百万人选择接受心理辅导或参加心理康复计划，想尽一切办法让自己摆脱来自消极思想的束缚，重获精神自由；同样还是出于这个原因，女性和少数民族群体才会更加勤奋地工作，男性才会开始拒绝战争和过度劳作，坦然地将自己脆弱的一面展露于人前，因为只有这样做，前者才能挣脱内心的性别主义及种族主义思想的约束，后者才能摆脱英年早逝的厄运，才可以不用再戴着坚强的面具生活。也正是因为如此，当代年轻人走向成熟需要耗费比上一辈更长的时间。因为他们不仅需要时间来学习各项先进技术和沟通技巧，从而适应经济环境的苛刻要求，取得个人成就，而且他们也已经意识到当今世界的诸多环节都已经停摆，无法正常运作。穿越被孤立的生存状态，踏上英雄的旅途，完成这一转变，是需要时间的。

然而，就在我们竭力抵制那些过时的习惯和传统侵蚀我们的思想的同时，在各种诱惑的眼中，我们的身份仍然只是受害者，而并非英雄，尤其是当我们的脑海中还残留着关于权力的意识或潜意识的时候。导致我们士气受损、意志消沉的原因有很多，我们所处的家庭环境不健康，我们所在的工作领域职位供小于求，我们担心自己无法超越长辈的忧虑，等等。对此，我们需要牢记一点：神话和传说中的英雄们鲜少拥有完美的家庭或人生。就拿俄狄浦斯来说，他刚一出生就被遗弃在山脚下，任其自生自灭；还有在孤儿院长大的奥立弗·特维斯特，就连拿撒勒的耶稣也是出生在一个简陋的牛棚之中。

英雄们之所以受人崇敬，是因为他们具备强烈的责任感，在他们的心目中几乎没有任何权力意识。要想唤醒英雄思想，我们就必须摒弃那种“环境决定命运”的思想：如果我们没有完美的父母或工作，又或是我们缺少一个完美的政府或取之不尽的物质财富，我们最终就会成为可悲的受害者。英雄主义的本质要求我们必须直面火龙，而不是一边远远地观望，一边抱怨火龙存在的事实，并且认为应该有人出面将其消灭掉。向“固守过去”发出挑战从来都不是、也永远不会是社会上的流行趋势，更不可能是一件轻而易举的事情。

事实上，我们内在的英雄思想其实并不介意外在的世界是否完美。英雄主义的存在基础并非安逸，而是激动人心的奋斗。亚瑟王的故事非常精确地展现了英雄主义的这一大特征。故事中有这样一段情节：骑士和夫人们都已经坐到了晚宴的桌边，这时，亚瑟宣布他们现在还不能就餐，因为今天还没有做任何工作。于是，所有人都站了起来，一起去完成当天的奋斗目标！

自传体小说《路的姐姐》一书中的女主人公游侠贝莎就拥有一种与亚瑟王相似的英雄精神。在小说的结尾处，贝莎回顾她的一生：年幼时被母亲抛弃，沦落为一个妓女（并且染上了梅毒）；曾先后两次经历绝望和无助，一次是恋人被吊死，另一次则是爱人被火车碾过。她说："每经历一件事情，我都会挣扎着去了解和体会：我最终活下来了。我已经达到了自己的目的——生活中的我完成了自己着手去做的每一件事情。我想知道不同的角色能给我带来什么样的感受：小混混、激进分子、妓女、小偷、改革者、社会工作者以及革命家。现在，我已经知道了。我全身颤抖。是的，对我而言，这一切都是值得的。我的生命中没有悲剧。是的，我得到了自己想要的果实。"我承认，我并不想让自己的女儿或儿子去过她那种生活，不过，我们所有人都可以成为她这一生活态度的受益者。贝莎为自己的选择承担责任，并且对她从生活中所得到的那些礼物心存感激。

许多人的脑海里都存在着这样一种错误的观念，即成为英雄就意味着必须承受苦难，而且还必须在挣扎的同时披荆斩棘，达成伟业。然而事实是，无论我们是否去召唤内心的潜在英雄，我们都将会经历这样或那样的难题或困境。而且，如果我们刻意地逃避这段旅程，可能还会感到无聊和空虚。我们踏上旅途的原因并不像大多数人所认为的那样：为了获得幸福。其实，当我们跟随真正的幸福前行的时候，我们在旅途中所经历的一切就是我们最大的财富。极富神秘色彩的安妮·狄勒德在她的《溪畔天问》中总结道，生活"通常都很残酷，但是往往也很美丽，我们最难做到的一件事就是进入生活"，真实地生活在其中。她想象，"将死之人在最后时刻祈祷的不是'请'怎样，而是'谢谢'，就像一位客人临行前在门口感谢主人的招待一样。构成宇宙的，不是诙谐的玩笑，而是庄严的真诚。宇宙是由一种神秘的、神圣而又转瞬即逝的能量打造而成的。对于它，我们什么也做不了，惟有忽视它，或正视它。"在新兴的英雄理想中，生活并不是一个需要战胜的挑战，而是一件只需伸手接受的礼物。

自我拯救

我们刚从一个反英雄的时代走出来。一方面，生活在当今社会的人们渴望英雄，哀叹领导人缺乏伟人气质、丑闻迭出，在他们眼里形象买卖已经成了司空见惯的事情。很多情况下，犬儒主义往往会被当成是诡辩的标志。于是，人们开始为自己的错误言行寻找借口，“每个人都这样做”，因为他们并不认为自己和他人有何不同。另一方面，生活变得日渐复杂，这不禁让人们觉得自己对很多事情都无能为力，从而使得他们渐渐认为自己做什么其实都无关紧要。在这种顺从的虚无主义思想占主导地位的大环境下，许多人口中的“英雄”变成了一个贬义词。例如，一个年轻人因为在公司里受到种族主义思想的凌辱而恼羞成怒，结果他成为一名告密者，并且受到上司的警告，“我们这里不需要什么英雄”。事实上，众人通过自己的言行向他传达了这样一条信息：为了维护自己的价值观而冒险是一种不明智的做法，这说明他的思想过于单纯，不够成熟。要想在职场中立足，睁只眼闭只眼显然是更安全、更聪明的做法。在这种情况下，人们就对英雄理想表现出了一种轻视的态度，他们之所以这样做是因为他们需要为自己的道德沦丧或缺失寻找托词。

女性和有色人群往往会因为现实的阻挠而无法窥探到内心的英雄本色。一名年轻的女艺术家渴望能够在这个世界上留下自己的烙印。面对她的这一愿望，一位心理学家公然地表示出了轻蔑和嘲讽，他问道：“你想干什么？做一名英雄？”接着，他继续暗示对方：她的这一野心暴露了她企图逃避自己是女性的事实。“随着时间的推移，放弃你的艺术，”他劝告对方，“然后集中精力抚养你的孩子。”其言下之意已经很明确了：她的这一目标表明她不仅不是一名好母亲，而且还是一名有性格缺陷的女性。

无论你是谁，如果你认真对待自己的生活时，有人试图阻挠或干涉你，你都不应该感到惊讶。他们很可能会因为你脑海中的英雄思想而贬低你，或做出其他一些荒谬的事情，但这只是因为那些胆小的懦夫需要同伴而已。此外，你还可能会受到来自内心的阻力，让你不敢或不能想象自己是一个与众不同的人。你可能会因为性别、种族、家庭背景、收入水平以及所取得的成就与他人存在差异而感到自己不如别人。也许，你会认为自己不够聪明、不够强壮，也不具备所谓的天时、地利、人和，只能做一个无足轻重的小角色。如果你有这样的想法，就说明你有丧失自身能力的危险，你将会让其他人来主导原本属于你的一切，而你自己却只能成为他人的陪衬。如果你这样做了，失败的不仅仅是你自己，还有整个社会，因为你失去了改变这个王国的机会。

其他人强烈的控制欲也会加重你内心对自我的怀疑。控制具有英雄思想的人与养猫有些相似。因此，老板、心理学家、老师、政治家乃至那些想推行自己想法的朋友们都有可能会阻止身边其他人踏上英雄之旅。为了保证自身的稳固，团队也不赞成成员严肃地对待自我。团队组织之所以会如此，完全是出于一种恐惧——英雄之旅鼓励和倡导个人主义（事实也的确如此），所以一旦踏上旅途，英雄们就不会再忠于组织。然而事实上，那些步入英雄旅途的人们其实全都不失为优秀的团队成员，因为他们愿意站出来，对抗团队思想中的最低标准。如果团队成员全都墨守成规，那么该团队的生产力就会低于其中成员的个人生产力。不过，如果团队能够鼓励其成员大胆地分享各自的真实想法，其集体能量很有可能会超过任何一名成员。

有时候人们对英雄理念表示怀疑，是因为过时的英雄主义一直盘踞在他们的头脑之中。他们认为英雄就是单枪匹马，英雄行为就意味着风险丛生——譬如说，冲进火场救人。又或者，在他们看来，只有那些取得了某些特殊成就的人才能称之为英雄。例如，在奥运会上赢得了一枚金牌，或是获得了诺贝尔奖。事实上，这种英雄模式其实很少见。前者是以极其少见的前提为基础，后者则需要过人的智慧，加上适宜的条件和勤奋的努力。此外，我们必须记住一点，那就是英雄主义并不等同于名望。也许，我们的确喜欢追逐那种富有且声名显赫的生活，但是我们心里都明白，相对于声名和财富，对这个世界产生深远影响的往往是那些安静的、甚至无形的善良和慷慨。

当我们将英雄主义定义为一种极富英雄色彩（或者说，至少能为我们自己增添一些英雄色彩）的生活的时候，我们也就等于将它置于自身以外的世界中，譬如说，我们会期待政治领袖或社团领导人（有时候，我们期待的对象也可能是我们的心理咨询顾问、导师或配偶）拯救我们于危难之中，通过这一方式来证明他们的自身价值——英雄主义。如果他们失败了，或是在这一过程中，我们看到了他们脆弱的一面，我们就会离开他们；伴随着拯救者一个接一个地倒下，我们也变得越来越愤世嫉俗。事实就是，我们需要的不是他人的拯救，而是自我拯救。

忠于真我才是真英雄

英雄主义并不要求我们像超人一样，过那种跌宕起伏的戏剧性生活——常常是拼尽了全力，最终却往往倍受打击。真正的英雄主义并不代表你可以面面俱到，不是任何问题在英雄面前都会迎刃而解。真正的英雄指的是那些哪怕卑微也会严肃对待自我、做好自己的人。因此英雄之旅的目的并不是要求你变成一个更加伟大的人，它只是要求你能够全心全意地忠于真我、追求真我。

无论何时，只要我们说出诸如“某人应该做点什么”之类的话语，试图解决困扰我们的问题时，我们就相当于已经放弃了自己的英雄能量。当然，我们之所以会这样说是因为在我们面前的鸿沟似乎难以跨越，导致我们感觉自己并不符合脑海中关于英雄的要求和标准。然而现实却是，如果我们所有人都能够尽力而为，那根本就不需要任何人做任何特殊的事情。想象一下，当你看到整整一条街的人行道上都堆满垃圾的时候，你可能会觉得清理这些垃圾将会是一项极其庞大的工程。可是如果走在街上的每个人都把自己周围的垃圾清理干净，那转眼间街道就会变得干净起来，而且对每个人而言这只不过是举手之劳而已。

我们中的许多人已经意识到，用公共社会上取得的成就来定义英雄是一种不妥当的行为。我们知道差异就意味着问题，因为已经有不少人执着于要在这个世界上留下自己的印记，也许还包括我们自己。可这种定义下的英雄，他们自己的私人生活却毫无意义。也许就在他们参加为感谢他们对社会所做出的贡献而设的宴会的同一天，他们的配偶离开了他们。因为他们从不回家，而他们的孩子也因为长期以来疏于管教，在商店盗窃时被逮了个正着。

在以个人成功为主导的文化当中，个人成功定义下的英雄主义会向工作狂提出抗议，因为他们认为唯有如此我们才能成为好家长、好邻居乃至好公民，从而“拥有自己的生活”。走进自己的内心世界，反省自我，然后再走出来，跟随真实的好奇心和兴趣的脚步。只不过，这一切都需要时间。当然，也唯有如此，我们才能找到自己智慧的深度。我们大多数人都看过不少关于成功人士的故事，故事中的他们生活富足却内心消沉，甚至绝望。看着他们，面对成功和英雄主义这两个概念，我们不禁有些迷惘。不过，本书中详细描述的英雄主义绝对可以让我们找到一个平衡点，从而使我们可以享受生活，而并非为生活所驱使。

影响他人一起踏上寻求真我的路

英雄主义是会传染的，就像时尚行为一样。有一个女人曾经到我的办公地点来找我，她的故事深深地打动了我。她告诉我，不久前她还是一个无家可归的瘾君子。就当她在街角的一间药店诊所旁行乞的时候，一件看似不可思议的事情发生了。一位律师从窗户里探出头来，为这个穷困潦倒且绝望之极的灵魂朗读了《内在英雄》当中的一小段内容。每读完一句，这位细心的律师就会说一些评论性的话语：“你今天所走的路不过是你人生旅途中的一小段路而已，它并不代表你将永远如此。”最终，这名年轻的女子走进了自己的内心世界。当我见到她的时候，她已经走出了困境。她不仅找到了一份工作，还有了一套小公寓，而且还找回了遗弃已久的健康——假如她那绯红的面颊能够算健康标志的话。

我为自己能够成为这名女子蜕变过程中的一部分而感动，哪怕只是很小的一部分。由此，我也回想起了年轻时的一些事情。那时的我才20岁出头，与一起共事的那些年轻女孩完全不同。如果非要说出我和她们之间的不同之处是什么，我只能说，我的一切都太优越了（出生于南方正统基督教家庭的我对当时许多十分流行的年轻人体验都感到很陌生）。我从小接受的教育告诉我应该扮演好自己的性别角色，甘愿做出自我牺牲，以及我必须严格遵循所信奉的宗教教义，避免做出任何违反的行为。因为我们家并不富有，所以我相信唯有在生活中克勤克俭才能让自己不成为穷人。上大学后，我阅读了约瑟夫·坎贝尔的《千面英雄》，并且相信了他的观点：英雄们都会追寻自己的幸福。而这也让我的生活发生了重大改变。

坎贝尔在二十多岁的时候毅然中断了自己的研究生学业，因为他觉得枯燥无比。他的长辈和同龄人都向他发出了警告，劝他找一份工作，安顿下来。然而，他并没有按照他们说的去做，反而在一个爵士乐队里待了五年，同时阅读了许多英雄神话。他的书（更不用提比尔·莫耶斯的那期精彩的电视访谈节目）鼓励人们踏上自己的征途，去做一颗投入水中的石子，在一个地方引出一连串波状影响，至于这种影响会延伸到何处，没有人知道。

当你审视自己的生活时，你也许会注意到这一模式也同样适用于自己。一位家庭成员、一位朋友或是一名老师，你身边的任何一个人追求真我生活的成功案例都会让你看到一条崭新的生活之路，而他们的成功也会让走在这条道路上的你感到更有信心，更加轻松。同时，你也许还会留意到，每次当你尝试忠实于自己的灵魂时，无论你是否会为自己的这一行为贴上英雄的标签，其他人都会在你的"范例"带动下，做出相似的行为。只要你注意到了这一模式的存在，你就会发现，坚持走自己的道路突然变得容易起来，而你也不再因为担心这样做过于自我而忧心忡忡。我们能够为其他人做的最有益的一件事就是：忠实于真实的自我和生活，并以此为范例激励他人。

我们都知道，当人们为了传统意义上的野心或欲望而约束和牺牲自己时，他们的行为也会像荡起的水波一样，影响到身边的孩子、员工和其他人，只不过，这会带来消极的影响。我们都会受到各种生活观因素的影响，而英雄之旅的任务就是直面它们，阻止这些消极因素继续影响我们，而不是选择一条看似更好走的道路。我们要反省过去错误的思想，将其改正。

当我们面对未知世界的时候，内心感到既惶恐又高兴，是一种很自然也很正常的反应。在一些古代的圣杯故事当中，英雄登上山顶后看到了远处的圣杯城堡，可是俯瞰下去，根本就没有一条路能通向它。英雄低下头，凝视着下面深达数英里的裂谷。然后，他看了看对面的山顶，心中明白两个山峰间的距离太宽，根本就跳不过去。这时，他想起了一则古老的教诲：带着信念迈出第一步。当他伸出一只脚，迈向那空荡荡的山谷时，一座大桥突然出现了，英雄得救了。同样地，当身为奴隶的以色列人走出埃及，去寻找那片沃土家园的时候，途中走到红海边无路可走时，是摩西（和他的妹妹米里亚姆）带着坚信自己不会被淹死的信念，勇敢地向大海迈出了第一步，红海这才突然一分为二，出现了一条海中之路。

这些故事听上去仿佛都很遥远，与我们的日常生活似乎没有任何联系，但是我们所有人都曾经体验过这种用神话语言所描述的相似的经历。那些对将来一无所知却依然选择了前进的人就是这些故事里的英雄或摩西，他们勇敢地向未来迈出了第一步。当然，当我们放弃那些已经无用的旧观念，允许自己尝试地接纳新观点，并勇敢地面对由不确定因素所带来的恐惧时，我们也同样完成了一次英雄壮举。最终，我们会发现，一条新的真理之路出现在我们眼前。幸运的是，我们所有人都能获得6种内心向导的指引，它们将会为我们提供一条安全通道，就像横跨于山谷之上的那座无形的桥梁，又或是红海中出现的那条水路，哪怕接踵而来的第二步看起来更加危机重重。

01 选择自由：向导

让我们把原型想象成精神最深沉的运作形式，或是掌管我们认识自我和这个世界的灵魂的源泉……它们和我们在其他领域发现的那些不证自明的公理、模型或范例很相似。

——詹姆斯·希尔曼《修正心理学》

我们绝大多数人都会下意识地给自己讲一些关于生活的故事，并在不知不觉中受这些故事的影响。当我们意识到自己生活主线的时候，自由就向我们敞开了怀抱。接下来，带着这种领悟，我们很快就会发现自己完全可以走进另一个故事。我们的生活经历在很大程度上取决于脑海中关于生活的假想。我们通常会首先编出许多关于这个世界的故事，然后再按照这些故事来演绎自己的生活。因此，我们的生活在很大程度上取决于我们有意或无意地接纳的生活蓝图，当然后

这本书好比一张地图，
其主旨就是帮助旅行中的你定位，
指引出前进的方向，
随时随地让你了解自己。

者的可能性更大。

本书中讲述的6种原型观念就像6部电影，每种观念都是电影中的主角，而每部电影都有其特定的情节结构。

原型	情节结构	天赋
孤儿	我是如何遭受苦难，或 如何生存下来。	弹性适应力
流浪者	我是如何逃跑，或 如何找到自己的路。	独立
战士	我是如何实现自己的目标，或 如何打败自己的敌人。	勇气
利他主义者	我是如何给予他人，或 如何牺牲自己。	同情心
天真者	我是如何找到幸福，或 如何找到乐土。	信仰
魔法师	我是如何改变自己的世界。	力量

如果你想弄清楚主宰生活的是上述哪一种原型情节，你只需在接下来的几天当中观察自己的谈话内容，留意你在和其他人谈到发生在你身上的事情时所讲述的那些故事。然后，看看主宰那些故事的主线符合哪一种原型即可。

对此，你可能会想到6个不同的人，他们的生活分别受到上述6种原型的主宰。举例来说，你去参加了一次面试，但最后并没有获得这个工作机会：

“这太不公平了。我是其中最有实力的应聘者。可是，事实就是你无法超越其他选手。”（孤儿）

“到了那儿以后，没过多久，我就意识到我并不想在那里工作。那里的环境似乎太局促了，我有一种迫不及待想要逃跑的感觉。”（流浪者）

“我绝对是最有实力的应聘者。我要说服他们聘用我。”（战士）

“我为获得这份工作的那个人感到高兴。”（利他主义者）

“我相信，适合我的工作一定会在某个地方等着我。”（天真者）

“我没有得到这份工作，可是我从中了解到了一些非常重要的信息，它们将会帮助我找到真正适合我的那份工作。”（魔法师）

正如你所看的，你所讲述的关于自己生活的故事不仅反映了你心目中的自我形象，而且还预测了你对于未来的期望究竟有多少。

在某些人看来，“原型”一词似乎带有某种恐吓的意味。事实上，原型不过就是深藏于精神及社会体系深处的一些结构模型。例如，每一朵雪花都和其他雪花不同，都是独一无二的。然而，所有雪花的内在结构中都存在一种相似的东西，而这也是我们判定它们为雪花而并非其他物体的根据。每一个具备战士特质的人所表现出来的勇气都各有不同，可是，其本质是相似或相同的，由此我们才会将他们全都归于战士原型。

你可以把原型当成是存在于你内心的潜能、朋友或向导，你随时可以向它们寻求帮助。其实，原型的数量远不止6种。事实上，我已经写了一些关于其他原型的书：《影响你生命的12原型》以及《工作中的魔法：卡米洛特、极富创造性的领导力和每天的奇迹》。本书中讨论的6种原型包含了英雄之旅的各个阶段，通过为这个世界贡献自身力量的方式来发现和表达真实自我的过程。与此同时，书中提到的这些原型不仅出现在我们的梦中，而且还会出现在我们清醒的过程中，以及白天清醒时。他们会帮助我们获得成功，并且能让我们充分发挥自身才能，为家庭、工作和社会贡献自己的力量。

故事通常是这样的。当我们刚刚出生，还是个孩子的时候，我们都是天真的，认为自己将会受到周围人无微不至的关怀，与此同时，我们也会带着一种敬畏的心情惊叹这个世界的美丽。很快，我们就从这一如梦境般美好的舞台上跌落下来，一如亚当和夏娃被赶出伊甸园。成为孤儿之后，我们不得不面对生活中的那些失望和痛苦。从这些惨痛的经历中，我们明白了现实主义的含义，也看清了向导与诱惑之间的差别，终于能够将二者区分开来。

随着心智的成熟，我们常常会觉得自己受到了拘束和限制，有时甚至会觉得精神压抑。于是，作为一名流浪者，我们踏上了旅途，要去寻找自我和属于我们的财富。在路途上，我们渐渐成为一名战士，并且收获了敢于直面困难的勇气，开始有意识地学习获取成功所必需的技能和规则。其间，利他主义者原型告诉我们，如果我们能够为其他人做一些事情，我们的存在就会变得更加有意义。

接着，作为一名回归的天真者，我们找到了真正的宝藏——幸福，并且重新扬起了对生活的信心和希望。最终，我们成了魔法师，终于能够运用自己的力量改变我们的生活。

同样还是这6种原型，他们不仅代表了我们的生活，还能够帮助我们完成成长道路上不同阶段的任务：

原型	任务
孤儿	摆脱生存困境
流浪者	找到自我
战士	证明自我的价值
利他主义者	实现崇高的精神
天真者	获得幸福
魔法师	转变自己的生活

尽管可以为我们所利用的原型不在少数，可是他们中的大部分都和这6种原型一样，无法左右我们的个人发展。因为，当一种原型主宰我们的生活时，他必然会通过某种外在的形式显现出来或是强化。例如发生在某人生活中的真实事件，以及获悉一些能够代表我们内在原型结构的故事（书、电影、其他人生活中的真人真事）。因此，我们的个人生活轨迹以及文化修养都会对我们生活的原型产生影响。本书中所总结的6种原型是6种活跃于当今文化中的心理原型。他们不仅对我们的个人成长及生活具有十分重要的意义，而且还对社会未来产生了深远而重大的影响，因为他们能够帮助我们做好准备，迎接在自由社会中的新生活。在这个自由社会当中，作为社会的个体、家长、工作者以及公民，我们每个人都必须具备能够做出明智决策的能力。

如何为你提供帮助

心理原型会从八个方面在人生旅途中为我们提供帮助：

一，当一个原型在生活中被激活之后，他就会为我们提供一种生活结构，有了这一结构，迅速成长就不再是梦，而是可以实现的。如果我们体验到了人们眼中的失败滋味，感到沮丧，这通常都是因为我们生活在一个和当前环境并不相符的故事中，或是故事中主人公的内心世界与我们真实的自我并不吻合，而我们自己却没有意识到这一点。其他内心能量的导入能够让我们重新获得高效运作的能力，即便是在面对新挑战的情况下也同样如此。

也许，一直以来，你都十分独立，喜欢探索这个世界，可是就在这时，你有了一个孩子。于是，为了照顾孩子，你必须做出牺牲，放弃某些探索的欲望。这时，你该怎样做才能从内心世界中挖掘出更多、更强的潜能让你完成这一转变呢？

你所具备的团队协作精神，加上出众的技术能力使你在工作中取得了成功——你在工作中是如此的出类拔萃，以至于你不断地获得提拔，成为一名公司的主要领导人。你的公司正在经历一场变革，你身边的人和事都因此而陷入了混乱之中。这时，你需要依靠自己的能力，带领他们挺过这场混乱。在此期间，你几乎无法从上司或同事那儿获得任何支持和帮助。你该怎样做才能调动隐藏在内心的独立精神和领导能力呢？

你已经习惯了一帆风顺以及总是处于支配地位的生活模式，可是突然之间，你发现自己失去了对自己或生活的控制权：也许，你生了重病；或你的配偶离开了你；或是你的孩子在一次事故中意外丧生；你所在的公司里突然空降了一名管理者；又或者你失业了……面对这些无法通过更加勤奋地工作或是变得更加聪明就能解决的问题，你该怎样做才能自如地应对生活中这些突如其来的变故呢？

你的人际关系出现了问题，你的世界观截然不同于身边的朋友、配偶、老板以及同事。这种认知上的差异很有可能会影响到你与这些人的关系。你该怎样做才能理解其他人并与他们和睦相处呢？

上述这四种情况都可以成为你唤醒生活中一直处于休眠状态的某种原型的理由。

我还记得小时候曾经玩过一个名叫“滑坡和梯子”的游戏。游戏中的选手们分别掷骰子，然后根据骰子上的数字向前挪步子，每次最多只能走6步，速度非常缓慢——除非你能够遇到梯子或滑坡。登上梯子后，你就像坐上了火箭，能够在伙伴们羡慕的眼神中直达终点；不过，如果你遇到的是滑坡，无论你之前走了多远，它都会无情地将你直接送回起点。最近，我还看了一部关于宇宙虫洞的科幻电影。虫洞是宇宙中的一种捷径，在其中飞行时，宇宙飞船的速度甚至可以超过光速。

刚才提到的这些例子可以帮助我们理解心理原型的工作原理。如果我们想要锻炼自己的勇气，就可以尝试着去完成一些有难度的任务，并且逐渐而连续地提高任务的等级，久而久之，我们内心的恐惧心理就会不断减少。或者，我们可以唤醒自己身体里的战士原型（它可以为我提供梯子或虫洞的能量）。战士——存在于我们内心的盟友，能够调动并积累我们全部的战斗能量，让其为我们所用。换言之，这种内在的战士原型具备战士所拥有的全部潜能，这一点早已得到了充分证明。尽管我们仍然需要学习各种技能、实用规则，并且了解勇气和虚张声势之间的差异，但是假如没有这一原型，我们学习这些内容的速度也许就会慢得多。一旦有了它，我们需要做的就是唤醒它以及它所具备的能量，然后找到一种适合自己的方式来表达和利用它。

关于这些心理原型，你必须意识到的一点就是，在充满压力的环境中，我们任何人都有可能暂时受到某一种原型的绝对控制，因为存在于我们体内的这些原型不仅具有积极的潜能，同样也具有消极的一面，牢记这一点非常重要。我们被战士原型主宰的情况往往出现在那些极端的案例中，在这些案例中，主人公“失去了对自己的控制”，无比兴奋地拔出枪，投入到血淋淋的射击游戏当中。在现实生活中，原告与被告对簿公堂的情形，以及人们在公司竞争中对自己的对手的那种剑拔弩张的态度，都是这种案例的典型写照。唯一能够缓解这种原型亢奋心理的良药就是自觉意识。理解这些原型及其积极的表现形式，能够在我们的精神世界形成一种心理保护，从而对抗它们所带来的那些负面效应；通过将自己对应某一原型，同时了解它们影响我们的内在原理，我们就可以掌握平衡其积极面和消极面的方法，甚至抵消掉其负面效应。任何一种受压抑的心理，包括这些心理原型，都会在我们的精神世界中形成一种阴影，这是一种能够对我们产生不利影响的消极阴影。自由总是和自觉的意识相伴相随的。**我鼓励大家把这些原型当成是存在于我们内心世界的盟友。**只要我们能够保持清醒，并且对在其影响下做出的行为负责，他们就能够在成长和发展的道路上助我们一臂之力。

另外一种有助于我们理解心理原型的方法就是将这些原型在我们思想中的运作看成是各种软件的运行模式。比如说用于语言编写的程序可以帮助我写作，却无法帮助我解决税务或家庭装饰问题。要想解决这个问题，我需要另外两套完全不同的软件包。同样的道理，战士原型能够帮助我作战或终结一次决斗，却无法帮助我学会如何照顾他人，以及和他人建立亲密关系。要想完成这一任务，我需要利他主义者原型的帮助。

接下来，还是用电脑和软件来解释说明。我的电脑上也许已经安装了许多软件包，可是我却不知道该如何进入这些程序，让它们发挥功效。也许有一天我会用得上它们，但是起码现在它们还无法为我工作。同样，书中描述的这些内在盟友此刻就在你的脑海之中——至少它们是一种潜在的盟友。就在你阅读本书的过程当中，你可能会想起以前发生的一些事情，在这些故事中，你能够看到这些盟友的身影。也许你也已经注意到，有那么一两种原型至今为止还尚未在你的生活中出现过。了解了心理原型之后，体会自己的这些内在潜能可以让你在需要的时候适当地调出其中的一种或几种原型来帮助自己，与此同时，你自然也就理解了其他人在这些原型模式的干预下所产生的行为。

二，心理原型帮助你成长和发展。我们都知道电脑中的软件包需要不断地升级更新。据我所知，我用来撰写本书的电脑程序很快就会过时，因为一种更先进的版本已经问世。同样，心理原型也会发展，但是其方式与电脑软件略有不同。当这些原型在我们的生活中体现之后，它们也会随着我们心智的成长而发展。譬如说，匈奴王和匈奴士兵曾被认为是战士原型的典型代表。但是当时间长河流到今天，鉴于其执政时期的凶残暴虐，我们可能会将他划为罪犯一类。现在，我们可能更尊敬那些武术教练，因为他们非常了解攻击和防卫之术却不伤害他人。事实上，在竞技场之下，战士原型是最常见的代表形式，“武力”已经被竞争所取代。于是，战士原型关注的焦点已经从之前专注于目标转移到了竞争对手上。因此，作为一种不同于以前的盟友，心理原型能帮助我们发展自我。

三，了解心理原型能帮助你享受平静生活。我们许多人的心里都期待着我们应该成为哪种人——哪怕那种人的人格与我们自身的特质格格不入。在我们生活的不同阶段，我们的思想会受到不同心理原型的影响。每种心理原型都会送给我们一件礼物，或者说一种天赋。当我们不再为没有踏上自己所预期的生活轨迹而鞭笞自己之后，我们就会开始注意到原型留给我们正在成长的天赋。

譬如说，一名女性曾向我抱怨说，她觉得自己就是一个失败者。她不断地探索和尝试各种新的机会，可是每次坚持的时间都不长。正是因为如此，她既没能取得事业上的成功，也没有丈夫和孩子。不过，就在她和我探讨这一话题的过程中，她开始意识到一直隐藏在她内心深处的是一颗渴望尝试的灵魂。她放弃了许多其他可能性，只为了能够获得流浪者原型所重视的独立精神以及尝试新鲜事物的机会。她逐渐意识到，尽管她并没有过上她觉得自己应该过的那种生活，但是她却得到了自己真正想要的人生。当然，一旦她接受了自己过去的选择，她就能为自己的将来创造更多的选择。

和她情况相似的还有一名年轻人。他一直都为自己没能拥有一个完整美满的童年，造成这一切的原因就是他的父亲总打骂他。就在接受心理辅导的过程中，他渐渐意识到自己其实收获了来自于孤儿原型的礼物——现实主义、同情心以及能够感受他人细腻心思。正如他所说的：“我的生活没有任何问题。这就是我的生活，我的电影。我的生活造就了我。”

四，识别心理原型能让你享有选择自己生活的自由。假如，定义你当前生活的是战士原型。你会因这一原型所赋予你的那些特殊品质而心存感激：它给了你勇气，告诉你要承受巨大的风险，而你也凭借着从它这儿获得的动力成为这个世界上一名成功者。与此同时，你也开始感到自己体力透支，内心的天平开始失衡，呈现出完全一边倒的趋势。在你看来，每次挑战都是一座必须翻越的大山，每次交易都是一次变得强大的机会。

在感谢战士原型赋予你的这些礼物的同时，你也许没有意识到你也被他定义了。意识到其他心理原型的存在，可以帮助你唤醒隐藏在脑海里的其他潜在可能性。也许，现在的你正想唤醒流浪者原型，想花一些时间来探索生活中那些你真正渴望了解的领域。或者，利他主义者原型才能让你获得更多的满足感，因为它能够让你暂时将关注的焦点从个人的成就转移到关爱他人之上，使你成为一个更加慷慨、高尚的人。

除此之外，如果你能够识别出当前引导你思想的是哪一种原型，你就可以将自己从眼下那些并不擅长的事情中解救出来；又或者，你可以知道自己究竟是该留下来，还是离开，或干脆改变这一现状。举例来说，萨利是一名护士，在一间大型医院里工作。原本利他主义者原型在她的思想中占据了主导地位，但现在她倍感苦恼，因为医院里实行的是战士原型的管理模式，而这大大降低了医护治疗的质量。假如她完全依照内心的利他主义者原型思想去工作，她就只能不断地自我牺牲，从而弥补这一组织机构所体现出来的缺陷，直到她精疲力竭。后来，她逐渐意识到要摆脱这一困境方法有两种：其一，她可以唤醒思想中的流浪者原型，为自己创造一种更舒适的工作环境；其二，她也可以直接唤醒并培养自己的战士原型，组织医院里和她有同感的护士一同战斗，从而促使这一护理体系发生转变。经过思考，她觉得后者会给她造成过重的心理负担，所以她决定选择前者，踏上冒险之旅，看看还有没有其他可以做的工作，以及她该如何去完成这些事情。

在另一个案例中，罗伯特所就职的保险公司奉行的是一种战士原型模式，而她很不喜欢公司的这种运作模式。不过，她后来意识到自己之所以如此讨厌这一模式，原因就在于她自己几乎不具备任何战士原型的能力。最终，她决定留下来，从这种环境中学习激发内心战士原型所需的能力。

五，识别心理原型能帮助你获得自我平衡和自我满足。无论何时，只要我们感到自己的生活失去了平衡，这就意味着此时引导我们行为的一种或多种原型已经不能再满足于我们内心生活的那些行为需求。为了让失衡的生活重回正轨，我们可以走进内心世界，仔细审视能够那些渴望获得表达的新意识的需求。假如利他主义者原型已经控制了你的生活很长时间，一开始，你可以从为他人的付出中获得满足感，然而现在，有一部分的你已经开始对这一现状感到不满。你想知道什么时候才能轮到你被他人照顾，让你可以随心所欲地生活。你思想中的流浪者原型想要获得更多的时间，从而满足其探索自我、寻找创造性或者只是出去走一走的欲望。聆听这一发自内心的声音可以使你适当地调整自己的行为，从而使外在行为更加真实地反映内在的心声。

当你的外在行为与内心活跃的心理原型相吻合的时候，你就能体会到一种心满意足的成就感，同时觉得自己的生活恢复了平衡。今天的人们往往会将这种平衡当成是外在因素作用的结果。譬如说，我们会因为加班而责怪上司，然而那个被我们责怪的人其实并不能完全控制我们。他也许的确可以决定是否聘用或解雇我们，但是上司并没有把我们用铁链锁在办公桌前，或是用皮鞭抽打我们，迫使我们屈从加班。事实上，控制我们的是一种信念，即我们不得不牺牲生命中至关重要的那一部分，来获得成功。

我至今还清楚地记得我的一次演讲经历。那一次，因为人数众多，所以观众们提问时只能把问题写在卡片上，然后递上来。我打开其中的一张卡片，上面写着：“我的一生都在照顾他人，什么时候才能轮到其他人来照顾我？我已经80岁了。”我的回答是：“现在！”

演讲结束之后，我见到了提出这一问题的男人。在我们谈话的过程中，我们都意识到是外在的世界一而再再而三地让他成为照顾他人的那个人。可是，这并不是事实的全部。在他的一生当中，利他主义者原型始终占据着主导地位。于是，这个存在于其内心中的利他主义者便和来自外界的声音一道关上了通向流浪者原型的大门。年过八旬之后，他终于意识到他必须要成为自己生活的主人，并由此踏上了他等待已久的自我发现之旅。

六，了解决定你生活的原型结构能让你享有不犯错误或不再反复犯同一个错误的自由。也许，你内心中的孤儿原型已经被激活，而且不止一次。你遭遇了抛弃和背叛，你成为受害者。结果，你因此而变得格外小心谨慎。每当你进入到一个环境之后，这种消极的感觉便会随之而来。很快，你就觉得自己马上会遭到背叛。所以，你立刻果断地走开了，拒绝参与这个环境。或者你勉强留了下来，可是，事事小心的你却发现受害者的阴影正慢慢地降临到你的身上。如果你留意到这一切，你就可以轻松地走开了。有时候，当大都市将一个相似的挑战摆在我们眼前的时候，我们完全可以说“不”，拒绝约会、工作、友谊，然后在自己的道路上走下去，继续吸取新的经验。

有些家庭一直遵循某些原型的情节生活，当作为家庭成员的我们真实遭遇它们时，许多人会失去自我中心。举例而言，我的家人就一直受到利他主义者原型的引导，所以我们总是表现得和蔼、慷慨，无论是对外人还是对家人。这种家庭环境通常会在无形中鼓励下一代培养同情心，可与此同时，这种原型思想也压制了人们内心的其他真实渴望。因此，当我进入到一个要求人人都把利他主义放在首位的环境中时，我会立刻萌生出一种恐惧心理，害怕人们期待我照料他们——以自我的牺牲为代价。

其实，当我们重新回到熟悉的环境中时，我们完全可以做到每次都让自己的心理完成一次升华。对我而言，这种利他主义价值观在各种组织机构中所带来的益处就是，我不得不学会为自己设置界限和底线，并且不再无限制地给予他人。此外，迫于环境，我还明白了一个道理：当我拒绝让自己为了其他人的利益做出不必要的牺牲时，如果对方以此来对抗我，我就可以不必过于在意。

如果你逐渐了解了内心世界这片神秘的领域，你还可以在短时间内识别那些可能会企图利用你的人。例如，一名女性已经意识到利他主义者原型是她生活中不可动摇的主导力量：只要他人有需要，她就会毫不犹豫地去帮助对方。几年前，一名比她年轻的女孩了解了她性格中的这一特点，说服她交出原本属于她的一部分工作。当时，她是急于挽救这个女孩才同意的，但直到一年多以后，她才意识到自己被人利用了。不过，现在的她已经意识到了自己在帮助别人时要有智慧。她仍然会去帮助别人，但与此同时她已经提高了警觉。

七，原型意识能帮助你更好地理解他人的世界观。我们可以利用自己对于原型的领悟来强化自身的交际能力，让自己可以更加融洽地与上司、同事、配偶、同伴、孩子以及父母相处。要想实现这一点，我们只需要弄明白此刻在意识领域控制我们思想的是哪一种原型即可。当我试图和丈夫商量事情，而他又总想取得最后的决定权的时候，对心理原型的了解可以帮助我明白这只是他内心战士原型的表现而已。与其想尽一切办法改变他，不如提醒他我们其实是同一个战壕里的战友——一荣俱荣，一损俱损。如此一来，他就再也没有非要战胜我的理由了。

假如我的孩子心情不佳，并且迁怒于我时，我并不一定要反过来批评他的不当言行。我可以将关注的焦点放在他（孤儿）那种无助的感觉上，安静地聆听、任其发泄。如果我上司期望我每天都能像魔术师或杂技演员一样，完成各种不可能完成的任务，我会明白这是魔法师原型作用的结果，如果有需要，我会让她解释为何要同时向空中抛出那么多球，然后让我去接。

在和一些很难相处的人交往的时候，欣赏并了解各种原型之间的差异会令我们受益匪浅。譬如说，如果你的婆婆每天在你耳边唠叨、埋怨，让你难以忍受，这时，如果你对原型有所了解，你就能明白这是孤儿原型和利他主义者原型作用的结果。你可能无法彻底改变她的这一行为，但是你可以积极地聆听，让她知道你愿意听她述说自己的痛苦，并且在她每次帮助你的时候都反复感谢。当她觉得自己得到的关注和聆听足够多的时候，她自然就会减少发牢骚的频率。

同样地，如果你的上司总是不断地批评你，这也许是缘于他内心战士原型的影响：担心因为某人的拖沓而拖累了整个团队的进度。他会一直牢牢地盯住你，直到他对你的表现感到满意，认为你足够聪明且利落，能够独立应付手头的工作。当你是一名女性或是虽为男性但出生于有色人种家庭，而你的上司则是一名白人男性的时候，每当出现这样的情况，你恐怕会尤为烦恼和愤怒。你会觉得这全都是因为对方受到了种族主义或性别主义思想的影响（也许，从某种程度上来说，事情的确如此）。可是，如果你真的说破了，他很有可能会把你当成敌人，并且跟在你身后，对你穷追猛打。因此，这时更有助于你的做法是提前预测到上司的忧虑，让他知道你能够体谅和明白他。你可以把他当成是自己的教练，并且在完成他的训练计划时及时让他知道，如此一来，他就会将关注的焦点从你身上移开，转到其他那些他认为会影响到公司成功的人。

八，当你明白人们的世界观都是以内在的心理原型为基础而形成的时候，这一领悟不仅能让你变得更加聪明，而且还能帮助你看到学者和记者通过其文字所表现出来的潜意识里的偏见。直到最近，历史学家才撰写了一些主要关于军事和政治事件的书或内容，这些事件对于战士原型具有非常重要的意义。同样地，记者们之所以会引导大众专注于“赛马”而非岌岌可危的政治事件，其原因也是因为他们心中对战士这一原型存有一些偏见。有些政治家试图通过战士原型模式以外的方式与事实真相进行沟通，他们刻意地绕过新闻媒体，试图借助公共事件和互联网与大众进行沟通，然而，沟通的结果却让他们感到沮丧不已。通常情况下，学者和记者似乎都会有意识地压制信息传递。不过，事实往往事与愿违。人们会相信自己看到的事实，而他们所看到的事实就是他们透过战士原型所观察到的。对于战士而言，其所有的追求和理想都涵盖在一个简单的问题之中：谁赢了，以及他们采取的是何种战术。如此一来，以战士原型为指引的媒体会执着于这个问题也就不足为奇了。

生活中被激活的原型种类越多，对事实真相了解得就越透彻。渐渐地，你的目光就会变得更加深邃，足以超越原型思想所带来的意识偏见。如此一来，你就可以摘下学术界和新闻界所佩戴的那副有色眼镜，客观而真实地推断出到底发生了什么事情。有了这种客观的世界观之后，那些处于某种原型控制中的学者和记者就能自发地萌生出一种力量，对抗歪曲事实的思维浪潮。

专注于领导力开发的专家明白，领导者拥有理智而客观的世界观是非常重要的，所以他们现在已经开始讨论范例。在实践中，牢记一点就能够确保我们始终全面地看待事件的发展——我们的世界观需要论据的支撑，而这些论据的发现和思考都会受到心理原型的控制或影响，识别并了解这些原型将会有助于我们获得一个全面而客观的观点。

假如我们没有看清楚隐藏在那些所谓的事实背后的基本原型，我们就会轻易地将自己的主观设想当成客观现实，在这一过程中，我们自然也就会低估那些被我们忽视了的人。如此一来，我们就好像走进了一座迷宫，就在我们反复原地转圈的同时，其他人已经大踏步地走向了出口。

无论我们是否意识到它们的存在，这些心理原型都存在于我们的思想之中。如果我们忽视它们，它们就会完全控制我们的思想，用它们认为的具有一定局限性的现实，取代真实存在于我们身边的多变而有趣的现实。历史学家为了精确地记录史实，一次只描写一个政治事件或战争，可是这并不代表同时期没有发生其他事情。相对而言，记载和反映普通民众生活的历史纪录出现的时间要稍晚一些，他们既不就职于政府，也没有参与过重大战役。不过，这些纪录也同样让人欣喜。

我们的个人生活也同样如此。识别生活中被激活的原型种类可以产生许多积极的作用，其中之一就是我们不会再将原型意识的观点当成现实。如此一来，我们会更了解自己的思想状况，并且能够带着一种更加开放的心态去看待这个世界，超越那些可能会局限我们眼界的因素。正如莎士比亚在《哈姆雷特》中说的：“霍雷肖，存在于天堂和世界上的事物远比存在于你梦中哲学里的要多。”

一些想法

在接下来的章节中，大家将会了解到英雄之旅中必经的原型阶段和任务。在阅读这些内容的过程中，你会了解到迄今为止你的生活中最活跃的是哪些原型，你正是通过它们为身边的人或事贴上了各种标签。与此同时，你也会明白哪一种或多种原型能够帮助你获得更大的自由和成就。读到这里，有的读者可能会暂时停下阅读，去完成后面的英雄神话自测（见附录A）。做完测试后，你可能会想首先阅读书中与自己相关的某些章节，从而了解那些在你目前的生活中最活跃的心理原型是什么，然后再去阅读其他章节。

不过，有些读者在和我们分享他们的阅读经历时提到，有些原型他们一开始并不感兴趣，甚至于并不认可，但最后反倒成为旅途中对他们帮助最大的助手。尤其是对那些有经验的旅行者而言，赐予他们强大力量、帮助他们完成自我解放的恰恰是那些以前没有尝试过、甚至于他们本人并不喜爱的原型。

这本书好比一张地图，其主旨就是帮助旅行中的你定位，指引出前进的方向，随时随地让你了解自己和英雄之间的共同性。不过，我想提醒大家的是，我们每个人都是独一无二的个体。因为没有任何地图是按照你的自身情况量身订制的，所以，从根本上来说，你还是要相信自己的。正如《另一种真实》中唐璜向卡洛斯·卡斯塔尼达解释的那样：无论你选择哪条路，都走不出去。尝试着去选择一条路，哪怕一次又一次地选错且重新来过，但并不会令你颜面扫地，因为检验这条路是否正确的标准只有一个：它是否能够给你带来快乐。唯一的方法就是走下去，而唯一知道这条路是否适合你的人就是你自己。

通过各种经历，我们渐渐明白，
痛苦其实并不是毫无意义的伤害和苦恼，
它能够为我们提供强大的动力，
督促我们学习、团结和成长。

02 生存困境：孤儿的成长之旅

天堂就在童年！
阴影一点点投射在成长中的男孩身上，
然后在长成为男人的目光中散去，
消失在寻常一天的光明之中。

——威廉·华兹华斯《咏永生之暗示》

经历、来源和逆境

你是否有过这样一种感觉，觉得自己就像一个孤儿？你是否曾经有过被人抛弃或背叛的经历？又或者，你是否有过被忽视的感受？有时候，你是不是暗自纳闷，为什么你会遭遇如此多的不幸和苦难？你是不是也曾一度想自暴自弃，不再追求自己的梦想和渴望?

或者，你一直都很幸运，一路走来几乎没有遇到任何难题，以至于你觉得自己的生活有一点平淡无趣。你是不是觉得自己明明可以表现得更有活力，你的思想可以更有深度，生活中的激情也应该更多?你是不是已经发现，那些经历过更多坎坷的人们看上去显得更加活力四射、更真实，他们的生活似乎也更充实、更丰富多彩?也许，你根本不知道该怎样做才能让自己的生活变得生动而富有色彩。

无论你属于上述哪种情况，这一章都是为你而写的。

我们的父母、老师、朋友，包括保险公司都鼓励我们尽可能地过一种安全的生活。有一些书籍旨在帮助我们走出因家庭环境失调而导致的生活困境，这些书的作者们暗示读者，只有来自健康、有道德及稳定的家庭的人才能拥有正常的幸福生活。因此读者们会推断出：如果一个人的成长环境不佳，那么即使长大后他试图改变这一切，那他的成功率往往也会很低。

然而，那些真实反映了人类灵魂和精神的神话及文学作品却向我们传递出不一样的信息。理想环境中成长起来的英雄寥寥无几，或者说，这样的英雄几乎不存在，因为当他们身边的环境开始变得理想时，他们就会选择离开。最经典的悲剧英雄俄狄浦斯，刚出生的时候就被他的父亲扔到了山里；大卫·科波菲尔德则是在一个充满压迫的孤儿院里长大的；作为皇室的一名私生子，被养父母抚养长大的亚瑟王从小到大并未享受过半分锦衣玉食的理想生活；灰姑娘辛德瑞拉的继母十分恶毒，一直都把她当成家里的女佣肆意使唤。

印度教中的克利须那差一点就被身为国王的叔叔杀死，他的父母用一个牧人的女儿替代了他。虽然贵为王子，可他却是在贫穷的牧人家庭中长大的。佛祖释迦牟尼的确出生于皇室家族，一直在父王的百般呵护中生活。可是，他最终还是离开皇宫，去追求解脱之路。直到那一刻，他才踏上了明心见性的旅途。希腊神话中的农业女神德墨忒尔，彻底爆发出其全部能量也是在她的女儿被冥王抢走之后。当女儿被哈德斯拖入地府之后，德墨忒尔第一次体会到刻骨铭心的丧女之痛，也正是在那之后，她发现了爱留西斯的秘密，让世间万物包括人类明白了生命和死亡的意义。

当一段亲密关系破裂，或是当你毫无保护地完全暴露在这个世界之中且被人抛弃、背叛或沦为他人的牺牲品的时候，千万不要感到绝望。相反，你应该把这看成是你踏上追求之旅的神秘呼唤。

幸运的堕落

世界上许多文化里的神话故事中都有关于黄金时代的描述，那是一个令人渴望回归的时代。在犹太教和基督教的教义中，与之相关的就是亚当和夏娃被赶出伊甸园的故事。一开始，亚当和夏娃幸福地生活在伊甸园里，上帝满足了他们所有的需求，不过也警告他们：不要吃树上知善恶的果实。然而，在一条蛇的引诱下，夏娃最终从那棵树上摘下了一个苹果，咬了一口。随后，她又把苹果拿给了亚当，亚当也吃了。结果，他们就被赶出了这片天堂乐土。从那之后，为了生存，亚当必须辛勤劳作，夏娃则必须承受分娩之痛。在伊甸园里生活时，他们都是永生者，可是现在他们知道自己终有一天会走向死亡。不过，圣经向世人保证：终有一天，人类将会重返天堂。为了实现这一目标，人类不仅要经受磨难而且要辛勤劳作。换言之，我们首先明白堕落的原因，唯有如此，我们的思想才能上升至一个更高的境界，同时也不再幼稚，通过断恶从善回归纯真。

很明显，亚当和夏娃的故事中含有不少原型因素。你不仅可以在世界上绝大多数文化和宗教教义中找到与之相似的故事，而且在我们自身的文化环境当中，那些并不信仰犹太教或基督教的人们也曾有过相似的经历。这是成长道路上必经的一个阶段。例如，所有的孩子都曾崇拜过自己的父母。可是，如果你的父母时不时就痛打你一顿，或是对你采用体罚情况又会怎样呢？如果你总是被父母忽视呢？又或者，如果你的父母从来不归家，哪怕回来也总是沉迷于电视，面对这样的父母，你又做何感想呢？对你而言，失去孩童般纯真的思想，这种经历是极端而痛苦的，很难令人承受。

有些孩子的父母却尽职尽责，其生活方式也更健康。对于他们的孩子来说，第一次的落寞经历就会显得温和得多。对我而言，我的第一次落寞始于父亲的一次工作失利。在那之后，他的意志变得非常消沉，对我特别冷漠，有时甚至有些苛刻。父亲的这一变化令我既惊慌又沮丧，我觉得爸爸妈妈根本不知道该如何教导我，也无法让我在这个世界里绽放自身的光彩。当然，他们也不知道该如何让自己在这个世界里发光发亮。在这个日新月异的世界里，很少有父母可以真正做到有效地指引自己的子女，让他们沉着自如地应对即将到来的一切。

在成长的过程中，我们会逐渐意识到父母其实并不完美。天真者却总想将完美父母的头衔安插在自己父母的头上，但当他发觉事实并非如此的时候，他又会觉得自己受到了欺骗。生活中他人不可避免地会有一些令我们失望的言行，又或是欺骗我们，或在背后议论我们。我们身边也发生过权威者滥用职权的案例。此外，我们也逐渐意识到这个世界不会完全公平地对待每一个人，并不是所有人都能获得同样的尊重，有的人甚至每天都生活在可怕的悲剧之中。人们会受到他人的伤害，也会遭遇连续不断的病痛的折磨。他们会渐渐失去了心中的挚爱或是信念，又或是失去了心智。

英雄之旅能够唤醒我们的灵魂，与此同时，其本质也决定了它具有一定的危险性。内心迫切地渴望获得安全，而灵魂则想要生存。事实就是，风险是真实生活的组成要素。不经历痛苦，我们就无法成长，无法变得成熟。

许多人对我说，他们的生活只有一个目标，就是确保安全。与此同时，他们的内心世界却感到空虚，因为他们的生活并不完整。比如一些事情发生了，他们被确诊为癌症患者，他们的孩子死了，他们的配偶离开了；又或者，原本看似稳定的工作没有了，突然，他们意识到自己根本无法逃离现实生活。随着这一意识的不断增强，他们明白了，这个世界上最让人感到绝望和无助的莫过于不完整的生活。

就在我们尝试着要离开这一旅途的时候，它抓住了我们。

日常生活中的无助

我们每个人受孤儿原型影响的程度都各不相同。有些人在生活中遭遇的难题远比其他人要少。要想弄清楚自己是已经走过这些阶段，还是卡在了旅途的某一阶段中，有一个很简单的方法，那就是审视自己如何看待其他人所描述的孤儿的特征。进入孤儿阶段的人通常都会同情那些身处于苦难中的人。假如你发现自己迁怒或责怪那些已经沦为牺牲品的人们（这些人现在要么穷困，要么就心情沮丧），这就说明你很有可能正竭力压制内心的孤儿心理，努力掩饰和克制它所带来的心理特征。

相反，如果你经常感到无助，且不知道该向谁寻求帮助，那么对你而言穿过孤儿阶段，向其他阶段寻求帮助就变得很重要了。按照我们自身的理想，这个世界上的任何人都不应该独自承受伤痛。不过，孤儿原型赋予我们的礼物之一就是弄明白一个简单的道理并接受它：我们都会受伤、会不完整。因此，我们才需要彼此——这不仅仅是因为我们需要来自他人的关心和支持，也因为我们每个人手中都掌握着一块小拼图，只有将这些散乱的拼图碎片拼凑起来，我们才能得到一幅完整的图案，才能用它来解答心中所有的问题。对于那些生活异常艰难的人，以及在不健全的家庭氛围中成长起来的人而言，在这段路途当中，他们尤其需要来自外界的专业人士或团队的支持。

今天，已经有太多太多的人在刚一踏上这段旅途时就被孤儿原型绊住了，无法再前进。这一切只因为他们无法向自己以及其他人坦然地承认内心的无助感，他们不愿让别人知道自己缺乏技巧、需要他人的协助。在生活中，我们被剥夺的东西越多，就越害怕他人利用我们的困境牟取利益，进而给我们带来更多痛苦。最糟糕的情况就是，这种心态很有可能会阻止我们向外界寻求帮助。此外，由此衍生出来的另一负面影响就是，如果我们接收到的信息永远都在强调我们虚弱、不理智、愚蠢、丑陋或人品不好，久而久之，我们就会认为自己并不配享有世上美好的事物，也注定无法获得完整的生活。

当他人或机构突然拒绝再为我们提供庇护的时候，我们也会从天真的状态中猛然惊醒。无论是男人还是女人，受其脑海中幼稚天真思想的影响，他们往往会想当然地认为自己的配偶或伴侣愿意做那些让他们感到自在的事情，又或者，他们认为对方就应该这样做。女人们通常会下意识地认为丈夫应该义不容辞地担负起诸如搬东西、修车和挣钱之类的工作；男人们则常常觉得妻子就应该料理家务、安排家庭活动、相夫教子。当丈夫说出自己的需求，决定放下某些家庭义务，或是放弃一份收入可观的工作，又或是为了另一个的女人而离开这个家的时候，尤其是当妻子为了成为一名传统意义上的贤妻而牺牲了自己的需求的时候，这个家庭的妻子立刻就会觉得丈夫背叛了自己。同样的，当一名妻子决定投身于一项费力的工作，或是离开丈夫寻找自我的时候，她的丈夫也会觉得自己被妻子抛弃了。如果对方此时恰好又忽视了家庭的真实需求，那么被“抛弃”的丈夫和妻子心中的愤怒和委屈必然会以几何倍数增长。

当然，婚姻的宗旨就是为人们的生活提供一种安全感和延续性。当一段婚姻破裂的时候，所有人都会感到痛苦。然而，当今世界已经发生了巨大的变化。在之前的社会体系中，从根本上来说，个人是否幸福其实无关紧要，重要的是一个人要履行自己应尽的义务和职责。只要你能做到这一点，婚姻和家庭就会保持稳固，处于婚姻中的人和家庭成员也会感到自己是安全的。现在每个人都有权利获得幸福，这让人们越来越重视婚姻中的不幸，并且敢于拒绝麻木的婚姻生活。缺乏基本的信任和爱，婚姻当中的不满有可能会促使你离开这个家庭，或是冒着巨大的风险打量真实的自我以及你的配偶，然后着力去改变现状。然而，这一变化的结果就是婚姻不再（如果它们曾经实现过这一目标）为人们提供自发而长期的安全感。

这样的模式也同样存在于工作之中。早前，变化通常都很缓慢，性别、种族和阶层决定你在社会上所扮演的角色。职场上的专业术语逐渐进入家庭，这也是为何姓氏中不乏职业名称的原因。如果你姓卡彭特（Carpenter，意为“木匠”），你的祖先很有可能曾经从事过木匠工作。人们成立一家能够为其提供安全感的公司，并且期望有生之年能一直就职于这家公司，他们觉得安全就是对他们忠诚的最好奖赏。又或者，他们会创立一个家族企业，从中获得自己渴望的长期的独立和稳定。

我们必须了解的一点就是，这种对安全的渴望正是天真者的基本特征之一。今天，人们在经历了生活中一次又一次的失败之后开始意识到，组织机构并不能像我们期望的那样为我们提供安全感。即便我们自己创业，在经济形势快速发展的今天，我们也根本无法确定自己的公司能否在下一次的竞争浪潮中存活下来。于是，那些试图为人们提供安全庇护的努力也开始随之动摇。社会安全会遭遇风险；社会福利也会显现出诸多的局限性；健康保险的作用也很有限。

事实上，失落会伴随着生活浪潮一起向我们涌来，它会让我们觉得自己真的长大了，独立了。以下就是最近人们和我分享的一些案例。

你已经为一家公司工作了整整20年。你有能力、忠诚并且很勤奋，可不管怎样，他们还是解雇了你。

你陪伴丈夫读完了研究生，养大了你们的孩子，并且一直支持他的事业。然而，他取得成功后却不声不响地离开了你和孩子，娶了另一个女人。

为了家中的妻子和孩子，你一直做着一份你很讨厌的工作。你认为她一定会对你的这种保护（不让她面对残酷的“现实世界”的做法）心存感激。结果，她却对你说你很无趣，然后离开了你，去寻找她的自由。

作为一名年轻人，你在学校里刻苦学习，并且没有辜负家长和老师对你的期望，你以为你一定能找到一份好工作，组建一个幸福的家庭。突然，你发现工作机会少之又少，房价又高得惊人，你几乎不可能过上父辈那样水平的生活。

你在学校里学习了很多年，准备成为一名医生或心理学家。你希望自己能够获得他人的尊重，并且拥有不错的生活。然而，医院却压低了你的收入，20多岁的年轻人对你直呼姓名，并且告诉你，你该为自己的病人提供什么样的治疗，以及哪些治疗方案是你应该放弃的。

多年来，你一直坚守着能够给你带来安全感的宗教或精神传统。你相信只要你祈祷、冥想或想象的方式正确，你就会得到自己需要的一切。然而，一夜之间，你却失去了健康或全部金钱，又或是你笃信的宗教领袖因滥用权力满足自己私欲而被捕。顷刻间，你所信仰的世界分崩离析。

为了家庭，你牺牲了所有的一切。现在，你老了，既虚弱又孤单，你想让自己的子女陪在身边，照顾自己。然而他们却全都奔波在自己的工作和家庭之中，无暇分身。

你一直都在尝试着做一个好人。接连发生的事情让你意识到自己一直都在妥协，牺牲自己的原则。突然，你不再相信自己。你会想，如果像自己这样的，一个多年来一直努力要做一个好人的人，都不值得别人完全信赖，那这个世界上还有谁值得信赖呢？

有时候，无论我们认为自己的思想有多么现实，我们都很难自如地面对生活抛给我们的一个又一个难题。不过，这就是成长在我们生活的各个阶段的含义。

在一个痛苦的世界里生存

孤儿是一名注定会失望的理想主义者，其对这个世界所希望的越高，所出现在他面前的现实就越残忍。失望后萌生出来的孤儿思想是一种尤为难解的思维模式。这个世界看起来危机重重，坏人和陷阱无处不在。这似乎是一个自相残杀，弱肉强食的世界，在这样一个世界里，人们的身份无外乎两种：牺牲者，加害者。因为这个世界的行动准则就是“先下手为强”，所以即便是再残忍的行为也能在这个世界中找到其存在的理由——这就是现实。恐惧成为这种世界观中最强势的情感，而恐惧所带来的基本动机就是生存。

人生的这个阶段实在是太黑暗、太痛苦，以至于人们通常都会选择用各种各样的麻醉剂来麻痹自己，迫不及待地要逃出这段旅途。又或者，他们可能会滥用自己的人际关系、工作或宗教信仰，以此来麻痹自己，对抗痛苦，为自己提供一种虚假的安全感。然而，这样做只能加剧我们内心的消极思想；假如你使用的是药物或酒精，这样做甚至还会增加你内心的怀疑，导致偏执。

当我们在生活中再次遭遇这种情况时，我们会用一些听起来很冠冕堂皇的理由来为自己的这种逃兵行为进行辩护，甚至把它称为一种战略："当然，我每天都会喝两杯，等等。生活很艰辛。如若不然，我又怎么能熬过去呢？"我们相信，对生活寄予过多的期望是一种不现实的行为。一名员工可能会抱怨自己的工作是一份苦差事："我讨厌我的工作，可是我还得抚养自己的孩子。世间的事情就是如此。"一个女人也许会简单地认为男人们"都不是好东西"，然后一直维持着一段令她的情感或身体备受摧残的感情，因为"他比最糟糕的男人还是要好一点的"。一个男人兴许会抱怨自己的妻子过于唠叨，但事情过后，他会耸一耸肩膀，说道："女人嘛，就是这样。"

孤儿原型阶段是一种较为棘手的阶段，需要我们谨慎对待。进入这一阶段后，你的任务就是走出困惑，明白苦难、物质匮乏乃至死亡都是生活中不可避免的困境。由此带来的愤怒和痛苦只会影响一个人对生活最初的憧憬。这种发生在生活当中的困境会引导你到达现实的彼岸，因为孤儿原型的作用就是培养我们对生活的现实观念，或者说，对现实的期许。当人们放弃了最初那些天真如孩童般的期待之后，他们就有可能走进其他的状态，明白不要对生活期望过高的道理。

孤儿的故事表达的是一种无助、无能为力的感觉，不过，与此同时，孤儿也渴望回到最初的那种天真的纯真当中。无论我们当时的年龄多大，这都是一种宛若孩童般的天真欲望。我们希望的生活中，能出现一个像深爱我们的妈妈或爸爸一样的角色，满足我们的一切需求。当现实生活中的人无法满足我们的需求时，我们也许就会感到自己被抛弃了。孤儿想生活在一个安全的花园里，同时享受那种被人百般呵护的感觉，可是事与愿违，现实却让他们觉得自己被扔在了荒野里，成为各种坏人和野兽的猎物。令孤儿左右为难的就是虽然他们渴望有人来照顾自己，但是他们又为此不得不放弃独立，因为只有这样才能得到他人的照顾；更让他们感到为难的是，明明自身难保，可是他们还想做一名完美的父母，无微不至地照顾自己的孩子、爱人、客户或委托人，他们愿意做任何事情来证明自己会一直保护他们。

出现这种困境之后，随之而来的是漫长——有时甚至还十分缓慢的攀登过程：重新找回信任和希望。最终，孤儿必须明白所有的一切只能依靠自我的道理，只有这样他才能够在各种消极的环境中抵挡住诱惑的袭击。大多数情况下，在我们向他人寻求帮助之前，自己往往无法做到这一点。“也许，没有人愿意照顾我，可是说不定我就能找到这样的人。”有的女人想要一个无所不能的爸爸；有的男人则想找一个贤妻良母；还有人寻找的是声名显赫的政治领袖、一个契机或理由，又或是一笔高达上百万美元的交易，期望借此让其他所有难题都迎刃而解。事实上，如同我们每个人都有期望能中大奖的侥幸心理一样，不现实。

拒绝痛苦

在一个充满挑战的环境下，雇员们可能会把期望寄托在公司的CEO身上，希望他能够拯救自己。但有时候，当市场条件或其他因素失利的时候，CEO也无能为力。可是，我曾经看到过愤怒的雇员们齐集一堂，决心找之前的“救世主”算账，让他偿还自己失去的一切。同样地，我们的政治领袖们也常常会陷入新闻媒体设下的圈套中：一开始，媒体刻意地美化这些领导者，将无数耀眼的光环罩在他们的头上，过后再一把扯下这些光环，将它们砸个粉碎。

有些人曾一度沦落为他人的牺牲品，事后，他们渐渐学会了用自己的痛苦来操控他人，让其他人为他们的痛苦经历愧疚，然后再让这些人去执行他们的意愿。这种人用自己的伤痛作为道具来操纵别人，让他人感到难过。但他似乎忘记了一个事实：自己的困境并未因此而改变。

我们也曾在一些围绕琐碎小事而展开的诉讼当中看到过，愤怒就好像一种传染病，顷刻间就会感染所有人。有些人宁愿花大量的精力和时间来起诉医生，也不愿接受爱人已经病入膏肓的事实；遭到解雇时，有些人立刻勃然大怒，铆足全身的力气去起诉自己的雇主，却忘了自己过去在工作中曾经犯下的那些失误。

有一名女性甚至将其的每一位雇主都送上了法庭，只要有人责备在她工作上没有作为时，她就会起诉他们。（当然，有许多事情的确需要被送上法庭，通过公正的司法体系来解决。不过，我在此讨论的是那种执意用其他事情分散自己的注意力，从而借此逃避，不去面对生活中那些残酷现实的人。）

要想从孤儿所面对的这种进退两难的局面中走出来，其关键就在于你是否能够卸下心中那种孩童般的优越感。如果你认为自己应该享有一个快乐的童年，那么，你自然就会萌生出一种被欺骗和被抛弃的感觉，并在这一感觉中度过余生。可想而知，在这种情绪的引导下，你永远都无法获得快乐的生活。假如你相信你拥有享受完美生活的权利，那么，生活中遇到的任何困难都只会让你更加痛苦、悲伤。

牺牲品

痛苦的经历让人受伤，同时也让人渴望被拯救，然而，人们却发现在这件事情上，所有人都无能为力。我们可以用愤怒来回应这一残酷的现实，或是干脆直面自己内心深处的脆弱。当然，对于大多数成年人而言，承认自己脆弱的确是一件令人尴尬的事情，哪怕只是偶尔或短时间内。毕竟，按常理来说，我们本应该成熟、独立、自力更生，所以绝大多数处于这一状态的人往往不会承认这一事实，哪怕只是对自己坦白也不行。通常，他们会说“我挺好的”，可事实上，他们的内心世界却倍感失落和空虚，有的甚至还感到十分绝望。人们会扮演各种预示着下一阶段旅途的原型角色，也许他们的出发点是正确的，但并未脚踏实地地从现实出发。

如果吸引人们的是利他主义者原型，在进入他们所渴望的阶段后，他们却永远都无法真正地为了爱和关心而牺牲自己，无论他们尝试什么方法，或是多么努力。因此他们的牺牲也不具备改变的效力。假如他们为之牺牲的对象是自己的孩子，那么，孩子们就必须偿还他们所做出的牺牲——举止得体、按照父母的意愿生活。总而言之，孩子们必须牺牲自己的意愿作为对父母的回报。正是这种虚假的牺牲玷污了牺牲的名节，使它蒙上了一层贬义，因为事实上，这种假牺牲不过是操控他人的一种形式而已。

其实，生活在当今世界的人似乎都已经意识到了这种操纵孩子的母亲的存在，可人们好像忽视了这种假牺牲的另一个版本：即一个男人一直做着一份他讨厌的工作，并口口声声地说这全是为了自己的妻子和孩子，然后再让他们用各种方式来补偿自己的这一牺牲——尊敬和顺从他，让他不受任何指责或愤怒的骚扰，让他在自己的城堡里过着安稳的生活。这种男人通常会要求自己的妻子参与到他为生活殉难这出戏剧之中，从而迫使其放弃她的人生。在很多情况下，假牺牲者所传递的暗示信息都是："我为了你牺牲了自己，所以不要离开我，和我在一起，满足我的内心期望，帮助我获得安全和稳定的生活。"

相互依赖也是一种人们用来对抗孤儿感受的防御手段。在这种情况下，我们会将所有的精力都投入到拯救他人的行动当中，而对自己的伤痛不管不问。在这一过程中，我们很有可能会驻足于一段感情或人际关系中，但身处于这段感情或关系中的两个人都无法真正地长大，而这段感情最终也不可能取得成功。这时，他们向彼此传递的暗示信息就是："让我照顾你就能使我的生活变得有意义。"

与虚假利他主义者不同，天真者可能会借助战士的消极因素来拒绝痛苦，且成为加害者：掠夺、折磨、打压、剥削和利用他人。这是一种很典型的姿态："只要我想，我就要得到，因为我强大。"或者，他们会变身为工作狂，用工作来分散自己的注意力，不去面对那些他们不敢面对的脆弱心理。在荣格心理学当中，消极的形成源于压迫。假如一种原型的积极面得不到表达，它就会成为我们思想的统治者，但是执行这一统治的却是它的消极面。

随着文化宽容度的提升，我们逐渐获得了"追随自己的福祉"以及"寻找自我"的许可。与此同时，我们也发现了假战士的身影。这种假战士的自我发展带有鲜明的纳粹独裁者的色彩，由一个接一个的自我改进目标构成，每个目标都对我们做出了重返伊甸园的许诺。

与此相矛盾的是，身处于孤儿原型阶段，在经历痛苦的同时，作为一名真正的英雄，我们的反应应该是仔细体会自己的伤痛、失望和损失——换言之，接受自己已经成为一名孤儿的现实。这要求我们能够勇敢地面对内心巨大的伤痛，并承认我们在生活中需要他人的帮助。将内心的失望发泄在他人身上或是欺骗自己和他人，不如承认“我很痛苦，我不知道该怎么办”，这才是真正的英雄所为。

许多年前，我曾经与一名心理治疗师共事。这位心理治疗师采用的是一种深度发泄的治疗方式。我们痛苦，捧打枕头，讲述各种关于自己的故事。故事中的我们失望透顶，或被人利用，或成为他人的牺牲品，或者感到无助，渴望他人的关怀和帮助。令我惊奇的是，这样做不仅没有让我们意志消沉，反而让我们获得了无穷的力量，因为我们不再害怕走进自己的痛苦或悲愤中。那些令我们苦恼的事情看上去似乎不像当初那样可怕。从中，我们也明白了一个道理，其实我们根本不必将自己的痛苦强加于他人，也不必将痛苦转化为愤怒、转而去压迫他人。在一个安全的环境中将这种痛苦表达出来就已经足够了。

和其他许多专业人士一样，我发现那些有过被辱骂经历的人，要想走出痛苦，他们可以将至今仍然能够感觉到的痛苦表达出来，然后，提醒自己或他人“那些都已经过去了，这才是现在”，他们就可以继续自己的旅途，让其他隐藏在他们心中的内在盟友渐渐浮出水面。

当我们获得这种应对过去的伤痛的技巧之后，处于孤儿阶段的我们在遭遇痛苦时就可以让这一过程变得可控且相对短暂。我注意到有些人往往宁愿驻足于痛苦之中，肆意地发泄内心的怒火，或是利用自己成为牺牲品的经历作为借口，推卸作为一名成年人应当履行的义务。其实让自己的精神世界保持平衡非常重要，痛苦只是本章的中心话题，但从来就不是生活的主题。有些人需要他人从旁提醒：孤儿只是诸多心理原型中的一种。当一种真诚的、脚踏实地的、现实的意识进入我们的头脑之后，我们就可以继续自己的旅程，进入人生旅途的下一个阶段。

要对生活充满希望

成长的过程离不开“生存能力”的培养和发展。在成长的过程中，我们需要的不是铺天盖地的关于这个世界有多么黑暗的警告，而是实用的建议和经验，从而帮助我们应对世界中的种种困境。如果幸运的话，父母、老师和朋友都会帮助我们：

认识到诱惑和向导之间的差异；

识别安全与不安全的环境；

在怀疑主义和开放公开之间找到一个合适的平衡点；

知道在事情即将来临时如何寻求帮助；

在私人与公务关系中，在付出和接纳之间找一个合适的平衡点；

从错误中吸取教训，同时并不为此而责备自己；

期待得到良好的对待，同时也对他人报以足够的热情，并且对他人的怜惜做出善意的回报；

避开令人悲痛的情形，或是当伤痛发生时快速地从悲伤中走出来。

然而，我们中的许多人却并不享有如此怡人的成长环境。有些人来自职能并不健全、甚至是糟糕的家庭；有些人则从小到大都被家人严密保护，从而并没有做好进入这个社会的准备；还有一些人，其父母自己都不擅于面对现实。在这样的情况下，一旦我们承认了自己的伤痛，要想保留希望就会变得异常困难，而这也是我们不得不面对的一项真实的挑战。

塞缪尔·贝克特的存在主义戏剧《等待戈多》之所以如此打动观众，原因就在于该剧凝聚了人性的精华。埃斯特拉冈和弗拉基米尔在路边等待戈多（意指上帝，或任何我们希望能够拯救自己的人）。几乎没有任何事情发生，他们的生活也乏味至极，以至于就连观看这种生活都是一种折磨。随着夜幕的降临，一个男孩出现了，他告诉他们戈多今天来不了了，但是他明天一定会来。戏剧中只演出了两天内发生的事情，但是很显然，他们已经等了很久。在戏剧即将结束的时候，弗拉基米尔说："除非戈多来，不然，我们就吊死自己。"当埃斯特拉冈问他："如果他来了呢？"弗拉基米尔说："那我们就得救了。"最后，埃斯特拉冈和弗拉基米尔虽然决定离开，可是他们却依然站在原地，一动不动。

坐在观众席中的你看到这里，一定想大叫："去找寻你的生活！找份工作！找个朋友！你可以做任何事情，就是不要在这里等待那个永远都不会出现的拯救者！"这出戏剧之所以能够触动我们的内心，原因就在于尽管剧中人物生活空虚，而且他们久久期盼的拯救似乎又永远不会到来，但是弗拉基米尔和埃斯特拉冈却一直坚守着希望。在黑暗不见天日的集中营里，以及那些痛苦的环境中，支撑着人们坚持下去的正是这种希望。我们中的大多数人根本不知道每天究竟有多少人在几乎毫无乐趣或意义的情况下，坚持活了下来，而且没有走向绝路。

当人们战胜了痛苦的心理，敢于面对生活中的现实之后，接下来他们要面临的第二重危机就是绝望。孤儿不将生活牢牢地抓在自己手中，这样的做法可能会让战士感到尤其沮丧，可是我们中的许多人恰恰打算这样做——放弃自己的生活。在生存支柱濒临倒塌或已经坍塌的时候，支持人们生存下去的正是一种能够被拯救的希望。对于那些不相信自己能够长大并承担责任的人而言，即便你告诉他们"你可以做到这一切"也无济于事。对于这种人，你首先必须为他们提供一种希望，一种他们将会获得关爱的希望。

世俗文化中关于孤儿的故事说的无非是从贫穷走向富裕的过程，以及那些约定俗成的爱情故事情节。这些故事和情节的真实主题就是折磨和苦难是一种救赎，最终能够让缺失的幸福重返我们身边。

在查尔斯·狄更斯的小说当中，一名出生贫苦的孤儿在成长过程中受尽折磨，最终，人们发现他竟然是一笔巨大财富的继承人。在和父亲团聚之后，他从此过上了幸福的生活，受人百般呵护。在传统而经典的浪漫爱情故事中（譬如说，塞缪尔·理查德森的《帕米拉》又名《美德获报偿》），女主人公受尽了磨难。有的磨难来自于她贫困的家境，但大多数痛苦都来自于对她的美德的为难。她费尽艰难终于保全了自己的贞操，且最终嫁给了一名有钱的男人，一位甜心爸爸——很显然，他就是慈父的象征。大团圆结局告诉观众，从此以后，帕米拉将在幸福中度过余生。这种浪漫的爱情故事还经常和从贫穷走向富裕的情节交织在一起。在传统的爱情故事当中，女主人公最终不仅找到了真爱，而且也找到了财富。

通常情况下，促使人们投入到某项追求中去的往往就是一份希望，可能获得爱情或财富（或二者兼得）的希望。我们心目中的“救世主”可以是一位爱人，也可以是一次商业冒险、一份工作或能够让我们变得富足的金钱，从而买下我们所需的安全感及生活控制权。我们在心中向自己保证，从此之后，我们再也不用体会那种可怕的无助感，也无须再为无法满足植根于我们内心深处的生存需求而感到绝望。按照我们所设计的理想情况，人生旅途本身就能为我们提供各种足以让我们了解生活现实的经历。

当孤儿原型在生活中被唤醒之后，我们会无比迫切地渴望从老师那里得到所有问题的答案，就像一名病人将全部希望都寄托在自己的医生或心理治疗师身上，期盼他们能用高超的医术“让我们尽快好起来”。又或者，我们期待能够找到完美的人生伴侣一样，无须经历任何痛苦就能拥有一段甜蜜而长久的婚姻。上帝自会为我们料理好一切；只要我们冥想的时间足够长，就能获得内心的平静；或者，只要遵循那些规则，我们就能得到梦寐以求的安全。

因此，在人生的这一阶段当中，每当有人批评那些我们用来抵抗绝望的工具或人的时候，我们就会感到极度悲伤。无论我们的思想在面对生活的其他方面时表现得多么世故复杂，在面对渴望被拯救的生存欲望时，我们都只能算得上是一名刚刚入门的小学生，我们对于绝对论和二元论的认知能力也才刚刚起步。也许，记住这一点会对我们有所帮助。

事实就是，当我们感到极度无助的时候，找到一种权威、一项行为或是一种理论，然后将全部身心都投入其中。这样的做法将会令我们疲惫的身心倍感安慰和自在。哪怕是尝试一种的新的饮食或锻炼计划都能对我们有所帮助，这不仅仅是因为健康的身体能让我们更加快乐幸福，也是因为专注于有益的活动能够增强我们对生活的信心。

当我们感到自己完全失去控制的时候，一个简单的决定就能让我们如释重负：将我们的信念和信任都交到另一个人的手中，尤其是在受托付的人能够为我们提供担保的时候。进入这一阶段的旅行之后，在日常生活中始终忠于这一决定能够让你对生活充满确信和肯定。

然而，当我们将拯救者的角色抛到他人手中的时候，困难就出现了。那些我们认为比生活更强大的人，最后往往会将我们推向失望的深渊。譬如说，我们的拯救者也许不够聪明机智，或是缺乏应有的道德意识，又或是他们根本就不值得我们信赖。一旦落实到实际行动中，平素里标榜自己是救世主的那些人，其行动力和援助通常远远不及他们所标榜的那样光鲜、有力。更有甚者，当一个人的孤儿原型被激活之后，他很自然地不再信任自己。事实上，孤儿通常都坚信自己之所以会进退两难，全都是他们自己的责任和错误。这也就意味着他们往往会咬紧牙关，忍耐其他人对他们的不当言行，尤其是在他们被告之这一切都是为了他们好的情况下。

现实就是，从内心角度来说，真正担负起救助者角色的人恰恰就是孤儿。扮演拯救者的角色也是他们用来蒙蔽或欺骗自己的一种方法：遇到问题和麻烦的是别人，而不是他们自己。在实际生活中，你很快就能认识到这一点，因为这种人会以最快的速度开始贬低你的自尊，因为只有如此你才会继续依赖他们。这种情况下，他们最常采用的典型做法就是利用你的畏惧心理来攻击你的痛处。

一些从一开始就执着于扮演救世主角色的男人最终会说服自己的妻子或女朋友：没有人会爱她们，而她们也无法在这个世界上自力更生。当同样的情况发生在女性身上时，她们则会说服自己的丈夫和男朋友：他们是如此的令人讨厌，这个世界上根本不会有人愿意忍受像他们这样的人。

从道德的层面来说，确保救助者没有利用他人来减轻或避免自身的痛苦是非常重要的。诸如监管机构、帮助团体之类相似机构因其职能性质能够了解到救助者和被救助人之间的关系及情况，因此，他们在制止这种不良救助模式的工作中发挥着至关重要的作用。

没有人理应去咨询他人，或寻求他人的建议，除非他们一直以来始终认真地做好自己的每一件事情，并且能够承认自己和其他人一样，正在旅途中前进，并且可以坦率地说出自身的弱点。事实上，同龄人之间的探讨对处理孤儿原型所引发的各种事件非常有帮助，此外，那些能够与之分享各自弱点和痛苦的朋友也能够帮助我们解决此类事件。这也降低了我们将救世主的头衔安放在其他人身上的概率，从而使得我们明白每个人其实都有自己的长处和缺陷。如此一来，我们也就能够客观地看待身边的每一个人，看到存在于他们身上的二元性——这个世界上既没有无所不能的完美的人，也没有一无是处的无用的人。

要想穿越孤儿原型阶段，踏上下一段旅途，我们首先必须深入这一阶段，而这就意味着我们需要直面自己的痛苦、绝望和内心那些消极的观念。与此同时，这也意味着我们会为失去伊甸园而哀痛，并由此明白世界上并没有所谓的绝对安全。当然，孤儿不可能马上就做到这一切。只有当痛苦与希望达到一定比例的时候，我们才会去面对那些不堪的痛苦。此外，在很多情况下，否认通常能够保护我们不受更多的伤害，但我们自己却往往无法做到这一点。事实上，对于那些认为自己足够强大、沉稳老练的人来说，他们的这种感觉越明显，他们内心的感觉就越糟糕。

关于自责

孤儿的困境在于当事人在解决问题的同时总是不可避免地会责备自己。责备可以对我们的生活起到一定的积极作用，与此同时，责备也会使我们相信，我们之所以会受苦受难全都是因为自己犯了错。许多宗教宣扬的都是这种信念，它们告诉我们，“有因才有果”。

许多年前，我曾经和一个6岁的男孩有过一次交流。谈话前，他的父母刚刚离婚。他睁着一双大眼睛，认真地望着我说：“如果他们早点告诉我哪里出了问题，我相信我一定能够做点什么来弥补。”

后来，我意识到在这个男孩的意识当中，他莫名地觉得自己要为父母失败的婚姻负责。孤儿往往认为自己的错误是招致苦难的罪魁祸首，可是假如这种观念不能为我们指点迷津，那么，它就对解决问题毫无帮助。在这种情况下，它只会让我们觉得自己的痛苦是罪有应得的，如此一来我们沉浸在苦难中的时间就会延长，甚至远远超过其原本的时间。

女性、少数民族和老人，如果这些群体的成员有意识地或下意识地认为自己低人一等，并因此而觉得自己理应受到不平等的对待，那么在面对来自社会其他成员的歧视时，他们往往不会采取任何行动。如果我们有意识或下意识地认为自己能力不足、应该能够承受压力，那么，即使是面对缺乏人性的长时间、高强度、大压力的工作要求时，我们也不会表示出任何的反抗和不满。

我曾经在大学里教授过一门课程，课堂上我激怒了一名学生，她生气的原因主要是因为我教的这门课让她感到过度紧张。学期中，她的态度变得极其不友好，于是，我找到了她，和她进行了一次谈话。我教的这门课程旨在培养学生的责任感，在教学当中，我一直根据学生们对课程的反应调整教学大纲，直到和她谈话以后，我的教学大纲相对于学期初而言发生了重大改变。我找她谈话的目的就是想让她意识到，只要她说出自己的学习要求，无论何时，我都可以相应地改变教学内容。

通过谈话，我获得了大量重要的信息。首先，我了解到有些人提出自身要求的方式竟然是通过喋喋不休的抱怨。除此以外，他们似乎不知道其他表达自己意见的方法。从这一点来说，当时的我并不能理解这名学生的沟通方式。其次，我还了解到了一些关于“错误”的观念。这名学生向我解释她的愤怒时说，一开始她认为自己学不好这门课是她自己的“错”，可是后来她意识到这根本就是我的“错”，因为我教得不好。在谈话过程中，我的心情越来越沮丧。最终，我意识到，对于这名学生来说，这件事必须归咎到某人的“错误”上来。如此一来，相对于承认是自己的错，她显然更愿意把所有的责任都推到我的身上。整件事情也并非学生不能适应一种教学方法如此简单。

之前，我想通过授课来培养她对生活的责任感，而正是这种责任感令她产生了放弃这门课程或说出自己学习需求的想法。我没有弄明白的是她怎么会在“错误”和“指责”之间画了等号，这也是我无法帮助她的原因，而我所说的“你要对自己的学习负责”这句话在她听来只有一种含义，即我在指责她，因为她没有理解和掌握我的授课内容。她尚不能承担这种责任，她还需要从我这儿获得更多的帮助。

有些人之所以会停滞不前完全是因为他们缺乏安全感，或是因为他们总是一味地沉浸在自责当中。对于这种人而言，究竟何种力量才能推动他们前进呢？我的答案是：爱、希望和信息——让他们了解自己的苦难并不完全是他们所犯的错误而导致的结果，以及其他人会帮助他们摆脱苦难的信息。在这一过程中，通过一段时间的摸索和学习，我发现获悉这种信息后所产生的满足感能够对不同的人起到作用，即便是同一个人，在不同的情况下，这些满足感也同样能够有助于他走出困境。在这里，真正重要的恰恰就是这个过程。例如，对于处在孤儿原型状态下的人而言，各种宗教形式通常能够帮助其理解来自外界的困难和痛苦——人们的疾病可以归咎于邪恶力量作祟的结果，一位救世主（或一个信条、一个习惯）就能改变他们的生活。所有的解放运动也全都是从这一点出发，由此拉开帷幕——团会、女性运动、男性运动、各种民权运动。所有的运动都旨在告诉人们，他们所受到的压迫并不是他们犯下的错误造成的。与此同时，这些运动也让人们看到了希望：众人拾柴火焰高，集体的力量能够促使改变的发生。同样地，12步康复计划也是从解释“沉溺于某种嗜好是一种疾病”入手，由此帮助那些瘾君子卸下压力，坦然地面对治疗。也许，个人的力量尚不足以克服各种瘾症，但是一种更强大团队和计划的力量能够拯救他们。

无论是在心理辅导、分析，还是在一段友谊当中，你都可以鼓励人们用不同方式说出自己的故事，让他们在讲述故事的同时意识到自己的痛苦来自于不能正确地认识自己和外界，通过这种方法，让他们明白自己终会获得帮助，战胜苦难、走出困境。

沉浸在自责中，不但会削弱孤儿的自身能力，而且还会产生反效果。因为这样做只会让他们不再信任自己，过度自责会在他们的脑海里投射出某些不确定的想法或观念。要想让孤儿感到解脱，经常自取的办法就是将责任归咎于他人：身边关系亲密的人（爱人、朋友、配偶、父母、雇主或老师），上帝，又或是外界的整体环境。但是，有了这种想法之后，他们便越发觉得自己生活的世界不安全。更糟的是，由于他们将自己所遭受的苦难都归咎于身边的人，久而久之，他们就会疏远其他人，独自一人绝望地过着离群索居的生活。

不过，正如人们可以坚定地将责任锁定在某个人或某件事物上一样，人们也同样可以做到将自己从指责当中解放出来。不仅如此，当他们找到了了结根源的方法，建立起一套自己的解决之道，从而不必再依赖其他思想、事物而生活的时候，他们就会开始相信能够对自己的生活负责。

如果你倾向于为自己的痛苦而责备自己，暂时地依赖于某个人——一种更强大的力量、心理辅导师、分析师、治疗小组、一次运动、教堂能够帮助你走出关于依赖或独立的两元论误区，然后逐渐获得控制自己生活的能力和技巧。在这一过程中，你完全不必独自苦撑，也无须被动地等待救援或消极地接受来自他人的不公正对待。当你需要帮助的时候，就大声地说出自己的需求即可。

此外，在同样的情况下，你只需要留意自己选择的专家究竟是帮助你做决定，还是替你做决定。这样，你就能保护好自己，使自己不被他人利用或控制。适合你的介入行为（在这里，我所指的是心理辅导医师采用的能够帮助你的任何行为）能够赋予你能量，使你变得更加强大，但绝不会从你手中夺过对人生的掌控权。

无论是把你自己交到心理辅导医师、牧师或精神导师的手中，还是完全信赖某个计划（例如，12步计划），这些都能为你提供所需的安全感，从而使你能够继续走下去，逐渐让混乱的生活恢复秩序。不过，当你事后回头看当时的自己，你就会意识到外人的介入行为之所以能够生效，原因就在于你获得了帮助和支持，从而做出了适合自己的决定。还记得《绿野仙踪》里那个好心的北方女巫葛琳达吗？在桃乐茜的旅途结束的时候，她对这个小女孩说，只要她想，她就随时可以回到家中。桃乐茜问，为什么不早点告诉她？葛琳达解释说，就算她之前说了，桃乐茜也一定不会相信她的话。因此，她不得不首先说服桃乐茜有一个法力强大且心地善良的魔法师能够满足她的任何心愿。在前去寻找这位魔法师的路途中，桃乐茜经历了很多事情，能力也伴随着经历的丰富而增长。在这之后，桃乐茜意识到自己完全有能力战胜邪恶的女巫，而且能够回家，完全依靠的是她自己的力量。不过，在她经历这一切之前，她只会觉得自己人小力弱，根本无法独自前进，所以只能将全部希望都寄托在被拯救的幻想之上。

上文中提到的事例涉及宗教、12步计划、政治解放运动，以及各种心理分析和辅导等多个领域。无论是哪一个例子，我在列举时都心怀敬意，我尊敬每个事例的完整性及其价值。而且，在我看来，这些事例中所运用的方法并不能随意互换。这些事例虽各有不同，但其中所经历的转变过程却是相似的：都是帮助某人完成从绝望到有希望、从无助到明确自我价值的转变。

孤儿要想获得能量往往需要借助几件关键工具：（1）爱——表现出关心的个体或团队；（2）让他们能够以不同的方式讲述和复述自己的故事，从而使他们克服内心的否认思想（在他们获救之前陈述自己内心的痛苦，停止无休止地饮酒，放下自己，离开烦恼等）；（3）一次深刻的分析，剖析自己痛苦的来源有诸多方面的原因；（4）一项有计划的行动，从而帮助他们逐渐担负起自身生活的责任。

无论是宗教信仰或12步计划，还是在心理辅导、分析或有意识的政治团体当中，人们都会允许自己去体会内心的痛苦。然而，人们的生活也许极度艰难，很多时候，面对内心的痛苦常常会让他们心生恐惧，因此，有时候他们宁愿选择将这些痛苦封闭起来。不过，团队所带来的那种安全感会让他们渐渐解除封锁，慢慢地且小心翼翼地去接触痛苦，最终获得解脱。此外，心理辅导医师、分析师及宗教领导人或团队也许能够赋予他们面对痛苦的勇气，从而使他们能够面对并真切地感受到生活的另一面。也许，他们的生活十分平淡，波澜不惊，可即便如此他们也应当明白，自己有权利接触和体会自己的痛苦，哪怕这种痛苦远远不及身边其他人所经历的那样刻骨铭心。

多年前，我也曾经历过艰难的时刻，内心感到异常苦闷，可是我却拒绝承认它们的存在，因为和其他许多人所承受的痛苦相比，它们实在是微不足道。对于我而言，承认自己也会痛苦是我人生中一个里程碑式的突破，哪怕我来自于一个相对幸福的中产阶级家庭。随着我意识到并承认内心痛苦的存在，我内心的否认思想开始消失，并且开始积极地行动起来，改变自己的生活。假如不是因为我承认自己也曾经历过坎坷和不顺，我想我根本无法让自己的生活发生改变。

很显然，和任何一件好事一样，这一阶段，或者说，这一过程同样存在被滥用或误用的危险。人们开始喜欢上自己在遭遇麻烦时从他人那儿所获得的关注。他们开始彼此竞争，看看谁的境遇更糟糕，但这完全背离了关注他们的初衷。有些人因此而沉浸在与他人分享自己的痛苦、疾病或所受到的伤害这一行为中，其他人的热心支持和帮助反而会让他们感到自己受到了威胁，因为这将让他们找不到与人分享痛苦的题材。

同样地，我的亲身经历也告诉我，当我遇到难题或陷入困境时，过去遭遇的不公平对待或伤害所带来的痛苦及愤怒情绪也仍然会对我此刻的心理产生潜移默化的影响。因此每当这时，不但不能停止放下过去的伤痛，而且还应该继续。譬如说，假如你的前夫对你缺乏应有的尊敬，而你又不愿意放下这段往事及其带来的负面效应，那么你就会自然而然地从现在的恋人身上寻找前夫的蛛丝马迹。他对待你的方式是不是和前夫有些相似——哪怕只是很细微的相似？当我们对过去的伤痛表示释怀，并可以将更多的精力集中在目前的安逸和自在上时，我们就会惊讶地发现，由过去的伤害所引发的心理共鸣竟然飞快地消失了。

当然，顺利渡过这一阶段的要点就在于我们不要执着于苦难，而且应该投入更多的精力和思想去学习释放过去，释放自我，张开怀抱迎接快乐、高效、富足和解放。聆听自己和他人的痛苦回忆不是为了驻足不前，而是为了敞开心扉，迎接成长和改变。一旦处理完积聚在心中的大部分痛苦情绪，你就可以以全新的姿态融入生活，哪怕与此同时你仍在继续述说自己的故事。这时，帮助你彻底走出困境的关键就在于你应该专注于帮助其他人，尤其是那些和你有着相似痛苦经历的人。当你意识到自己的问题竟然如此平常之后，现实思想就会在你脑海中生根发芽。与此同时，帮助他人也能让你不再一味地沉浸在自己的世界之中，转而开始关注身边的世界。当你完成这一切转变之后，你就已经为继续人生旅行而做好了准备。

生活相对平淡的人，以及那些拥有专业人士或团队支持的人，往往能够独立完成这一心理转变过程的一部分或全部。当你进入这一阶段的时候，找到一种适合自己的方法，说出内心真正想说的话会有助于你顺利渡过这一阶段。有些人会在杂志中书写自己的故事。在《艺术家之路》中，茱莉娅·卡梅伦建议人们每天做的第一件事就是记录下当时的心路历程。那些对视觉效果更敏感的人则可以选择用绘画的方式来表达心情，还有一些人则选择用音乐来记录心情。有的人也许会觉得有一种内在动力促使自己必须去工作，因为那就是他们的职业。对有些人而言，他们会讲述自己的故事，聆听来自内心的真实声音，并以此来对抗否定性思想，这也是一种类似于职业渴望的强制性冲动。对于那些用双手来表达内心智慧的人来说，他们讲述的故事听起来通常显得晦涩难懂，那些依赖于话语来理解事物的人们听完后往往是一头雾水。但是，一件陶器、一条针脚细密的被褥或是一件针织品却往往能够展现这些人的内心世界。在这种情况下，最重要的一点就是你能够听到或看到自己真实的内心世界，从而使你能够从自身角度出发，以一种最适合你的，也许是这世上独一无二的方式去生活。

假如你身边没有一个能够帮助你走出困境的团队，那就请你的配偶、朋友、父母或其他值得你信赖且能用心聆听你的任何痛苦的人来帮助你。你可以在这个人面前厉声咆哮，尽情地宣泄内心的愤怒，甚至于怒斥他人，从而使你内心的消极情绪得到充分的释放，之后再心平气和地弄清楚自己的真实想法，以及这些强烈的情感是否真的已经得到了释放。在整个过程中，与其说是这个人帮你解决了问题，倒不如说是他的陪伴和支持让你感到欣慰，进而给了你解决问题的信心和勇气。

自我帮助和转变

本书中所讨论的旅行不仅是个人的一次远足，也是其所处的文化所经历的一次转变，两者同时发生，同时进行。今天，任何事情都能找到其对应的支持团队和计划。早在几年前，当人们去见心理医生的时候，大多数人往往都会因为尴尬而不愿将私事公开，可现在他们可以很坦然地在午饭时间和朋友及同事谈论自己的心理辅导医师。我们已经看到各种自我帮助的图书像雨后春笋般涌现出来，如一股突如其来的潮水包围了读者。从某种程度来说，我们所处的文化是一种渴望获得优质生活的文化，为了实现这一目标，对于各种精神疗法和科学方法，我们的文化都呈现出一种越来越开放的姿态。

直到最近，基础解放运动——民权运动、男性及女性运动、和平运动、保护环境运动，才开始强调政治解放当中的个人解放。现在，几乎各个政治层面的人们都已经意识到了这一点。事实上，所有人的心中都已经明白，我们的文化正在经历一场大规模的转变，而这种转变首先要求人们的意识要发生改变。人们也许无法用原型语言来描述当前发生的事情，但是他们清楚，各种专业人士和自助书籍的介入正在帮助人们学会如何承担来自个人生活当中的各项责任。

曾经，商业被认为是这个社会上最后一个仍然为等级制度所占领的堡垒。然而现在，许多老板都已经发现，为了公司的发展他们只能积极地去影响手下的员工，而不能再像从前那样去强迫他们。即便是在等级制度控制的商业世界里，恭维以及更趋向于平等的制度和结构正在逐渐取代等级制度。这种大规模的转变要求翻身的工人承担更多的责任，也正是在这一转变的迫使下，我们每个人才不得不踏上自己的旅途。

带有浓烈无政府主义的哲学观念，以及由此催生出的各种艺术及文学作品最终形成了一种联合思潮，他们帮助我们克服了内心的否认思想。这种思想在讲述人类故事的时候专注于我们所遭受的痛苦以及一种感觉，即经济世界已经变成一部机器，而我们每个人都不过只是这台机器上的一个小齿轮，生活因此而失去了原本的优雅和意义。从根本上来说，我们只有自己才能拯救自己，与任何人无关。

在一切都发展顺利的情况下，现代文学作品和哲学思想最终迫使我们直面行动的紧迫性。它们迫使我们不再寻找拯救者，而是迅速地成长，并担负起生活和未来的责任。看起来，目前威胁我们这个星球而迫使我们成长的幕后推手恰恰是我们人类自己。

要做到这一切不仅要求我们具备越来越强大的认知能力，并了解事物复杂的内在，而且还要求我们具备火眼金睛，将理应消除的苦难与成长和改变中不可避免的苦难要区分开来。孤儿经历的苦难之所以会如此强烈，这其中有一部分原因就在于他们的头脑或思想过于简单。正是因为我们坚信这个世界上存在着一位拯救者，他会保护和照顾好我们，所以，当这一观念被否定时，我们才会感到如此痛苦。不管怎样，没有人说过现实生活会像伊甸园里的生活一样完美、无忧无虑。既然如此，那存在于我们脑海中的理应有人来照顾我们的观念又是从何而来的呢？当我们放弃了依赖别人之后，我们就能够在一定程度上接受苦难和牺牲，并承认他们是生活中不可或缺的组成部分，而且不再把苦难当成生活的全部。拯救者并没有完全消失，但是，从精神世界的角度来说，我们的思想已经走向成熟，不再是天真的孩子。是该长大的时候了。

当我们不再坚持“生活就是受苦受难”或“生活就是伊甸园”这样的观点之后，我们就会开始意识到痛苦和磨难只是生活的一部分。事实上，痛苦和磨难能够在不知不觉中改变我们，它们不会像一成不变的生活模式那样限制我们，而是会像一段旅途一样，在不知不觉中让我们放弃那些已经不再为我们服务或我们所钟爱的事物，从而进入前方的未知世界。痛苦和磨难将会有助于某个时期里我们的心理成长。我们一点儿一点儿地放下那些思想包袱，而这些包袱正是我们否认一切的心理根源——它可以使我们不用立刻面对所有的问题。

因为我们尚不具备同时解决所有问题的能力，所以否认思想会阻止我们精确地了解自己所遭受的苦难究竟有多少，从而在一定程度上起到了自我保护的作用。我们每次意识到自己正在经受磨难，就等于接收到了一个信号：我们已经做好了前进和改变生活的准备。这时，我们的任务就是探索磨难，了解它，并且宣布我们因此而受到了伤害。从这一点来说，苦难也是一份礼物。它能够吸引我们的注意力，我们会因此而获得前进，学习新行为，尝试新挑战。

即便是从其他方面来说，苦难也不失为一份上天赐予我们的礼物。尤其是在旅途的后期，那时我们面对的问题已经不再是缺乏力量那么简单，随着能力的膨胀，我们开始追求一种信仰：一种我们有能力能够做得更好、拥有更大的潜力、比别人更有价值的信仰。这时，苦难就好比一个标志，它能时刻提醒我们：我们都只是普通的世俗人，没有任何人能够逃脱这个世界上所有的那些苦难和艰辛。

一些曾经历过悲剧洗礼的人们拥有一种几乎超凡脱俗的自由感，因为他们已经见过“最糟糕的情况”，并且活了下来。他们知道自己能够面对并战胜任何事情。生活并不一定十全十美，并不一定会像伊甸园一般美好，可即便如此，他们依然热爱生活。正如耶稣用自己的亲身经历所教导我们的一样，即使他牺牲在了十字架上，可后来他仍然获得了重生。伊丽莎白·库伯勒·罗斯在《死亡：成长的最后阶段》一书中向我们讲述了那些已经被宣布死亡而后又重新活过来的人们，他们在苏醒后所体会到的那种平静而自由的感觉。凭借自己心中对爱和光明的感受，这些人战胜了恐惧，获得了真正的自由。

当然，我们对待死亡的方式与我们面对生活中那些逝去的事物息息相关，失去朋友、家人和爱人，错过某个特别的时间和地点，丢掉工作或机会，丧失希望、梦想以及信仰。有趣的是，从广义的角度来说，如果我们在日常生活中能够学会为他人付出，放下包袱，去迎接未来，很多时候我们似乎根本就无须遭受苦难的折磨。虽然有些人只有在见过了“最糟糕的情况”后才能明白这一点，但另一些人则不需要。日常的付出和释怀使他们具备了一种技巧，从而能够应对生活中那些可怕的事情：譬如说，至亲至爱的人离世，或是他们发现自己已经病入膏肓。

当这些逝去发生的时候，有些人选择了逃避。他们不辞而别，高中或大学毕业时，他们既不庆祝也不为逝去的时光而哀悼。生日来临时，他们假装不知，把这一天当成普通的日子。看起来，即便他们选择逃避和否认，似乎也不会有任何损失。这种人在结束一段恋情时不是和昔日的恋人吵得天崩地裂，而是平静得好像什么事情都没有发生过一样，自己从未重视过这段感情。这些选择封锁消息、逃避事实的人最终还是会遇到情感的瓶颈，因为各种情绪得不到疏导和宣泄，他们的情感世界始终腾不出空间来容纳新的感情。久而久之，他们就会觉得压抑、麻木。

另外一些已经积累了不少人生智慧的人知道，有时候，他们必须结束一段感情，离开一个地方或放弃一份工作，因为时间到了，他们必须要长大，要前进。他们知道成长将会带来新的机会，不过成长也意味着青春期的终结。这种人会大方地庆祝自己将来以及成长后步入的新纪元，与此同时，他们也会充分地认可过去的人和事——接触过的人、工作，学校或是某个地点。他们会在为拥有过去的点点滴滴而心存感激的同时缅怀逝去的时光。这种感恩和缅怀正好起到了疏导和净化心灵的作用，从而使得他们能够腾出空间来接纳新的情感。在体会这一系列的感受中，他们其实也就做好了迎接成长的准备。

这就是“幸运的磨难”这一概念的含义，同时，这也是孤儿原型带给我们的礼物。我们在它的督促下逐渐摆脱依赖性，踏上自己的旅途。在旅途中，通过各种经历，我们渐渐明白，痛苦其实并不是毫无意义的伤害和苦恼，它能够为我们提供强大的动力，敦促我们学习、团结和成长。

如果你想熟悉孤儿这一心理原型，不妨用杂志上那些与之相似的图片拼贴成一幅图画，或是理出一张能够表达孤儿感受的歌曲、电影及书籍清单，或干脆去收集处于孤儿状态下的朋友、同事、家人以及你自己的照片。此外，你需要留意自己的言行，注意到从中流露出来的孤儿原型思想。

孤儿练习

第一步

每天有意识地去体会自己的情感和感受，让这种做法成为你的一种习惯。当你感到孤独、受到了不良对待或有任何消极情绪的时候，你需要向外求援，与他人分享你的这些感受。你也许会认为自己完全不知道该怎样去做，这时，你可以用一些基础的词语来表达内心情感：“发泄”、“悲伤”、“高兴”、“害怕”和“爱”。随着练习的深入，你表达情感的技巧也会随之得到增强。大胆地呈现出自己的脆弱，向他人寻求支持，并且怀着一颗充满善意的心去支持他人。

第二步

培养对自己身体的关注和意识，从而能够及时释放积聚在身体里的情感。按摩、身体护理、瑜伽以及其他多种能够提升身体意识的锻炼都是不错的选择。

第三步

当你感受到剧烈的伤痛和挫败感或失落感的时候，你可以选择独处一段时间，也可以向值得信赖的朋友毫无保留地倾诉自己的感受。你可以深吸一口气，然后用各种声音或方式肆意地哭泣，发泄怒火和恐惧情感。请牢记，在这一过程中，不要对自己的行为做出任何评判，这至关重要。你只需要表达出自己的情感，然后把它们全都放下即可。当你彻底地释放出所有情感之后，找到一种适合自己的方式，让自己重新振作起来。你可以用一种带有象征意味的沐浴洗掉过去的一切，也可以躺在地上，在日光或月光的照耀下自由地呼吸，又或是吃一顿自己最喜欢的美食。在这一过程中，你可以把自己的感受写下来，或与朋友分享。然后，你就可以确信自己是安全的，而且沐浴在关爱之中。

03 找到自我：流浪者

我用它吓唬自己……孤独……
灵魂的缔造者，
它的洞穴和走廊，
被照亮……或被密封。

——艾米莉·狄金森

面对未知的世界

你的生活是不是显得局促且拘束颇多？你是不是已经厌倦了为了生存或适应这种生活一再地放弃自我的生活方式？你是不是觉得人们在疏远你，而你则总是感到孤独、无趣或被误解？又或者，你是不是突然之间被赶出了舒适的环境，从

当他们做好准备，
重新回到社会群体中的时候，
他们往往会惊讶地发现身边的人和团队
竟然都很喜欢那个真实的自己。

而不得不去面对那个未知的世界？如果你符合上述描述中的任何一条，那么你就可以被称为流浪者。

在那些关于骑士、牛仔以及独自探索世界的发现者的故事中，流浪者这种心理原型特质可以说得到了淋漓尽致的展现。在他们的旅途中，这些探险者往往会找到一笔象征其真实自我的流浪者特有的天赋财富。有意识地踏上征程，去面对未知的世界，这一做法标志着新生活的开始。具体来说，流浪者以其鲜明的姿态向世人表明：生活并不是受苦受难，而是一场冒险。

人类最早出现在非洲这片土地上，当时，非洲的气候条件极其恶劣。然而，从某个角度来说，非洲也堪称为人类的伊甸园。人们只需将地球母亲为他们准备好的瓜果蔬菜收割下来就能养活自己。可是，智者有一种与生俱来的好奇心。于是，一批又一批的智者踏上未知的旅途，想去看看这个大千世界。在旅途中，他们遭遇了严酷的气候，在那种环境下，他们要想生存下去完全取决于他们足够强大的适应能力。尽管如此，他们并没有停下探险的脚步，直到他们的足迹几乎遍布地球的各个角落。后来，欧洲人航海，发现了新大陆；美国的商队一路西行，不断超越前人。今天，我们仍然在孜孜不倦地探索太空，向新的未知空间发起挑战。流浪者原型是我们人类所特有的一种心理特质。

今天，世界上的一切几乎已经被人类发现。人类尚未涉足的领域已经几乎没有，但是，我们的内心和思想中仍然存在着大量尚未开发的未知空间。我们中的许多人，正在为了寻找那些更加美好的事物而离开了学校或放下了手头的工作；又或者，我们所处的权威位置要求我们去发现未知的能量。眼下的事实就是我们所处的社会正在经历一次大规模的改变，而这种改变不仅波及了所有领域的学习和研究，也让处于这些领域的人们感受到了改变所带来的痛苦。现实要求我们必须学会适应这一切，正如我们的祖先一样在探索世界的征途上努力适应气候和环境的变化。

我们都知道，流浪者的冒险旅行通常会通过某种外在的形式表现出来：要么是真的外出旅行，要么就用体验各种新行为的方式来实践对冒险的渴望。然而，有些英雄的外在行为看上去似乎很传统，可是他们对内心世界探索的广度和深度却往往令人叹为观止。艾米莉·狄金森就是这样一个人。在她的后半生当中，她甚至很少下楼，可是任何一个读过她的诗歌的人都会被其诗歌中所流露出来的独特、充满活力的追求所打动。

流浪者的外在表现形式很多：自力更生，反对主流文化，生活在社会的边缘。不过，这种人有一个共同点，那就是他们总是站在各种传统规则或标准的对立面。无论是在哲学、政治领域，还是在健康和教育上，他们往往不愿意墨守成规，更不会信赖正统的解决问题的方案，相反，他们通常会表现得十分激进，或是特立独行。在健身项目上，他们则大多会选择单人即可完成的锻炼活动，譬如说长跑或游泳。作为学习者，流浪者会毫不留情地对权威人士给出的答案表示质疑，然后再自己搜索他们需要的真实答案。流浪者的特征往往要通过其身边的其他人体现出来，他们坚决不做团队合作者。在他们的精神世界中，出现频率最高的可能就是怀疑，尤其是在他们被告知回报与实际的需求和体验不相符的时候。不过，他们所感知到的人类灵魂的阴暗面通常会令他们愈发成熟，同时也让他们心中的信仰愈发坚定。

步入青春期后，我们开始反叛保守的父母，同时开始抵制他们施加在我们身上的各种期望，这时，流浪者心理原型便开始在我们的思想中作祟。青春期是我们人生中十分关键的一个阶段，其间，流浪者原型会向我们施压，迫使我们思考诸如“我们是谁，我们想要得到什么”之类的问题；与此同时，它也会促使我们奋起反抗那些自认为最能了解我们需求的人。

来自内心的恐惧

假如说孤儿的故事始于天堂乐土，那么流浪者的故事则开始于囚禁。在童话故事里，那些流浪者出场时通常都被囚禁在塔楼或洞穴之中，而将他们囚禁于此的是巫婆或诸如食人魔、火龙之类令人心惊胆战的怪兽。通常来说，囚禁他的人往往具有某种象征含义：现状、服从或当时盛行的文化所强加于身的不真实的英雄特征。（又或者，英雄也许被一面镜子所迷惑，尤其当她为女性的时候，正如阿尔弗雷德·丁尼生笔下的夏洛特女郎。从心理学角度来分析，这一人物形象表明，主导其思想的并不是她所见到的画面和那些取悦于她的人或事，而是她自己的外表和愉快的心情。）英雄们常常被告知，囚禁他的牢笼就是伊甸园，而离开则意味着必然的痛苦，届时他将不可避免地失去原有的体面。换言之，牢笼是维护体面的工具。因此，流浪者的第一项工作就是练就一双火眼金睛：宣布或意识到牢笼，且囚禁他的人是坏蛋。事实上，要想做到这一点非常困难，因为这种追求不仅会让英雄感到害怕，而且还会令他失望，与此同时，这些消极的情绪和评价很有可能会逐渐占据他的思想。在利他主义者看来，这种追求的冲动似乎有自私自利之嫌，因为在这追求自我发现和自我实现的过程中，他们通常不得不逃避或背弃某些义务和职责，所以利他主义者觉得这是一种错误的冲动。对于战士而言，这似乎是一种临阵脱逃的行为，因为只有内心虚弱、企图逃避现实的人才会这样做。如果流浪者选择继续自己的旅程，他们就很有可能会萌生出一种愧疚感，因为展现一个人的特性，并且培养其自我思想会被认为是不遵从神意的行为，是对神灵的一种侮辱。譬如说，夏娃偷吃禁果，以及普罗米修斯盗取天火。至于孤儿，在他们听来，这种追求简直就是一次危险之旅。

正是因为我们惧怕自己或他人发生改变，所以我们通常都不鼓励这种追求自我的冒险，我们只想要他们继续保持原状。在我们看来，如果对方变化太大，我们就会有失去爱人、配偶、朋友，甚至失去父母的危险。当一直以来都忠心耿耿为我们提供服务、竭力取悦我们的人突然转变态度，且不再继续之前的行为时，我们内心的恐惧感和危机意识是可想而知的。

无论是对于男人，还是女人，存在于他们内心的强制性的服从意识都同样强烈，即履行自己的职责，做他人想要他们做的事情，只不过，由于女性职责的局限性，这种服从意识通常在女性身上体现得更为明显。女性之所以会竭力抵制内心那种渴望踏上英雄之旅的冲动，原因就在于她们担心这样做会伤害自己的丈夫、父母、孩子，甚至朋友。然而事实却恰恰相反，正是因为她们没有及时地踏上征程，所以她们才给身边的人造成了伤害。同样的道理，许多男性也被困在其所担任的保护者角色中，驻足不前。在他们看来，妻子和孩子显得如此脆弱，他们根本无法照顾好自己，所以，出于对他们的责任感，这些男人始终无法轻易放下一家之主的重任，开始追求自我的冒险之旅。此外，无论是男性还是女性，他们都往往会因为担心自己的这一新想法会危及自己的工作，从而一再延迟上路的日期。他们也担心自己会不适应发生在自己身上的这一新变化。

因此，流浪者勇敢踏上旅途的行为能够在其身边产生一连串积极的连锁反应，从而使得他们的爱人及同事也能够踏上自己的旅途。也许一开始，其他人会因此而萌生出一种危机感，或感到十分生气。可是迟早有一天，他们不得不选择离开，或独自踏上征程。他们离开后，流浪者也许会感到有些孤单，但这种感觉并不会维持太长的时间，只要流浪者愿意并渴望与人交流，他们迟早都会建立起一些更亲密的人际关系。由于这些关系是在对彼此尊重的基础上建立起来的，所以，这种新关系中的双方往往会显得更加真诚，并且能够从中获得更多的满足感。当然，当流浪者走出人云亦云的局限性，并开始用自己的视角来观察这个世界和自我的时候，他们往往会首先感到害怕，担心这一行为会给自己带来永久性的惩罚，使自己永远处于目前这种被孤立的状态，或是陷入某种极端情绪中无法自拔，最后贫病交加，孤独地死去。这种畏惧心理恰好证明我们的内心存在一种幼稚的恐惧：如果我们不取悦他人（首先是父母，其次是我们的老师、老板，有时甚至还包括我们的配偶），我们就无法生存。但是，流浪者依旧决定离开这个已知世界、前去探寻未知的世界。

除非做到真正地了解自我，不然，无论人们多么努力地去学习并实践给予和放手，他们的牺牲都没有任何实际意义和价值。在人们的自我形成之前，任何关于超越自我的教诲和行为都是无用的。除非人们能够允许自己全身心地去追求他们想要的东西，不然，他们就永远无法战胜内心的欲望。

对此，我的主张是，并非所有人都清楚地知道自己想要什么。当然，陶醉于自我世界当中的孤儿看起来似乎完全依靠内心的欲望生活：“我要这个！我要那个！”可是，他们的欲望并不真实，根本不能如实地反映他们内心的真实想法。事实上，这些不过是他们沉醉或依恋自我的外在表现形式，是他们用来掩饰内心空虚和渴望的面具。这种沉迷于自我世界的自恋者往往并不具备对自我的真实认知，所以他们会不断地感到空虚。他们的需求全都取决于文化。当他们说“我要一根香烟”或“我要一辆敞篷轿车”的时候，他们只是觉得拥有这些东西可以帮助他们获得良好的自我感觉。对于这些人而言，哪怕是关于个人成长的规划也往往并非源自于内心的真实自我，而是源自于他们为满足欲望而产生的不合理的要求。例如，“我要上大学，这样我就能挣很多钱，买一套豪华住宅，让我的朋友都嫉妒我。”

在人们尚不具备独立、自律的自我之前，从根本上来说，控制其言行的全都是他们意识中的他人意见。在我丈夫高中毕业25周年的校友聚会上，一个女人向我抱怨说，她认识的许多人都说自己并不想来，因为他们看上去显得太胖或太老，又或是他们在社会上混得不够好。很显然，尽管已经年过不惑，但是这些人还没有培养出真正的自我，没有将自己从外界氛围中独立出来。

假如我们始终无法获得足够的爱和关怀，我们就会将自己的经济和教育能源转化为资本，用来弥补这一内心上的空缺。我们被告知，勤奋工作能够换来一切，从而为我们赢得伴侣、尊重或他人艳羡的目光。这其中就包括购买漂亮的衣服和汽车、找到怡人的生活地点，以及拥有购买全套医疗保障所需的金钱，你甚至还可以加入一个健康俱乐部。而所有这一切都只有一个目的，那就是吸引一名配偶。毫无疑问，这显然是一种督促我们拼命工作的有效办法，或者说，强大动力。然而，这一策略最终却往往无法让我们如愿以偿。

首先，那些被内心思想所驱使的人大都没有时间或不愿去培养自我意识。相反，他们会满足于时髦的伪独立，购买印有花体字母的毛巾、公文包，或个性化的玩具，又或是使用那些貌似与众不同，但却能够迎合打破传统思想的产品。伪流浪者甚至也会踏上流浪之旅，改变自己，从而顺应社会上被认为是“时尚”的生活方式。然而，在自我缺失的情况下，他们既不可能真正付出很多爱，也不可能收获相应的爱。在后一种情况下，当人们为了获得爱和尊重而刻意地扮演某个角色的时候，同时将真正的自我（很有可能会呈现为一种巨大的需求）隐藏起来，他们永远都无法体会到被爱的感觉。能够感受到爱的只有他们所扮演的角色。

其次，即便是他们给予他人的爱，最终也有可能会对他人造成伤害，因为他们的爱往往带有强烈的强迫性、占有欲、控制欲和依赖性。因为他们的自我认知来自于得到（占有），所以从某种程度上来说，他们需要那个人。即使他们已经听到了出发的号角声，也仍然需要那个人留在自己身边。因此，这种角色扮演往往需要他人的配合，只有如此，他们所扮演的角色看起来才会显得完整、生动。与此同时，为了不威胁自己和这个人的关系，他们可能还会简化或压缩个人成长。又或者，他们这样做完全是出于一种恐惧心理：如果他们不牺牲自己，那个被他们所爱的人就会受到伤害。

对于孤儿而言，他们首先想到的就是要想得到爱，有时候他们就必须向对方妥协，必须收敛一部分真我。从某种程度上来说，他们相信如果始终忠于自我，那么，他们将注定孤独终老，在没有朋友和资产的困境中离开这个世界。

许多女性都不太喜欢流浪者这一阶段的旅行。正如卡罗尔·吉利甘在《一个不同的声音：心理学理论和女性发展》中所指出的，男人惧怕亲密，而女人害怕孤独。由此我注意到，同一套信仰体系竟然会产生两种不同的反应。我们的文化潜移默化地为我们灌输了一种信念，即我们要么能够拥有一段亲密关系，要么就自力更生，彻底活在自己的世界里。于是，女人通常会选择前者，而男人则会选择后者。可是做出这样的选择后，无论是男人还是女人最终都没有得到自己真正想要的东西。一方面，人们想鱼与熊掌兼得之。另一方面，这二者之间存在着一种相辅相成的关系，任何一方的缺失都会使你无法真正拥有另一方。

如果我们取亲密关系而舍独立，那么，即便我们身处于一段恋情之中也无法做到真正的自我，因为要想保持自我，必须投入大量的精力和时间，而这一要求往往会大大超出我们的能力范围。我们扮演着自己的角色，假装一切都很“安全”，与此同时，我们也暗自纳闷：为什么我们会感到如此孤单？假如我们选择独立，我们对于亲密关系的渴望和需求并不会因此而消失。相反，这种渴望因为受到压迫而得不到认可，久而久之，它就会通过某种带有强制性的欲望或失控的行为表现出来。坚信“我不需要任何人”的人，无论男女，都会感受到一种令人窒息的孤独感。许多人尽管他们仍然保留着自力更生的幻想，但也都会因此而极度害怕孤单。

处于这种状态下的男人会期望身边的女人像对待孩子一样对待自己，从而使得这些女人没有离开他们的勇气和信心（至少，他们是这样认为的）。他们想把自己的妻子留在身边，支持和照顾他们。在工作中，他们会把自己的秘书定义为妻子外加母亲的结合体，如此一来，即便是在工作当中，他们也能继续接受照顾。而且他们还会极度依赖自己与男性同事、老板，甚至下属的关系，有时他们宁愿违背自己的道德观或职业道德，也不愿被人认为缺乏男性气概。

这种男人尤其容易受到“软弱”指控的伤害。譬如说，他们永远都不会说自己要用最便宜的方式来处置化学垃圾，因为这样做很有可能会备受指责。只要一想到自己可能要照顾女人、其他人乃至地球，他们就会感到由衷的恐惧，而这种恐惧心理轻而易举就能控制他们的思想，他们甚至可能会因此而做出某些不道德的行为。那些将男子气概纳入自己行为准则的女性也同样如此，她们希望能通过像男孩子一样的行为来赢得男性的认可。

性别差异的精确归纳对于我们理解他人具有非常重要的意义，但是这种意识也在无形中强调了两性差异，凸现了男女双方的性别特征。尽管大多数女性都对孤独充满了恐惧，但是，男人们同样对亲密关系感到畏惧。同样的，对于那些极其畏惧亲密关系的男人而言，其内心对于孤独的恐惧也不容小觑。只要我们文化中的这种非此即彼的思想观念仍然存在——要么独立，要么就被爱和附属于他人，我们对于这两者的畏惧心理就不会消失。

除非我们能够解决这一问题，不然，我们就永远都无法走出这一非此即彼的困境，尽管他们也因为意识到自己无法独自存活而感到恐惧，但是流浪者还是愿意勇敢地面对内心的恐惧，并且决定哪怕他们会因此而孤独、被隔离，甚至受到全社会的排斥，他们也要做真正的自己。在人的一生中，有时候，同时做到这两点将会对你的人生走向起到至关重要的作用。女人往往会因为害怕孤独而长时间地停留在所谓利他主义者阶段；当然，社会上的一些偏见也会加剧女性心中的这一恐惧思想。譬如说，作为一名女性，如果你始终单身一人，你就会被认为是一名失败者（很显然，这全都是因为你能力有限，找不到属于你的男人）。对于女人而言，渴望独身的想法听起来简直不可思议，因此，任何一个有此思想的女人就会被贴上“异类”的标签。

另一方面，男人则大都醉心于独立，因为根据我们所处的时代文化，独立是男子汉的象征和标志。于是，许多男人便一头扎了进来，甚至有人跌倒在了独立这面大旗之下，而绊倒他们的就是隐藏在独立之中的悲伤暗流——尤其是在他们为了获得独立和完整而放弃了对爱的渴望的情况下。这也就解释了丹尼尔·列文森在他关于男性发展研究的著作《一个男人的生活季节》中的一项奇异发现：许多男人在工作及社会上取得了卓越成就，却偏偏无法用语言来描绘自己的妻子。

自从1969年贝蒂·弗里丹的《女性的奥秘》面世以来，许多女性总结说工作使她们获得了解放。因为只要拥有独立的收入，并且获得被社会所认可的成就，女人就能更加自由地决定自己的事务。时至今日，许多女性已经觉醒。要想获得成功，她们就必须具备和男人一样的职业头脑。如此一来，她们所取得的事业成就也就取代了两性关系，成为她们生活的中心。

无论何时，每当我们拒绝承认自己需要他人的时候，就等于将其他人屏蔽在我们的生活之外，至少，这些人无法完整地进入我们的生活。这种行为会让我们继续沉浸在自我陶醉之中，或是把我们变成这样的人（至少，在我们设置屏蔽的领域里，情况就是如此）。斩断我们想与他人建立联系的渴望，这种做法最终只会给我们带来无尽的孤独。

自我隔离与逃避

当流浪者心理原型出现之后，我们就会萌生出一种被隔离的感觉，哪怕此时的我们其实并未真正地体会到孤单。我们会通过各种方法发现存在于身边及生活中的孤寂。其中之一就是独自生活或旅行。几乎没有人会长期生活在这一状态之中。其他的独处方法则带有一定的欺骗性，会为我们的孤独罩上一层面具，有时候，就连我们自己都被这一假象蒙骗了。其中，方法之一就是忽略我们的情感和欲望，然后把我们认为他人想要的给予对方，总而言之，成为我们所认为的对方想要我们成为的那种人。另一种方法是按照自己的意愿，以一种对待某件物品的态度对待他人。这种方法要求我们必须对他人的独立视而不见或干脆意识不到对方。事实上，无论何时，每当人们采用这种我在上、你在下的模式与人沟通时，他们就相当于已经将自己隔离在了其他人之外。

此外，还有一种独处的方法，这种方法常见于传统的性别角色之中，即时刻扮演好自己的角色——做一个完美的女人或男人，完美的母亲或父亲，老板或下属。又或者，即使我们与其他人相处得不好，我们也可以和家人一起生活；我们可以和与自己几乎毫无共同点的室友共同生活。如果我们真的打算独处，那也是因为我们清楚总会有人来找我们或是向我们索取一些东西。

为了避免让你们觉得我的观点过于消极，我必须说明的一点就是，以上所有这些生活策略都在我们已经踏上属于自己的英雄之旅基础上，人的想象力真的可以变得无穷丰富。艰辛的生活之路令我们感到内心空虚且脆弱，不过，敦促我们采取行动、发现自我的恰恰正是这种空虚和脆弱。当然，许多人选择了自我隔离，独自生活，终其一生也没有发生任何改变或成长，但是其他人却利用这段时间成了"秘密英雄"，思考新的想法，幻想新的可能性及选择；而与此同时，从表面上来看，这些人依旧过着普通人的生活。

对许多人而言，自我隔离和囚禁是流浪的前奏曲，很快，人们就会有意识地选择踏上自己的英雄之旅。

原型英雄会离开小镇，踏上一个人的旅途；失败的英雄以及后来出现的嬉皮士则会坦然地开始自己的流浪；西方英雄会在日落时悄然离开。当代的女性会离开自己的父母、丈夫或爱人，踏上旅途。这种对于流浪者心理原型的阐述曾风靡一时，以至于20世纪60年代，艾瑞卡·琼在她的《如何拯救你的生活》一书中写道："离开自己的丈夫是唯一的，全世界性的主题。"今天，放弃自己的工作则是最常见的流浪者行为。然而，那些并没有离开小镇的人以及那些仍然留在自己岗位上的人，他们内心的孤独感丝毫不亚于流浪者。现在，小镇、婚姻以及公司机构正在经历一场翻天覆地的变革。如果我们留下来，我们就必须跟上这一变革的步伐，适应这一切，而这样做就不可避免地会涉及我们的自我认知。

无论他们是否已婚，是否有孩子和朋友，是否拥有一份让人羡慕的工作，当旅行的号角吹响时，流浪者都会感到孤独。他们无法逃避、也无法抵制这一感受。任何试图逃脱的行为或想法都只会让他们无法看清自己所处的环境和地点，从而拖延他们的学习脚步，延长他们在孤独中度过的时间。不过，尽管有些人已经带着对理想的渴望踏上了追求之路，但是他们中的许多人仍然会因为感到被疏远而失落，或是因遭遇遗弃和背叛而痛苦。

不过，最让我们沮丧的是，当人们进入这一阶段后会发现无论我们多么努力，试图冲破交际障碍，或与他人建立并保持亲密关系的做法，最后往往都会以失败告终。他们会不断地设置各种障碍，拒绝与他人建立亲密关系，因为他们的成长任务就是要直面孤独。更有甚者，几乎没有人能够意识到自己的这种成长模式，因此，他们往往也就无法诚实地向你说明一切。大多数人会说，“我当然想和大家亲近”，但是转眼他们就会做出破坏亲密关系的举止。要想加速其成长，只有一个办法，那就是让他们真正意识到其实自己是孤独的。

事实上，当人们进入这一阶段后，遗弃通常能够助他们一臂之力。当流浪者拒绝他人走进自己的世界之后，无论是父母、爱人，还是心理辅导医师、分析师或老师，那些想帮劫他们的人必须立刻撤回援助之手。这一点相当重要，因为唯有如此，流浪者才能真正体会到他们为自身成长所创造出来的那种孤独感。不然，他们的注意力就会转移去抵抗那些试图攻破其防御堡垒的攻击之上，从而使他们无法认识到自己所处的孤单环境。有些人始终无法成长，直到他被抛弃。夏洛蒂・勃朗特笔下的露西・斯诺（出自于《维莱特》）就是这种人。她愿意付出自己的一切去为任何人服务，可是每当她打算这样做的时候，勃朗特就会彻底扼杀她的想法，让她只能选择独自生活。

就在女人获得更宽泛的选择空间时，许多男人也第一次意识到能量并不一定就能带来自由。事实上，每当我们以高高在上的姿态去面对其他人时，就等于已经把自己关进了一座监狱。对此，那些曾私下里像女孩一样哭泣过的男人深有感触。在这个世界上，再也没有比封闭自己、不与他人分享痛苦更能让我们感到孤单的了。

英雄之旅要求我们必须找到自己的特质。然而，假如没有完全的独处时间和空间，我们就永远都无法发现真实的自我。每天，我们中的大多数人都需要一定的独处时间，从而使自己保持清醒。另外，所有我们用来避开这一成长任务的策略——寻找适合自己的另一半，能够让我们获得身份和地位的完美工作，等等，最终都将帮助我们学习应当且需要获得的成长经验。他们为我们提供了表达内心要求和主张的机会。也许，一个女孩最初选择上大学是为了让自己成为一名合格的妻子，但是最终，她明白了学习是为了认识自己的道理，并且开始认真对待自己。同样地，为了在社会上取得成功，男人不断地完善自己的战略战术，让自己变得更加成熟。可是就在这一过程中，他也逐渐了解到，其实，男人也可以像女人一样，自由地表达内心需求。很快，他就会敞开心扉，诚实地面对自己和他人。于是，他最终会忘记当初的目标，开始去关爱自己和他人。

即便是在我们内心欲望受到文化影响甚至操控的情况下，这些欲望最终也同样能够帮助我们成长，尤其是在我们有心对这些欲望做出回应的情况下。例如，如果我的欲望是每过5分钟就抽一根烟，我就开始需要注意写在烟盒上的警示语，以及越来越严重的咳嗽。成长中，我们会将自己投入到一些事情当中，然后发现哪些付出得到了回报，且让我们感到满足，又有哪些付出是杳无音信的，而这一结果也让我们受到了一些教育。有时候，我们能够通过事前的思考避免浪费时间和精力。

当然，很多时候，生活并不会给我们反悔的机会。我们通常都只能通过那些已经发生的事情来获得反馈信息；这一现状磨炼了我们的现实意志，使得我们下一次一定要事先更加警醒地思考整件事情。问题就在于，有些选择或结果是我们曾经亲身经历过的，而有些我们则只能通过想象来实现。无论是前者还是后者，我们都能借此了解到自己的内心需求、信念以及价值观。如果我们始终停留在原地，窝在原有的那片小空间里，我们将永远无法了解自我，也永远弄不明白自己想要什么。这就是为什么我们只有在经历一小段流浪生活后才会长大的原因。

聆听我们内心的愿望，并且为之付诸行动的过程正是构建自我认知的基础。

我们带着自我来到这个世界，但却是一种潜伏于我们思想中的、尚未完全发育成熟的自我。

在此，我想要补充的一点就是，假如缺失了扮演角色这一环节，我们很有可能永远都无法构建起完整的自我。出色地扮演好自己的角色将会让我们有生以来第一次感到自豪，而我们在选择自己所扮演的角色的同时也就迈出了选择自我认知方向的第一步。譬如说，一个女孩可以选择做一个花瓶，也可以选择做一个有能力、值得信赖的人，又或是做一名无所畏惧、不拘小节的冒险者。同样地，她也可以自主决定是否做一名好学生，是否孝顺父母。她完全可以决定自己的人生走向：职业女性或家庭妇女，学习艺术还是科学，等等。即使她不做出任何选择，她的人生也会沿着她默认的方向发展。就在她徜徉于这些角色和选择，并且将自己的选择付诸实践的过程中，她开始逐渐了解自己。

假如她在扮演这些角色的过程中表现出色，她就有可能获得足够的信心，从而抛开这些角色，向自己提出一些更加准确的关于自身的问题。又或者，出色的表现将会不断拉高她的标准值，从而使她觉得自己的每件事都做得不够好，如此一来，她也许会因此而陷入消沉状态。这时，如果她的心理辅导师或朋友能够敏锐地感知到事情的本质情况，那么，这一危机恰好能够帮助她撇开所有自己扮演的角色，找到自我。从某种程度上来说，如果我们可以不断地成长，就会开始区分自我与我们所扮演的那些角色。一开始，我们在扮演这些角色的时候，可能会自我感觉良好，但渐渐地，这种感觉就会被内心的空虚所取代。每当这时，我们就会察觉出自我与角色之间的差异。在实际生活中，这种意识的外在表现形式就是我们不再做任何选择，也不再肯定地宣布自己想要什么。例如，一名女性猛然发现，她现在做的所有事情其实全是源自她所扮演的角色，在一年前甚至10年、30年前就已经安排好了的。此外，她可能已经意识到这些选择并非是她自主决策的结果，而是她在受到文化、家人或朋友的影响下做出的决定。也许，她之所以会选择结婚、生孩子，完全是因为其他人都是这样做的。

其实，当她做出这些决定的时候，那时的她仍缺乏生活经验，并且也不清楚自己真正想要什么。这些决定帮助她成为一个能够把事情做得更好的人。然而，她在21岁时根据他人的期望选择了自我，在此之后她为此所付出的全部行动最终妨碍了她选择新生活的自由。当然，要想矫正和弥补也并非难事。她可以做出自己的判断，否定之前的文化，拒绝其他人或脑海中的声音，放弃之前受这些因素影响所做出的错误决定，然后做出全新的不同于之前的决定。不过即便如此，她所面对的情况可能依然十分复杂。也许，她发觉自己并不想成为他人的妻子，因为结婚之前她并没有充分地体验过生活，也不具备应对世间种种竞争力的能力。如果她是一名母亲，那么无论她是否已经做好为人母的准备，她都无法放弃现在的生活。

有时候，父母义务、职业职责与探索自我之间似乎存在着一种势不两立的对立性，这种对立让我们倍感痛苦。然而，就是在决定这二者孰轻孰重的过程中，人们往往能够发现更加真实的自我。人们试图在照顾他人与对自己负责之间找到一个平衡点，而在做决定的同时，他们也在一步步走近自我。我们必须对之前的选择负责，可是与此同时，我们还必须尽可能地保持丰富的想象力，从而找到让旅行继续下去的方法。就是在这奇特而复杂的过程中，我们最终走向成熟。

流浪者不会一次性把所有的经验教训都学会。和其他所有原型一样，他们会从最初的失误中吸取教训，前进一段距离，然后又回到原点。他们第一次采取独立行动的方式可能会显得有些幼稚，例如向朋友或老师说出并不被他们所接受的某种观点。当他们决定挣脱父母的臂弯，去探寻成长的意义，既而不再做一个孩子的时候，原型对他们的影响自然不可小觑。作为成年人，当他们听从心的召唤，或遵循信念的要求，冒着失去婚姻、工作、友谊以及与朋友们之间的和谐关系的危险而踏上追求真我的旅行时，他们可能一而再，再而三地遭遇失败，然后从失败中吸取教训。这是一个长达一生的过程，因此要想完成这一旅程，我们需要的不仅仅是冒险精神。有时候，我们只有在失去一件美好事物的时候才能收获另一份美好。

和利他主义者及战士一样，流浪者为自己做出的第一个选择就是变得粗鲁和笨拙。通常情况下，哪怕是违背自己的意愿，他们也会和其他人相处得很融洽。时间长了，当他们想响应内心感受的召唤时，日积月累的怨恨和不满已经遍布他们的心底。结果就是，他们往往会在如火山喷发般的怒火中燃烧自己。或者，他们的意识迟迟不作出这一艰难的决定，于是，潜意识便趁机控制了他们的思想，并且令他们打破规则，使他们被驱逐，被动地离开原来的世界，就像偷食禁果的夏娃被赶出伊甸园一样，而不是主动地选择离开去探索新世界。

如果一个人从小就生活在推崇自我牺牲的环境氛围中生活，他身边的所有人都遵循做好人和取悦其他人这一基本守则，那么相应地，这种追求自制和独立的想法就会被认为是错误的观念。于是，当他们刚刚踏上流浪之旅的时候，其行为看上去似乎会显得有些失控。他们这时的表现都相当糟糕，总是一次又一次地令他们所爱的人失望。当然，他们之所以会这样做原因就在于，这份爱的代价就是循规蹈矩、做好人，而做好人又往往意味着放弃自己的追求，一味地取悦他人。不幸的是，这种成长模式完全有可能会造成灾难性的后果，因为陷入这一泥潭的人往往会越来越确信自己根本一无是处、毫无价值。这时，要想帮助他们，就必须鼓励他们，让他们意识到，他们所爱的人可能会因为感受到威胁而有所反应，不赞成他们的行为。但是尽管如此，他们还是有责任和义务踏上自己的旅途的，去找到真我。

当我们需要流浪而又没有开始流浪的时候，另一种可能会阻碍我们前进，那就是疾病。我们会下意识地让自己被疾病俘虏，从而停下脚步。不过，随着我们在现实生活中越来越多地忠于自我，我们发现那些前进道路上的危机会逐渐消失，而这也标志着我们再也不用以一种戏剧化的方式离开现在的环境从而完成自我救赎，也无须通过其他消极的方式来让自己意识到我们需要做出一些改变的事实。事实上，流浪者最终将会教会我们如何做自己，即时刻忠于内心那个真实的自我。要想做到这一点，我们不仅需要经过大量的训练，而且还必须在任何时候都要和自己的身心、思想和灵魂保持密切的联系。只要做到这一点，我们就不会遭遇生活大爆炸。

识别出需要警惕的角色

在流浪之初，我们根本无须考虑那些细小的问题。对于此时的流浪者而言，关键的问题就在于他是否会采取行动。如果说孤儿需要注意提防拯救者，那么，对于流浪者而言，具有变革能力的人就是他们需要警惕的反面角色，或者说，抓捕者。事实上，识别出反面角色的真实威胁就是敦促流浪者踏上旅程的最大动力。一旦他们确定某个人、某个机构或某种信仰就是导致他们苦难的罪魁祸首，流浪者就能绕开或逃离这个苦难源泉。

这是一个分离的阶段。认为男人是压迫者的女权主义者；将白种人当成敌人的有色人种；讨厌自身工作，对公司和老板诸多指责的员工；认为资本主义从来就不值得信任的工薪阶层以及穷人，所有这些人全都在努力将自己同压迫团体分离开来。在他们看来，自己是被压迫者似乎是由压迫者的内在价值观决定的，而这种自我强加的隔离也为团队的形成提供了时间和空间。例如，女性会问自己："抛开关于女人的那些陈词滥调，作为一名女性，这一身份到底意味着什么呢？"在工作当中，流浪者会想尽一切办法，顶着压力拒绝由其所在团体或组织赋予他的身份或角色，从而使自己不同于其他人。

进入流浪者阶段之后，那些被困在婚姻围城中的男人或女人首先想到的为其离婚辩护的理由就是，他们的配偶罪大恶极。假如他们想离开现有的工作，说服自己的唯一办法就是，他们所在的公司机制有问题，或他们的老板滥用权力。

在经典的英雄神话中，年轻的英雄之所以会独自踏上征程，往往都是因为他生活的王国变成了一片荒原。造成这一荒原现象的就是老国王，也许是因为他已经年迈无力，也许是因为他昏庸无能。在一些更现实的故事当中，这大都是因为国王变成了一名独裁者。怀揣远大抱负的英雄踏上了前往未知世界的旅途，在勇敢地面对困难之后，他找到了宝藏（圣杯、圣鱼），然后带着能够赋予王国新生的能量回到了一片荒原的王国。

在这些传奇故事中，经过一番游历后归来的英雄们通常会成为这个王国的国王。随后，王国里的每个人都按照新国王的要求去做。但随着时间的推移，这位新国王不可避免地会越来越执着于自己的世界观，而社会的发展也因此再次渐渐放缓，直至停顿。这时，年轻的新挑战者又站了出来。面对王国内死气沉沉的现状，这位挑战者并不认为这是体制的原因，而是现任统治者——他就是罪魁祸首。于是，新的一轮循环又开始了。

这时，孤儿渴望找到一个能够照顾自己的人，而利他主义者则会不断地牺牲自己，希望通过支持国王，并且让王国恢复生机的方式来处理眼前的困境。但是，作为我们思想的组成部分，流浪者原型始终潜伏于我们的脑海之中，迟早有一天，受这一原型观点的影响，我们会认为我们为之效力的人或我们认为能够拯救我们的人，是恶人、独裁者。这时，我们需要做的就是离开他们，与他们划清界限。不过无论是哪种情况，我们都不能因为他们而推迟我们启程的时间。

在心理辅导治疗中，心理医师通常都会鼓励流浪者原型的出现。当被辅导者感到不高兴的时候，心理辅导师会帮助他们意识到自己的痛苦都来源于母亲（坏女王）或父亲（坏国王）。此外，辅导医师还会鼓励被辅导者做出新的、不同于以往的决定，并在同时踏上自己的旅程。如果被辅导者此时恰好陷在孤儿的困境中，这往往是最有效的帮助其走出困境的方法。

如果流浪者原型已经被唤醒，那么，他们是否需要逃离现状就变得不再重要了，因为不管怎样，他们都会认为自己需要这样做。我的一位朋友就曾经向我抱怨过一个前来找她做婚姻咨询的女人。这个女人的丈夫为人温和而细心，为了留住妻子并且让她开心，他愿意做任何事情。可就是这样，这个女人仍然坚持认为自己的丈夫是一个大坏蛋。按照这位咨询顾问的说法，这个女人其实拥有一段极其幸福的婚姻生活，所以我的这位朋友才会为这位客人的无事生非而感到十分生气。然而，我的朋友也许并不了解，只要这个女人继续留在丈夫身边，她就无法开展自己的旅行。也就是说，她的婚姻生活其实并不幸福。只要她还是这个男人的妻子，她就不可避免地要妥协，并努力地取悦对方，一次又一次地做出那些令她自身计划破灭的事情。无论她的丈夫多么优秀，表现得多好，在她看来，他都是一名抓捕者。她需要离开一段时间，直到她的底线变得足够坚固，从而使她能够在继续与他保持夫妻关系的同时做到忠于自我。

青少年之所以会认为自己的父母冥顽不化、无法理解他们也是出于同样的原因。几乎没有人会认为自己离开某个人或某件事（父母、孩子、爱人、导师、工作或生活方式）是完全合理的。最终，他们全都无一例外地得出一个结论，即他们之所以离开是因为那些人或事都是错误的。人们无法理解和接受“因为一个人想成长，所以他必须选择离开”的想法和行为。往往是在事情发生之后，人们这才意识到，当需要前进的时候，如果一个人驻足不前，这时，他的拯救者往往就会摇身一变，成为他的压迫者。按照经验法则，如果一个人突然变得对你充满敌意，或是你之前多次用过的取悦对方的方法突然失效，除非你自己本身发生了巨大的变化，不然，出现这一情况的原因只有一个，那就是对方很有可能正在改变，而之前的相处之道自然已经不再适用于现在的你们。也许，你的老朋友或爱人需要和你保持一定距离。如果你不愿意接受这种距离感，对方立刻就会奋起反抗，并且把你当成大坏蛋，借此来捍卫自己的立场。

不过，如果你能够容忍分离，并且愿意给其他人成长的空间，最终，你很有可能将会收获一份令你意想不到的奖赏：一份崭新的、更加诚实的人际关系；即使没有，最后的事实至少也会让你明白，自己的放手促成了一件好事——对你，对其他人，都是如此。如果你害怕身边的人离开自己，想要控制那些你深爱着的人，并因此而试图让他们放弃自己的旅行，那么，你最好立刻停止这一做法，退回来，面对自己的恐惧和孤单，慢慢地消化掉这些消极情绪，然后彻底地放手、释怀。

对于大多数人而言，阻挠自我身份的形成是很自然、也是很重要的一个过程。通常来说，我们每个人都会受到来自社会文化、家庭、学校及团体机构的压力，正是因为迫于压力，我们才不得不去面对自己与他人之间存在的差异，而我们的自我身份也在这一过程中受到了锤炼，逐渐凸现出来。迟早有一天，我们会发现以前能够奏效的方法以及和谐关系都已经面目全非，当那时我们就会开始面对已经无法逃避的危机，从而做出自己的选择：成为一条变色龙，或冒着极大的风险把自己同其他人分离开来。

现在，在办公场所倡导机构变革的人们通常会与那些试图保护其领地和身份的人发生冲突。其实，我们每个人都对未知的事物充满恐惧。正是因为如此，许多公司或机构一直都小心翼翼，步履蹒跚地走在改革的边缘，直到公司或机构陷入财政困境。这时，为了走出财政困境，一向进展缓慢的改革才突然加快了速度。当人们最终意识到改变在所难免，或是公司即将破产，人们对于改革的抵触心理才会大大降低，从而使得变革能够顺利发展。冒险步入未知世界的行为迫使我们踏上自己的“试验之路”，而这也是英雄主义的启蒙阶段。大多数人的这一启蒙经历来自于生活，每当我们陷入渴望和需求的矛盾中时，前者会想让我们留在已知的安全世界里，后者则会不断地敦促我们成长，并且想让我们冒险去面对未知世界。正是这一矛盾造就了我们成长的痛苦和烦恼，也正是因为这种存在于渴望和需求之间的紧张关系，那些离开家、渴望长大的青少年或年轻人才会在离开时感到失落和难舍；同样还是因为它们，我们才会遭遇中年危机——为了面对和解答深藏于我们思想中的关于“我们是谁”的问题，步入中年后的我们往往会为了自身所扮演的角色、成就或人际关系为基础的现有身份而感到困惑，因而才会在工作环境发生快速改变的时候，自己的精神及心理世界也随之陷入混乱，并害怕死亡的靠近。

实践内心的想法

琼·奥尔在她的畅销小说《洞熊家族》中描述了流浪者的进退两难的状态。艾拉是早期智人中的一员，有一天，就在她游泳的时候，一场突如其来的大地震扼杀了她的全部族人。那时，她才刚刚五岁。孤独的她在流浪数日之后终于遇到了伊扎，并被她收养。伊扎是洞熊家族的医生，她的种族是不同于智人的另一个人类分支。这些人拥有超强的记忆力，却并不善于抽象思维和解决问题。这个种族遵循的是一种极其刻板的父权制生活模式，每个人都必须严格按照其性别角色履行职能，任何违背这一角色职能的行为都会为当事人招来杀身之祸。而且，这种生活模式已经根深蒂固，成为其身体内基因的一部分，所以从没有人想过要违背这一规则。

流浪者处境艰难的关键就在于他身处于一种矛盾的张力之中：一方面，流浪者渴望成长，渴望获得主导权，为此，他必须冲破个人能力的局限性，才能实现这一目标；另一方面，他又想取悦众人，尽可能地融入所处的环境，适应这一切。艾拉的故事正好为我们展示了流浪者的这一困境。她与身边的人之间存在着显著的差异，其他人都对这种差异心存畏惧。于是，她便陷入了一种进退两难的局面，因为差异将会威胁到她的生存，而这又完全取决于当她还是个孩子的时候，她是否能取悦这些族人。为了找到自我，她必须离开她深爱的人，只有这样她才能不再为了迎合对方而自我妥协。

艾拉所感受到的自己与其他人的最大不同就在于性别角色。她既能够胜任女性角色的工作，也能够完成那些原本应由男性完成的任务，而且她对一切都充满了好奇心，想学会所有自己能做到的事情。她用于解决自身困境的方法就是，当她和族人在一起的时候，她会选择顺从该种族的角色分配；可是当她独处的时候，她会偷偷地自学如何打猎。艾拉会打猎的事实最终被其他人发现了，而她为此所遭受的惩罚就是死亡。通常情况下，那些被宣布将被处死的族人最终都会死去，因为他们对此的信念是如此的强大，没有任何人或事能够战胜它——被宣布死亡就意味着必死无疑。不过，这个种族也流传着一个神话：当一个人被判刑死亡后，如果在几个“月”之后又复活了，那么，他就能重新成为这个部落的一员。这也意味着艾拉不得不独自生活很长一段时间，这期间还包含冬季。“独自”意味着她不仅只能依靠自己满足其生存的生理需求，而且也只能依靠自己化解情感危机，抛开部落强加于她的观点，相信自己对现实的理解——他们说她已经死了，而她认为自己还活着。

当她重返部落时，族人接受了她。她非常想重新成为部落的一员，因为在过去的很长一段时间里，她实在太孤独了。不过，之前那段独立生存的经验让她变得更加自信，更加独立，但同时也削弱了她内心的顺从性。当艾拉还是个孩子的时候，她选择了逃避，因为这样她就不会被当作异类而死去。孩童时的她看起来和其他族人的孩子不太一样，尽管这一情况因为艾拉的聪颖和酋长的怜惜得到了解决，但是艾拉越来越强烈的独立思想和渴望冒险的欲望不可避免地与她身边的族人发生越来越多的冲撞和矛盾。然而，从表面上看起来，似乎没有任何方法能够解决这一难题，因为她是如此热爱她的族人，而他们也同样深爱着她。几乎没有人想斩断他们之间的这种关系。

但这时，反面角色布劳德出现了，他讨厌艾拉（因为他嫉妒艾拉能够得到那么多的关爱），而他成了族人的领导者。他成为酋长后做的第一件事就是宣布艾拉再次死去。于是，艾拉离开了，去寻找其他部落——那些和她相似的人，但是她不知道自己是否能够如愿以偿。在奥尔所著的续集《马的山谷》里，我们得知，艾拉花了三年的时间，度过了三个严冬去寻找，其间，她远离人类社会，陪伴她的只有一头岩洞狮和一匹马。

艾拉知道，假如她想保留最核心的那部分自我，她就必须选择离开，独自生活。于是，带着这样的信念，她离开了族人，还有她的孩子。她可以拥有族人的爱，但是那必须以顺从和妥协为代价，不然，她就只能选择在孤独中度过余生。在山谷里独自生活的过程中，艾拉一直在和自己辩论：为了让自己不那么孤单，她究竟要放弃哪些自我。她最终决定，她可以放弃打猎，但是绝不能放弃笑的权利。她从没想过自己能够找到一个可以无拘无束做自己的部落。即使是在一个和她一样的男人找到了她、并且爱上了她的情况下——这个男人认为每个人都会哭和笑，并且他更喜欢会打猎的女人，但是她也仍然不能相信这一事实，依旧把他当成和以前的族人一样的男性主义者。

这时，问题的关键就在于最初的威胁是真实存在的。无论是从生理上，还是从情感上而言，艾拉的生存都完全依赖于她的族人。在约束自己、取悦众人的同时——尤其是为了取悦她的养父母克瑞布和伊扎，她也一直在竭力反抗族里的传统，与其他人保持距离。无论是前者还是后者，都让她学到了许多经验教训。她的这一成长历程恰好反映了我们从童年走向青春期的过程——服从与叛逆并存。然而，和我们大多数人一样，艾拉将这些经验转移到了所处的环境中，使它们变成了彼此间毫无关联的两件事。

我们总是认为妥协是必需的，只有放弃核心部分的自我才能适应周围的人或事，不过，恰恰是这一观念让我们不仅意识到了自己内心对爱的渴望和需求以及同样强烈渴望探寻自我的追求，并且真实地体会到了它们的存在。这两种相互抵触的心理冲动之间渐渐形成了一股张力，迫于来自于这种张力的压力，我们起初都会选择放弃自我来顺从现实。也正是在这一过程中，我们越来越深刻地体会到爱和归属感的重要性，并促使我们做出最终的决定：做自己和踏上旅途比他人的关爱甚至于我们的生存更加重要。

由于我们的文化一直在大力宣扬，甚至过度推崇传统英雄在旅途中所遭遇的艰难险阻以及那种独孤英雄形象，再加上我们的社会又是如此迫切地需要人们的集体协作，所以，大多数人已经不再执迷于流浪者的这种传统英雄理想。和利他主义者的殉道行为一样，流浪者的问题并不在于这一心理原型本身，而是在于人们对原型所抱有的困惑心理：心理原型到底对我们意味着什么？殉道会带来破坏，而苦难也有其产生的根源，孤独则是一种逃避社会的形式，从这一点来说，它也会带来破坏，这似乎就是它的意义。譬如说，假如成熟等同于独立，而独立的含义就是不需要任何人，这样的观念足以令一个人的个人成长戛然而止。

然而，彻底地选择自我，保证自我的完整性是实现英雄主义、并且在保持自制的前提下能够去爱别人的先决条件，哪怕忠于自我意味着孤独和不被人关爱。为自己设定适当的底线和边界具有至关重要的作用和意义，因为只有这样我们才能看到自己和他人的差异，如此一来，差异一目了然，我们也无须再刻意地让对方去了解我们以及我们想要什么。只有这样我们才能在给予双方以相同的重视和尊敬的同时忠于自我。

在寻找职业的过程中，边界也同样很重要。人类的天性之一就是创造。这也是上帝按照自己的外形创造我们的原意之所在。在山谷里独自生活期间，艾拉制作和发明了许多工具；她驯服了一匹马和一头岩洞狮；她还实验了许多新药，尝试了不少新的着装方式和发型。直到她发现自己完全可以一个人生存在这个世界上之后，她才真正获得了自由，从而最大限度地发挥出了自己的创造力和能力。通过以这种方式发掘自己的潜力，艾拉不仅创造出了许多工具，有了探索外在世界的经验，而且也逐渐意识到她应该为自己感到自豪。

工作能够帮助我们找到自我的身份，因为首先，这是人们的一种谋生方式。当我们知道自己可以自力更生之后，就不再需要依赖他人。此外，当我们找到一份能够表达我们灵魂的工作时——无论是付费工作，还是业余爱好，我们都能够通过自己的劳动成果来找到自我。从这一点来说，流浪者所追求的无非就是一种选择，一种生产力和创造力。只要我们知道自己可以凭借自身能力生存，做真正适合自己的工作，我们就能让自己独立于其他人或机构组织之外，而无须再向他们妥协，放弃核心自我。

无论人们多么渴望被爱、被欣赏，除非他们保证忠实于自己——这是一份极其排外的承诺，如果有需要，为了兑现这份承诺，他们甚至愿意放弃他人和爱，不然，他们就会一直感到很孤单。也许，就是因为这个原因，我所认识的许多最保守、最具安全感的人以及那些拥有明确的自我意识的人，才毅然决然地冒着极大的风险去做某些事情。

在这里，我想举其中的几个例子：一个女人，她知道自己从骨子里渴望能够成为一名艺术家。于是，她踏上了追求艺术的道路；一个中年男人毅然辞去了稳定的工作，创办了自己的公司，生产由他发明的产品。此外，我还想特别提到一名女性，作为一名科学家，她放弃了这份体面的工作，当了一名牧师，而她还不确定自己所在的教区里是否有哪间教堂愿意接受她这样的女性牧师。

并不是所有流浪者最终做出的决定都如此戏剧化，但是我们每个人如果想要成长，想穿越某个阶段，我们都需要对自己做出完全肯定的承诺。和利他主义者一样，我们在各个阶段都会向自己承诺。我们会为自己不得不做出如此艰难的抉择而感到气愤。一开始，我们会表现得像孤儿一样，肆意地发火，尖叫道："应该有人来照顾我们！"或者，我们会抱怨没有人喜欢真正的我们，我们持续不断地抱怨，可是依旧无济于事。简而言之，我们会把自己的不满表达出来——生活是如此艰难；现在那份稳定的工作并不是我们真正想要的工作；如果我们对恋人并不满意，我们就会认为自己目前的恋情摇摇欲坠。

就这样，有一天，我们接受了孤独和存在于现实中的空间感，接受了事情的现状。"我们都是独自前进的，""我们每个人都是如此。"完全彻底地接受并且感受一件事通常能让我们跳出原有的思维定式。只有反抗成长的行为会把我们拘禁于一处。在这种情况下，接受孤独将会带来反抗：你会尝试用各种公开的行为去实践你的真实想法和需求，爱那些你真心爱的人，做你关注的工作，找到能够回答"我是谁"的答案。这时，你就会像艾拉一样，体会到独自生活的乐趣，渐渐地，你会意识到独处与孤独绝对不是相同的。我们越像自己，我们内心的那种孤独感就会越加微弱。当我们真正做自己的时候，就再也不会感到孤独了。

拥抱生活

由此看来，流浪者的旅行可以帮助我们解放自我，不再为他人的想法而担忧，从而能够敞开怀抱迎接真实的自我和随之而来的旅行。最能体现这一英雄转变的人物之一就是汤姆·罗宾斯的小说《蓝调牛仔妹》里的茜茜·汉克萧。

茜茜一生下来就长着大于常人的拇指。所有人都把她当成是残疾人，可是她却并不认同人们的这一观点。长大后，有一天，她站在镜子前面，突然意识到自己长得很漂亮。只要她动一个手术，让畸形的拇指变小，她就能过上"正常人的生活"。就在她思考这一问题的时候，她的两个拇指突然开始抽搐，敦促她去过另一种生活——只要她敢。但茜茜放弃了手术，转而成为这个世界上最伟大的搭车人。她搭车的技巧出神入化，以至于她可以让行驶在高速公路最内侧车道的汽车停下来，让她搭车。

不过，和其他人一样，茜茜也曾有过怀疑自己的时候。有一次，她就为婚姻而放弃了自己的“职业”。然而，当她将丈夫的宠物鸟放生之后，他竟然带她去看了心理医生。其中一名心理医生（与作者同名）对她表示理解。他向他的同事高德曼医生——一位弗洛伊德学派的心理医生，解释了他为何会对茜茜产生浓厚兴趣的原因。他告诉对方，茜茜成为世界上最棒的搭车人的经历给他留下了深刻的印象。显然，她找到了真正适合自己的生活。但高德曼医生却完全忽视了这一点，他问罗宾斯医生，他这样说是否意味着她已经战胜了自己的痛苦。罗宾斯医生的回答是否定的。他解释说，等级制度、阶级体系以及现有的思维方式都无法看到茜茜与生俱来的价值。他说：“问题不在于战胜痛苦，而是转化痛苦。对待痛苦，我们既不能贬低，也不能否定——这就是卓越的含义，而是让它更加彻底地暴露出来，增强痛苦的现实意义，寻找痛苦的潜在作用和价值。当一个人试图去改变这个世界却又畏首畏尾的时候，我在他身上根本找不到任何健康的心理冲动。相反，通过改变某个实体周围的氛围来改变其内在的做法才是真正聪明的方法，才是富有创造力的、勇敢的做法。”

从这一点来说，所有人都是英雄，都对人类的进化起到了至关重要的作用。我们的任务就是百分之一百地确认“我是谁”。我们根本无须花费所有或一部分时间来向他人证明我们很好。正是因为如此，“黑色最美”选举才会对非裔美国人具有如此重要的意义。同样的原因，女性身份的确认会令女人发生重大转变，一个人要想做到完全地、无条件地爱自己，就必须具备良好的精神及生理健康状态。对于任何工作或机构而言，已经踏上流浪者之旅的人都是一笔极大的资产财富。他们就像机警的侦察员一样，不断地带回各种新观念，并且能够毫无顾虑和畏惧地将它们说出来。他们还会坚持从事能够反映其内心、满足其情感需求的工作。

回归到社会群体当中

因此，只要你勇敢地走进自我隔离，去感受孤独，你最终就一定能够重新回到社会群体之中：茜茜找到了女牛仔；艾拉找到了自己的族人。反对旧观念的人找到了最适合自己的工作环境，开始在这一社会群体中发挥积极的作用，并最终安定下来。这时，流浪者也从依赖他人走向了独立，能够在一个相互依赖的环境中保持应有的自制。许多主动张开怀抱，迎接独立，乃至孤独的人最后也都纷纷开始怀念人与人的交往。经过之前的独处，他们的自我意识得到空前的增强，这也使得他们根本不再害怕在交往中会被其他人同化，因此回归后的他们往往能够与人建立一种上升到更高层次的亲密关系。当他们做好准备，重新回到社会群体中的时候，他们往往会惊讶地发现身边的人和团队竟然都很喜欢那个真实的自己。

面对来自爱和独立之间的矛盾，他们选择了自我，但与此同时，他们并没有否认自己对人际交往的渴望，结果，看似不可能化解的矛盾竟然因此迎刃而解。通过这一新的看待世界的方式，他们终于能够完全彻底地做好自己，并因此而收获了爱、尊敬以及和群体的融洽关系。不过，对于我们大多数人而言，除非我们能够像战士那样，在人际交往中大声宣布自己的希望，像利他主义者那样无条件地为他人付出和服务，像天真者那样无所畏惧，不然，我们就无法真正品尝到这些收获的甜蜜滋味，也就无法像新生儿一样拥有我们需要的全部的爱。请记住，要想得到这一切，我们并不需要以牺牲自己的生活为代价。

要想让自己熟悉流浪者这一心理原型，你可以用从杂志上收集的任何与流浪者有关的图片做一幅拼图；也可以列出你认为能够表达流浪者思想和意识的歌曲、电影和书；或是收集正处于流浪者阶段的人——你的亲人、同事、朋友，甚至你自己的照片。注意留意出现在自己身上的流浪者思想和行为。

流浪者练习

第一步

关注那些与你自己格格不入的习惯、体验、行为、环境以及观念。它们可能是错误的、不健康的或有局限性的；又或者，它们适用于他人但是不适合你。

当你可以做到的时候，离开那些在你看来有问题的事情。如果现实生活中你无法离开，那么，你可以刻意与它们保持一定的心理距离，从而确保你的内心自由。开始想象其他的可能性，试想那些可能更适合你的选择。

第二步

当你拒绝那些不适合你的事物时，让你的思想和好奇心做向导，带领你去探索其他的可能性。寻找让你觉得适合自己，以及能够满足你此时需求的体验和观点。寻找能够和你的天性产生共鸣的人、事和行为，然后投入其中。

04 证明你的价值：战士

伟大之人用他们的生活提醒我们，
我们能够让自己的生活变得崇高，
当我们离开，在我们的身后，
时间的沙滩上将会留下我们的足迹……

让我们行动起来，
带着一颗准备好迎接命运的心；
继续收获，继续追求，
学会劳作和等待。

——亨利·华兹华斯·朗费罗《人生礼颂》

自力更生是成年人生活的基础，
我们必须展示自身卓越的能力，
并切实有效地向这个世界证明自己。

找回遗失的目标

你是不是一个标准很高的人？你是不是总是敦促自己继续进取？你是不是会奋起反抗，保护自己或他人不受伤害、侮辱或袭击？对你来说，成就是不是很重要？你是不是竭尽全力，只为成为最棒的那个人？你是不是会长时间拼命地工作，哪怕这已经超出了你的极限？

在舞会上，人们在互相寒暄时往往会问："你的职业是什么？"就连孩子也会经常互相提问："等你长大了，你想干什么？"战士会按照人们的职业及其成功程度为其定位。在当今文化中，我们极其关心自己的职业，因为我们需要用工作（或学历）来证明自身的价值。通常来说，我们无法停止工作，因为当我们没有任何产出的时候，我们就会感到自己一无是处。

其实，这一切早在人类以打猎和采集食物为生的时候就已经开始了。想象一下，假如你还在生存的边缘挣扎，你很饿，却不能尽快找到食物，那么你和那些靠你为生的人就只有死路一条。压力很大，而你的肚子也因为饥饿开始咆哮。如果你是男人，你会和其他男人一起工作。如果你是女人，你则会和其他女人一同采集坚果、蔬菜以及任何可以吃的东西。无论是哪种情况，只要你找到了食物，不仅你和同伴能够果腹，你本人还能获得他人的尊敬。不过，随着时间的推移，假如你始终没有找到食物，等待你的只有死亡。

当你积累了足够的食物，从而空出了许多闲暇时间的时候，你就开始创造各种新的武器和工具：用来盛采集到的食物的篮子，盛装和储存食物的容器，等等。你和你的同伴们都深知学习和培养技巧的重要性。因此，你卖力地干活儿，期望能够成为最优秀的人和食物采集者。你干活儿的技巧越高超，你从他人那儿得到的尊敬就越多。在部落经济时代，所有人的生存都需要依赖部落里其他人的能力和技巧。在现代社会，我们谈论一个人往往会谈及"素质"，但是在原始社会，素质就意味着一切。缺乏技巧或马虎应付的执行方式会危及所有人的健康和安全。在那个时候，你的精准和技巧就是代表你内在特征的标志。

除了对食物的需求，人类的心中其实还蛰伏着其他各种渴望，如果你没有忘记这一点，你自然就会明白生命对原始社会的猎人和采集者意味着什么。一般人渴望拥有的不仅仅是食物，还有爱、权力和冒险，有时候人们甚至还渴望了解意义本身。

猎手和采集者分别为战士和利他主义者这两种心理原型提供了充实的背景基础，随后，这两种心理原型又反过来造就了男人和女人之间迥然不同的性格及行为差异。男性文化来自于战士传统（猎手），而女性文化则源于利他主义者传统（采集者）。根据这一古老的性别角色，男人们注定要捕获猎物。后来，“猎物”的含义渐渐衍生为具有威胁性或竞争性的其他猎人、种族或部落。女人生来就要照顾孩子和彼此，就像当初她们在草原上和树丛中为族人寻找食物一样——这是一种天职。这两种原型都能通过其自身特有的方式来满足你的需求。战士能够帮助你变得凶猛、善于战斗并最终取得胜利。利他主义者可以帮助你在所处的群体中培养互惠互利的氛围：所有人都贡献，所有人都能得到，从而使得所有人都感到满足。

在现代社会，鉴于我们所有人都需要在充满竞争的环境冲杀出一条路，所以战士原型对于女性的重要意义丝毫不亚于男性。此外，战士原型还能保护我们的个人边界不受侵犯，因此那些没有感受到内心战士原型的人往往存在被人虐待、忽视，乃至被低估的危险。战士原型能够帮助我们所有人时刻了解自己基本的需求和欲望，所以从这一点来说，它对我们有重要的意义。它可以帮助我们了解自己想要什么，然后为实现这一需求而奋斗。只要你想一想战士的狩猎史，想一想这一心理原型的发展历程，你就会明白为什么战士原型会如此专注于竞争力和成就：缺乏狩猎或制造武器的能力将会直接导致个体的死亡。

自力更生是成年人生活的基础。过去的“狩猎”等同于今天的找工作。在工作中，我们必须展示自身卓越的能力。广泛使用的“make a killing”（赚大钱）、“wiping out”（彻底摧毁）以及“killing”（扼杀）等词语向我们揭示了这一原型结构对当今工作的深刻影响。此外，失业还会对我们的自我价值、养家糊口的能力产生莫大的质疑，它会带给我们一种濒临死亡的感觉。

无论你所从事的工作多么微不足道，工作中的卓越表现都能带给我们一种自豪感。同样地当你带着一张能够维持家人生活的支票回到家中的时候，你也会感到由衷的自豪。对于战士而言，如果成功是挣扎和努力后得到的结果，那么，他的自尊心无疑将得到空前的增强。

> 在一次家庭聚会中，我的家人围绕年轻人所承受的巨大压力展开了热烈的讨论。在整个晚上的讨论中，我丈夫的爷爷始终没有发言。他是一位老移民，但同时也是一名成功的商人。突然，他打断了我们的讨论，开口说道："你们想知道什么是压力吗？压力就是，你来到一个新的国家，新的地方，完全不懂当地语言。随后，你搭乘地铁来到了城市中一个完全陌生的地方，可是你心里却很明白自己必须找到一份工作，不然，你的妻子和孩子就得挨饿。"

那些轻而易举就获得一切的人往往缺乏自尊，其原因就在于自尊大都来源于迫于现状而向某些困难以及令人厌恶甚至危险的事情发起挑战的人生经历。

除非具备了这种自力更生的能力，不然，一些人就无法切实有效地向这个世界证明自己。然而，由于社会压力、广告宣传，以及唯物主义的文化环境不断地提升其基准，所以我们常常会陷入旅途中的泥沼里，停滞不前。我们认为，证明自我就意味着挣越来越多的钱去买越来越多的东西。很快，我们的努力和奋斗就会脱离初衷，与我们内心的真实需求渐行渐远。如此一来，我们的满足感也随之减少，最终，我们开始感到枯燥无聊。即便是用长矛抵挡不速之客，保护自己的族人和家人，都需要全力以赴。可是，如果你在官僚机构中工作，每天都重复着千篇一律的文件工作，而且任何一个错误都有可能造成非常严重的后果，你的情况又会如何呢？这就是为什么战士会创造出冷酷的机构政治的原因——只有这样才能保证机构中的所有人都保持精神亢奋、精力充沛的状态。

广告宣传会将产品与某种最基本的人类欲望挂钩，从而为我们已知的需求创造出另一种理解空间。例如，广告会含蓄地向消费者保证，如果你用了这种古龙水或须后水，你就能找到心中所爱；如果你购买了这种方便食品，你就能成为一个好爸爸或好妈妈；如果你买了这辆车，你就能体会到自由的含义。如果这些产品真的能够帮你找到真爱，能够为你的孩子提供应有的呵护和照顾，又或是能够带你去你想去的地方，那么，这些广告就起到了满足人类真实需求的作用。然而，通常情况下，这些产品给我们带来的满足感往往都不能长久。当你将全副注意力都集中到挣足够多的钱，从而购买更完美的其他产品的时候，此时你的内心完全有可能已经被燃烧的怒火所占据。与此同时，你也会对长期以来支撑你奋斗的这一心理模式感到出奇的厌倦。

克里斯·萨德是我的一名同事，说话带有浓重的黎巴嫩口音。当他身体前倾，摇晃着拳头，想让听众知道他们的“渴望”到底是什么的时候，他的听众往往会为他的口音和表现感到诧异。（当克里斯说出“渴望”这个词语的时候，他会把每个字都拖得很长，“渴——望——”）。每当他这样做的时候，我就会看到听众当中有人带着恐惧的眼神望他。他们并不想知道自己内心真实的渴望，因为如果他们知道了，他们也许就不得不改变自己的生活。

不过，许多看似成功的人都发现有一句话说得十分中肯：“再多的物质也无法令你感到满足，如果它们并非你想要的。”我们也许拥有金钱、身份和自由，但是我们仍然处境悲惨，因为我们内心真实的渴望和需求并没有获得满足。

和其他许多心理原型一样，战士原型的出现也会给我们带来不少礼物，但是如果我们仅仅只追求它的形式，而忘了我们奋斗的终极目标，那么这一原型也会给我们带来许多伤害和打击。假如我们有勇气向自己提出最基本的关于自我以及内心渴望的问题，战士原型就能帮助我们找回遗失的目标和动力，最终让我们的愿望得到满足。

赢得他人的尊重

战士的基础就是自豪感和尊严。在受到侮辱后，牛仔会在月亮升起的时候与侮辱自己的人决战。在这里，受到威胁的是一个人的自尊。对于战士而言，最大的耻辱莫过于允许自己受他人践踏，失去尊严。此外，在战士们看来，眼看着其他人（尤其是比自己弱小的、毫无抵抗能力的人）受虐待而不加制止，也是一种耻辱。

> 在亚瑟王的故事里，骑士的职责就是拯救那些在不幸和苦难中挣扎的人们。更有甚者，除非需要拯救某人，不然，他们通常不会与那些被他们鄙视的人战斗，因为这样做是不体面的。此外，在决斗前，骑士们还会宣誓一定会公平决斗。“公平决斗”意味着不伤害任何没有武器的人。如果你利用别人的弱点或缺陷来打击对方，从而达到战胜对方的目的，那只表明你并非一名真正的骑士。

今天，这种从骑士传统中流传下来的高贵特质对于战士而言仍然具有十分重要的意义。商场中的战士往往十分享受和一位势均力敌的竞争对手较量并最终战胜对方的过程，而公司则为你提供了最佳的战斗机遇和环境。体育竞技场上的争先恐后也是同样的道理。最好看的比赛永远都发生在实力最相近的选手之间。随着时间的推移，那些没有坚持公平竞争原则的战士最终会失去自我，以及他人对他的尊重。

此外，自律也是战士的一个明显特征。这也意味着你内在的战士原型将会帮助你抵御诱惑、欺骗、懒惰或堕落的腐蚀。它会成为你坚持底线、对抗各种感官欲望的最佳防线。

在大多数战士原型的故事中，英雄将会经历一系列的冒险，其间，英雄的境遇越凶险，这个故事就越好看，越引人入胜。不过，英雄永远都不会放弃。相反，他会通过成功完成那些看似不可能完成的离奇任务来展示自己的力量、勇气和创造力。

掌控生活，坚守阵地

我们想一想孤儿寻求被拯救的经历，我们就能明白，当人们不再认同受害者理当被拯救的观念，而开始将战士看成是救世主的时候，人们其实就已经向前迈出了很大的一步。一个人能够体验到的最大能量估计也莫过于此。渐渐地，战士帮助人们夺回了对自我生活的主导权，并且赋予他们能量，使人们能像他们那样去帮助别人。当你能够唤醒内心战士原型的时候，你就会像故事中的英雄一样，勇敢无畏地去做任何你必须做到的事情。

战士就好比侦探，会竭尽全力地探寻踪迹。在漫画书中，超级英雄总是会和邪恶势力作战（为了真理、公平），战士们会义无反顾地奔向战场。同样地，在日常生活的每个角落里，我们都能看到奋勇作战的战士原型精神：在体育竞技场上，在公司里，在政治竞选中，在解放运动中，在工会里，以及同事、朋友和爱人之间。

从人类的大脑结构中，我们能够看到自身的进化历史。今天，通过解剖，我们可以发现，人类大脑的一部分与我们的祖先爬行类动物和哺乳类动物十分相似。战士原型的侵略性和领域观念与爬行动物几乎如出一辙，只不过前者带有鲜明的人类烙印：对安全、食物和生命延续这些基本需求的渴望，并且在这些需求都得到满足的基础上，又添加了人类特有的其他目标，譬如说，学习和接受教育，获得事业成功，努力成为一个自我满足、自我实现的个体（相对于爬行动物而言）。然而，不管怎样，人类为了实现这些目标而采取的任何一种充满侵略性的方法都已经刻上了爬行动物祖先的烙印。

此外，战士原型还能帮助我们不惜一切代价克服各种天生的本能，从而让我们成功地生存下来。有时候，一个人为了一件事或一个信念，他必须承受苦难或献出自己的生命。学者约瑟夫·坎贝尔注意到，在许多文化当中，神圣的战士往往意味着遭受折磨，直至死亡。这些战士面对痛苦乃至死亡时所展现出来的无所畏惧、绝不退缩的精神，正是最崇高的战士美德的写照——勇气、刚毅和忍耐。当那些富有战士精神的人去看心理辅导师的时候，他们常常会为医师提出的问题感到目瞪口呆：辅导医师们不仅鼓励他们去体会和感受，而且还鼓励他们说出自己内心的真实想法。孤儿之所以需要学会去体会自己的内心感受，是因为唯有如此他们才能克服这些心理和情感，并最终释怀。战士们努力挖掘并接触自己的情感是想由此汲取能量，使他们能够以最好的状态为实现目标而奋斗，无论他为之奋斗的目标是什么——让心灵恢复平静，取得经济上的成功，又或是家族的目标等。

战士原型能够为我们提供一种希望，即邪终不能胜正。但是从更根本的层面上来说，英雄故事往往告诉我们，当一个人有勇气为了自己而战斗的时候，他就能够左右自己的命运。因此，当正义未能战胜邪恶的时候，这样的结局似乎就会显得格外令人沮丧，因为我们会由此得出一个结论，即我们对此无能为力。而正是因为有了这样的观念，社会上的主要信仰体系便受到了威胁，于是，各种愤世嫉俗、精神孤僻以及绝望的思想便开始蔓延。然而，如果英雄最终战胜了坏蛋，我们的信念就会得以增强：我们不仅能够找到恶龙，而且还能屠龙。这也就意味着我们能够掌控自己的生活，解决各种问题，从而让世界变得更加美好。与此同时，隐藏在我们每个人心中的孤儿原型也就得到了救赎。于是，我们的心中就出现了这样一段对话，战士原型用大哥哥的口吻对孤儿原型说："你其实并不需要总是从外界寻求帮助来拯救自己，我完全可以照顾你。"

战士告诉我们如何展示自身的力量，以及如何向这个世界证明自己的身份和存在。我们所展示的力量可以是外在的力量，也可以是内在的心理能量、智慧能量或是精神力量。从生理上来说，战士原型的主张就是我们每个人都有生存的权利。战士的自卫意识十分强烈，只要受到了攻击，他就会反击——既有战斗的意愿，也有这种能力。从心理层面上来说，战士原型心理与创建健康的心理边界有关，只有有了这道防线，我们才能将自己与他人清楚地区分开来，并因此提出自己的权利主张。

从智力的角度来说，战士原型能够帮助我们练就一双火眼金睛，使我们能够分辨出哪一条路、哪一种观点以及哪一种价值观更加有用，并能提高和改善我们的生活质量。在精神上，战士原型的崛起意味着我们开始学会识别各种信仰，从而获悉哪种信仰能够赋予我们更多的活力，哪些又会扼杀或拘禁我们的动力。此外，战士原型还可以帮助我们“仗义执言”，为争取自身权利而勇敢地战斗，从而赢得那些能够滋养我们思想、心灵以及灵魂的力量，同时歼灭那些只说不做的消极精神。对待这些消极精神，战士会直言不讳地揭露其真实本质，然后拒绝接受它们，或是在生活中完全摒弃它们。

战士能力的培养对于我们获得完整的生活具有不可小觑的重要意义，因为这种能力与利他主义者所持的美德互补。从本质上来说，利他主义者心甘情愿地做他人的牺牲品，而战士的观点则恰恰与之相反：他们愿意为了保护自己而牺牲他人。这是他们对自我承诺以及自我价值的最好表达。这也是他们对自己存在于此，并且有权利受到尊敬以及体面对待的权利主张。

在历史上，女性、少数民族和工人阶级在文化上一直都被列入下等人的行列，而这也决定了他们的职责就是为上等人服务。对于这些人而言，服务他人的思想已经根深蒂固，深入到了他们的骨髓乃至基因之中，形成了一种信念，即服务他人就是他们出现在这里的唯一理由。换言之，如果仅仅是因为自己，他们根本没有权利生存下去。当许多女性在做自己想做的事情之前，她必须首先确保自己的孩子、丈夫、老板及朋友等其他人的需求和愿望得到了满足。然而，正是因为这些人的要求永远都不可能完全得到满足，所以她们在为自己做任何事情的时候都会心存内疚，甚至怀有一种罪恶感，哪怕她们所做的一切只是为了满足自身最基本的需求。

今天，许多在过去甘愿扮演为他人作嫁衣角色的团体已经开始纷纷披上战士的盔甲，这一部分是因为他们也渴望在商业社会中大展拳脚，另一部分原因则源于他们内心不断涌动的要为争取平等权利而战的冲动。然而，因为男女角色分工观念所带来的社会压力，要想全面展现战士原型能量，发表自身权利主张仍然是一个十分复杂的过程。例如，女性通常会用母性光辉或诱人的外在来掩饰自身的战士特质，因为她们的男性同事往往要么对她们的权利主张视而不见，要么就会把她们看成怪胎或中性人。同样地，许多非裔美国人常常向我抱怨说他们必须隐瞒很多事情，戴着面具生活，在展现其竞争能力的同时，他们必须尽可能地表现得和蔼、平易近人且关心他人，不然，许多白人就会把他们看成是野蛮的黑人。

假如我们从这种受到外界打击的文化现象入手，我们内心的战士能量就会集中在争取平等权利和对待这件事情上。不过，对于战士而言，更典型的做法就是，他们往往会表现得更具竞争力，即证明我们就是“最棒的”。有时候，这一冲动可以成为一种强有力的目标，因为这种强烈的竞争渴望将会促使人们为了成功而全力一搏。战士通过战斗来决定谁才是最好的，关于这一点，开路英雄约翰·亨利就是最好的例证。为了证明他能够用更少的时间铺更多的铁轨，他甚至向即将取代他的新铺路机器宣战。

真正的战士会坚持公平竞争的原则。然而，许多伪战士则乐于用欺骗的手段来赢得战斗。这种伪战士包括那些向女人耀武扬威的男人，认为自己凌驾于工人阶级之上的上层社会的男人和女人，以及以肤色深浅决定人种贵贱的白人，这些人往往倾向于通过一些不公平的竞争或思想来实现自我价值。这种人完全依据自己的优势来制定战斗规则，并由此认为正是因为他们高人一等，所以他们就比其他人都更加优秀，但是他们似乎都忽视了关键的一点：自己取胜凭借的是不公平的竞赛规则。

当青少年察觉到内心的这股冲动，却又找不到释放其战士能量的渠道时，他们就会形成一个小团体，向其他团体示威。又或者，他们可能会转向药物或酒精，用这些物质麻痹自己的身体和意识。由于青少年在成长过程中逐渐向这个世界证明自己，所以战士原型出现在十几岁的男孩和女孩身上的概率很大。理想的情况是，他们在一些竞技活动上找到释放这一能量的机会，譬如说体育比赛、学术钻研或发明创造。当然，他们也需要各种有意义的方式来展现自身能量，从而为外界这个大社会贡献自己的力量。例如，通过公益组织、学校等提供的社区服务项目，投身于有益的实体活动。

如果父亲严厉而专横，处于青春期的儿子就会感到自己受到了压迫。儿子会抱怨说父亲完全主宰了自己的生活，并且对自己的一举一动都指手画脚。最关键的是，父亲总认为自己才是正确的。伴随着内心战士原型的成长，儿子开始与父亲争辩，有时候甚至会公然向他发起挑战。不过最终，他脑海中的战士原型将会演变成一位内心的长者。儿子会逐渐形成自己的处世之道，开始按照自己的原则生活，追求在学术和竞技场上的成就。这时，他注意到原本一直都很约束自己的父亲放松了很多，不再像从前一样控制自己的一言一行。当他再度与父亲出现意见分歧的时候，儿子会用一种平静的方式来表达自己的见解，即通过对话的形式，而非决斗来解决分歧。

假如父亲没有注意到儿子内心战士原型的成长，或是对此不以为意，并且当儿子已经有足够的自控力后仍然试图继续控制儿子，那么，他的这一消极行为就会让儿子内心的战士原型成长渐渐转入地下。儿子可能会用一种极其消极的方式来展现自身的战士能量。如果父亲此时的思想完全被其内心的战士原型所操纵，他也许就会因此而萌生出一种战斗思想，直至取胜。当一名男子发现自己在下棋时竟然不允许女儿战胜自己的时候，他意识到自己真的遇到了麻烦。战士原型的危险性对男性而言显得尤为突出，因为男人就应该像战士一样生活的社会观念已经根深。今天，有些男人已经意识到实践战士原型的生活方式压力颇大，并且代价也很高。有些人看上去十分风光，在商业世界中叱咤风云，但是与此同时，他们也为此付出了惨痛的代价，有时甚至是生命。我们已经把男人早逝当成了理所当然的事情。通常，他们往往死于心脏病。然而，我们却很少会想到他们的早逝正是因为执迷于战士原型思想。

使内心与周围环境达成平衡

战士们改变世界的方法就是凭借其专心致志的努力。无论是在家里、学校里、工作当中，还是在和朋友相处时，在整个大环境下，这种原型都会向人们传达一个信息：改变身边的环境，让它们满足自身的需求，使它们与自身的价值观保持一致。

然而，有些人尚未找到自己在这个世界上的位置就直接进入到了战士的角色，可惜的是，他们这样做根本毫无意义。他们也许能够获胜，但是这时取得的胜利无疑是空洞、肤浅的。他们并不知道自己究竟想要什么，所以他们自然也就无法如愿以偿。没有利他主义者的互补，战士战斗的目的就变成了单纯地获取私利，而不是保护或帮助他人。事实上，只有当战士将自己的勇气和精力投入到更伟大更有益的事业中去时，战士原型才能成为英雄的原型。

过去那些关于英雄、坏蛋和受害者的故事，无论其主人公追求的是否只是一种空虚的、形式上的满足感，也不管这些故事是否应该被看成是要求改变时代、重新定义这个世界的呐喊，都已经向我们传递了一些信息，即关于我们文化的基本信仰体系的长期有效的信息。而且从某种程度上来说，时至今日，这些故事仍然在传递着相同的信息。当然，战士神话最直观的体现就是战争。不过，我们也可以在其他领域找到它：体育竞技、商业竞争以及宗教乃至经济、科学以及教育理论中也不乏战士的身影（譬如说，资本主义、达尔文的优胜劣汰论以及钟形曲线）。在体育竞技中，几百年来，激烈的对抗从未消失过，人们对胜利的追求也从未停止过；在有的对抗中，失败者甚至会因此而丢掉性命；在诸如足球、棒球、篮球和橄榄球之类的集体竞技中，对抗的双方总有一方会成为输家。

在政治领域，情况也同样如此。在最原始的模式中，英雄杀死老国王（独裁者）拯救了受苦受难的百姓。至少理论上来说，后者的统治结束了。在今天这个世界上的很多地方，这样的故事依旧在上演，其本质未变，只是版本略不同于从前。在这些故事中，变革的发生依旧离不开血腥的政变或反叛。在国家民主发展的道路上，已经找到一种能够避免这种血腥场面发生的方法。过去的统治者（国王）既不会像某些古老的故事中那样被残忍地替换，也不会在睡梦中一命呜呼，更不会因为自己的罪行而被宣判死刑，当即执行。不过，每逢选举年来临，发生在各位候选人之间精彩而激烈的唇枪舌剑还是会让我们不禁想起过去那些残忍的情节。

无论是在国家选举中，还是在机构内部的选拔中，挑战者会告诉所有人他会如何挽救这个集体，以及那些当权者该如何为现有的弊病负责。当然，当权者立刻会毫不留情地予以反击，详细地阐述他已经为这个国家或机构做出了哪些重大变革，以及对方当权将会给集体带来哪些不利的影响。所有的一切都通过语言来表达。我们通过民意调查和选举来打击对手。当然，这种战争式的修辞手法也会出现在商业当中，只不过，其目标就变成了打败竞争对手。

然而无论是在体育、政治，还是在商业竞争当中，尽管输的一方已经不再被当成是十恶不赦的恶人，但是对于失败者而言，失败仍然意味着耻辱。相对于以往那种恶人才会失败的观念而言，这样的观念则显得更加合情合理。经济大萧条期间，我们曾不止一次地读到金融大鳄们在一夜之间失去了所有的钱财，然后自杀的故事。他们之所以会选择自杀这条路，就是因为他们无法面对自己突然从辉煌的高处跌落谷底的现实。20世纪90年代早期，缩小经营规模之风吹遍了整个经济社会，许多人在失业后变得异常消沉，因为他们觉得自己就是一个失败者。哪怕他们的失业并非其自身原因造成，许多人在接到解雇信的时候仍然会倍感羞愧。

我们能够看到，政治世界中的这一战士思想的统治地位已经开始动摇。

> 20年前，埃德蒙·马斯基原本被认为是很有希望当选的总统候选人，然而，由于他在电视转播时突然流泪，从而被认为不具备当选该职务所需的刚硬性，并因此而完全丧失了赢得选举的机会。1992年，美国人最终推选了脱稿演讲且没有在电视中流泪的比尔·克林顿为美国总统。1996年，克林顿在大选中完胜对手鲍勃·多尔，但在那之后，后者在演讲和电视广告中自嘲此次竞选的失败，却因而压倒对手，获取了更为广泛的公众影响力，从而借此扳回一城。无论是克林顿还是多尔，只要人们觉得他们的表现不够刚硬，哪怕只有一丝一毫，他们就绝对无法取得这一胜利。

即便战士与其他原型达成了平衡，假如他们想完成改变世界这一目标，就必须足够坚强且现实地面对一切。他们必须能够直视对手的双眼，然后说：“你就是龙，而我就是屠龙者。”或：“我不关心你怎么想，我只想取得胜利，而这就意味着我必须打败你。”尤其是在工作中，战士们会用各种方式试探同事，看他们是否足够坚强。对于那些略微欠缺战士精神的人而言，他们的这种试探往往会令人心力交瘁。不过，他们这样做的目的是为了确保自己所在的团队是坚不可摧的，团队里没有任何会拖大家后腿的胆小鬼。一位曾经与我同在一个管理团队里共事的男性管理者向我解释说：“工作的地点就是一个战场，我需要知道当战况变得惨烈时，你不会被现状吓倒或逃跑。我需要确定你能够坚持到最后。”

> 在《金枝》一书中，詹姆斯·乔治·弗雷泽曾经提到过一个与我说的这一情境颇为相似的故事，故事描述的是一个战士精神占主导地位的组织。森林之王不允许自己的侍从有片刻的懈怠，哪怕睡觉都不允许，因为有人想杀他，从而取而代之成为新国王。弗雷泽写道：“显然，他的不安已经达到了顶点，这个世界上恐怕再也找不到比他更警醒的国王了。多年来，无论是夏天还是冬天，无论是天晴还是天阴，他始终都在警惕而孤单地注视着身边的一切，在他看来，他闭眼小憩的时刻就是他生命中最危险的时候。他必须时刻警惕，同时用尽自己的全部力量来防卫，不然，他就会有危险。”

对于我们的领导者而言，要想获得健康长寿，适时调整自己以及改变周围的环境，使内心的战士原型与其他原型达成平衡真的是至关重要。

无论何时，只要任何一种原型与其他原型实现了平衡，它就能以更完整、更高级的形式来展现其积极效应。当战士原型与一个已经找到了平衡点的意识结合为一个整体的时候，他的爱就会更多，贪欲就会更少。对此，我们可以把本书中提到的6种原型当成是洋葱的不同层面。仅仅接触过内在孤儿和流浪者原型的战士可能会显得很无情。不过，随着我们的深入，受到利他主义者原型影响的战士就会为了服务他人而勇敢地投入战斗。如果天真者和魔法师这两种原型也已经被唤醒，我们同样能够感知到它们的争斗。战士会为了自己所爱的人、自己的国家、宗教及信念而战，他们战斗的目标就是让这个世界变得更加美好。政治领袖、社会活动家以及热忱的志愿者都在努力改善身边人们的生活。在《香巴拉：勇士之圣道》中，邱阳·创巴指出，“勇士的精髓，乃至人类勇气的精髓，就在于拒绝为任何人或任何事而放弃自己的追求”。从中，我们可以看出牺牲和主宰是如何被糅合在一起的。

战士原型的危害来源于其较为原始的形式。从二元论和绝对论中解脱出来后，战斗就变成了一种健康、积极的人类活动：采取行动保护自己以及那些你爱的人，使他们不受伤害。无论是远古时期的捕杀猎物、驱赶入侵的动物组群，还是今天的识别酸雨或核爆炸对人类的危害，我们一直都需要战士的保护。

久而久之，战士们的战斗经历在一定程度上决定了他们面对恐惧时的表现。我们不难想象，在一位冷战中的将军看来，再多的武器也不足以消除共产主义者对西方世界的威胁。他的世界已经被一种永久性的恐惧心理所主宰，在他的意识当中，坏蛋已经彻底丧失了理智，一心一意想摧毁他以及他所珍视的一切。因此，对他而言，这件事最后唯一的结果就是他消灭对方，或是被对方消灭。比较而言，这种存在于政治、商业、体育或学校中的象征性竞争相对温和，但是隐藏于其中的恐惧依然真实：害怕失败，害怕不能成为最好的，害怕不称职，害怕成为下等人或失败者。

当你突破第一阶段进入下一个阶段后，敌人就不再是需要你消灭或打败的某个人，而是一个你需要化敌为友的人。原本的敌人突然变成了一位急需拯救的受害者。对于战士而言，他们都只接受那些能够增强其希望和生存意义的事实，并且会在获悉之后迅速将其转化为动力，然后用它去改变这个世界。同样的，在个人生活当中，战士们也会坚定不移地执行自己的计划，按照自己的模式去改进和完善他们的爱人和朋友。

作为一名战士，当你渴望建立一个理想且闪耀着人性光辉的世界时，你恐怕很难接受人与人之间存在差异这样的事实。利他主义者用来改变世界的主要方法之一就是，一旦他们发现自身的某一部分与其他人的需求不吻合，他们就会毫不犹豫地放弃那一部分自我。战士的做法则恰恰相反——改变其他人。不过，无论是哪种情况，同一性都被看成是创建和谐团体的先决条件之一。要么自我改变，要么就改变他人，不然，就只能出局。

例如，当代机构理论就提倡在机构内推行取悦机制，聘用更少的中层管理者，给工人以更多的自治权，甚至鼓励自我组织管理团队的出现和运行。这些策略取得成功的关键就在于，执行这些策略的人必须已经进入战士原型的更高层次，处世原则不再像较低层次那么绝对；除此以外，他们还必须已经意识到除战士以外的孤儿、流浪者以及利他主义者这三种心理原型。

尽管战斗本身并不会带来任何理想主义思想，但是战士却因此而亲身体验并参与了一个非常重要的过程，而这一过程对于为所有人构建一个更好的世界具有不可小觑的意义和价值。既然如此，战士能够从中学到什么呢？首先，他们学会了信任自己所信赖的真理，并且能够在面对危险时依然带着绝对的信任去执行真理下达的任务。不过，在这一过程中，他们必须能够掌握自己的性命，并对此负责。孤儿把自己看成是受害人，流浪者则认为自己是局外人。**他们对自身身份的定义决定了他们对自身能量的评估**：不具备任何力量，因此他们也就无须也无法为自己负责。一旦你将自己定义为一名战士，这就意味着，“我要对所有发生在这里的事情负责”，并且“必须竭尽全力让这个世界变得更加美好，为自己，也为他人”。此外，这还意味着你需要宣布自己的权威性。战士们会学会信赖自己关于什么是有害的判断力。也许，最重要的是，他们会逐渐培养自己战斗的勇气，从而使他们可以为了自己的需求或信仰而战斗，哪怕这样做需要冒极大的风险，失去工作、配偶、朋友、社会地位，甚至生命。

潜在的朋友

随着时间的推移，战士原型也在进化。足球运动取代了最初的肢体对抗，公司代替了帝国制度，以前血流成河的战斗场景逐渐演变成为现代商业文化中一种虚拟的修辞手法。多年前，某些女性可能会因为性别主义而恨不得痛打男人一顿，现在，她们会用一种淡定的口吻说："算了，快别说了。"战士变得越强大，越自信，他们使用暴力的频率就越低，言谈举止就越温和——无论是对他们自己，还是对其他人都是如此。最终，他们无须再将其他人定义为"坏蛋"、"对手"或"潜在的敌人"，相反，在他们看来，他人也有可能成为和他们一样的人。

相应地，战士原型的结构情节也从英雄—坏人—受害者之间的故事演变成了英雄—英雄—英雄之间的故事。现在的事实就是，战士不过只是这个世界上诸多英雄中的一名，但是这并不意味着英雄的承诺也因此而消失——对理想、对人、对事业或信仰的承诺。即使进入对手的世界里，战士也会全心全意地去迎接他人的信念和观点。因此，当战士原型进化到一个较高的层次之后，原本与之对立的事实或人已经不再是敌人，反而成为他们眼中潜在的朋友。"这就是我的故事。我会尽可能详实地向你解释一切，而你也可以把你的故事告诉我。"这时，英雄的任务就变成了架设沟通的桥梁，而不再是对抗或改变。

我们这一代人都曾有过蹲在学校课桌下，等待核战争爆发的经历。也许，今天的世界格局及现状已经让我们觉得这样的威胁不复存在。不过，冷战的出现使我们意识到这个地球并不安全，我们的生活可能会伴随着地球的毁灭而结束，随时随地。直面我们内心最恐惧的那条猛龙仍然需要莫大的勇气，无论是消灭它，还是仅仅站在它面前与之对话。但这份勇气也可以看成是生活给予我们的一份成长礼物。如此一来，我们挣脱了恐惧的束缚，获得了最大限度的自由。熟悉之后，战士学会了交朋友，哪怕心中仍然存留着一丝恐惧。面对恐惧，英雄并没有被吓倒，没有像匈奴王阿提拉一样陷入多疑和偏执的泥潭，也没有把困难看得过于简单或是干脆用尽一切办法去打压问题而非解决问题。在经历了这一切之后，英雄最终意识到，恐惧就是成长的邀请函。

关于英雄带着内心的恐惧与其他人交往这一点，我最常用的一个例子就来自于苏珊·格里芬的《女人与自然》一书。

在书中，格里芬写道，"一位执迷于诚实的老妇"总是喜欢向自己的镜子提问。当她问镜子，她为什么会害怕黑暗时，镜子回答说："因为你心里有害怕的理由。你很弱小，你很有可能会被动物吃掉或被人杀死。"于是，这个老妇人决定让自己变得强大，从而使自己摆脱死于非命的命运。然而，当她着手这样做的时候，她又发现自己其实很害怕变得强大。这时，她的镜子又解释说："你是什么人，这一点已经毫无疑问。要想把之前的那个你藏起来绝非易事。"老妇人遂不再隐藏自己。当下一波恐惧来袭，镜子告诉她："你害怕是因为没有人看到你看到的一切，没有其他人能告诉你你看见的是否就是事实"。于是，她决定相信自己。

许多年后，她发现自己很害怕过生日。这时，镜子对她说："有些事情你明明想做却又害怕去做，与此同时，你也知道自己已经时日无多。"听完，老妇人立刻从镜子旁走开，去"抓紧时间做想做的事情"。最终，她和镜子成了好朋友。当她的恐惧成为现实时，镜子就会为她流下眼泪。有一天，镜子中的影像问她："你现在还害怕什么？"这位老妇人答道："我害怕死亡。我害怕改变。"镜子表示同意："是啊，它们都很可怕。死亡是一扇已经关闭的门，而改变则是一扇敞开的门。""没错，但是恐惧就是钥匙。"这位老妇人笑着说道，"我们永远都会心存恐惧。"说完，她笑了。

从二元论到复杂论

一旦我们收到来自某一心理原型的礼物，这份礼物就会立刻对我们产生影响。当我们的恐惧心理不再那么强烈时，思维就能得到放松，从而开始接受复杂论。一切都已经很明确，英雄—坏蛋—受害者的模式显然过于狭隘。汤姆·罗宾斯的《蓝调牛仔妹》就是最好的例证。

书中的牛仔姑娘具备西部牛仔的所有品质，她们原本打算和美国政府派来的联邦调查员一道，让农场上闲置的起重机重新发挥效用，然而那些联邦探员此行的真实目的却是来杀鸟。发现这一点后，姑娘们立刻摇身一变，成为鸟（以及鸟所生活的自然）的护卫者，对抗这种强权文化的入侵。在最后时刻，牛仔妹的领导者得到了来自其信仰女神的启示，女神告诉她，她们应该立刻离开。因为她们根本不可能战胜联邦探员——他们之间的力量对比过于悬殊。不过与此同时，她也对坏人和英雄的概念提出了质疑。她解释说，女人的敌人不是男人，正如白人并非黑人的敌人一样。真正的敌人是“愚蠢思想的独裁统治”。

生活中发生的各种事物就是最好的动力，它们能够促使战士从更加复杂的角度，以更富有创造性的思维去思考问题及其解决之道。有时候，通过自身所经历的那些挑战，我们常常会感到坏人的力量实在过于强大，几乎无法战胜。也许，这就是女性尤其不愿接纳战士原型并加入战斗的原因，因为男人的身体本来就更强壮！

面对在武力上拥有绝对优势的英国人，甘地采用了一种更复杂的反抗方式，用一种不同于以往反抗形式的斗争方法对抗殖民者，并最终取得了胜利，解放了印度。当然，他也可以像以往的英雄那样，在战场上与对手决一雌雄，但是他选择了一种更道德的精神力量来赢取这场独立“战争”，让身为其对手的英国人也不得不表示钦佩。在美国，马丁·路德·金也选择了一种与之相似的方式。他并没有把白人看成是自己的敌人，相反，他号召他们和黑人团结起来对抗种族主义。他和他的民权运动向世人展示了一种充满勇气的力量，而他自己也因此踏上了道德的高速公路。

因材施教

当摆脱掉战士那种非好即坏的二元思维模式之后，我们也就等于在旅行的途中打开了一扇门，发现了一条新的道路。渐渐地，我们的全部战斗力量就会集中在实现目标这一核心焦点之上。

时至今日，相对于与他人竞争，高层次的战士往往更专注于自我提升。我们都知道，一个人从小到大，他的自尊都来自于真正的自我成就。无论是儿时在学校或体育比赛中取得好成绩，还是长大后在艺术、科学或经济领域获得一定的成就，我们都会因为自己擅长做某件事而自我感觉良好。所有人的骨子里都有一种努力追求自我进步的渴望，这也是人类与生俱来的一种倾向性。因此，相对于他人，与自己比较才能让我们更好地衡量自己的竞争力。又或者，我们可以放下比较，将大部分的精力都投入到追求我们想要得到的结果的奋斗中（成绩单上的A，成功的企业，在既定的跑道上跑出比以往都要好的成绩），只用一小部分时间和精力去关注那些阻碍我们实现这些目标的人或情况。

无论是思维模式的转变，还是政治制度或工作模式的转变，只有人与人之间达到一种更加平等的状态，这种转变才有可能实现。在这种情况下，要想继续保持原有的自我感觉良好的状态，我们并不一定非要比其他人更强、更好。同样地，社会的财产也不会全都集中在某个最成功的团体名下。事实上，无论是在哪个国家，社会现实都是物质财富的分配分散且不均等：所有人都在承受一定的苦难。生活的标准正在下降，那些所谓的社会成功人士看起来风光，内心却痛苦不堪，他们觉得自己就像是被囚禁于家中的囚犯，因为外面的世界已经不再安全。此外，我们也已经看到，为了追求最底层大众所定义的平等，人类最初的需求遭到了压抑和排挤。

不过，当所有人都能接受良好的教育，并在旁人的鼓励下竭尽全力做最好的自己时，经济财富就会增加，生活质量也会得到提升。

1992年，比尔·克林顿在竞选总统的时候，宣布“我们没有人可浪费”。哈佛教授霍华德·加德纳在他的《心智的架构》一书中指出，判断“聪明人”和“愚蠢人”的旧模板已经不能适应时代发展的需求，成了错误的模板。他提出了八种基础智能；没有谁同时拥有全部八种智能。因此，从这一点来说，我们每个人都需要其他人的帮助，才能全面透彻地了解这个世界。

和人类一样，心理原型也会进化。战士原型就从最初的狩猎者进化成了勇士，并进而演变成了成就者，其借助潜力创造的个人及大众财富之多已经达到了前所未有的程度。今天的人们已经能够轻松地进入这一心理角色，而且不会像祖先那样被这一角色沉重的历史阴暗面所吓倒或受其影响。

战士原型帮助我们设定目标，然后制定实现这一目标的奋斗计划。假如当你在罗列“待办事务”清单和检查清单完成情况时会萌生出一种满足感，那这就说明你内心的战士原型已经被唤醒，尤其是当那张清单如实地反映了你所渴望成就的目标的时候。

多年来，我和一位同事一直保持着定期一起吃早餐的习惯，届时，我们会设定自己的目标，然后督促和支持对方实现这些目标。之所以这样做，是因为我们俩都很清楚，很多时候，我们往往都身不由己，只能顺从其他人的工作日程安排。通过“目标早餐”所形成的责任感改变了我们的生活。为了弥补彼此目标执行力的不足，我们组成了点对点的战士小组。一年中，随着我们积极地寻求实现梦想的能量和方式，同时不再简单地响应他人的需求和要求，我们发现自己的生活变得更加幸福、生动。

在当今商业世界里，我们也能看到同样的价值取向。在商场上，人们更看重的往往是你的团队合作能力，而并非你的个人素质，哪怕你能力超群。每个工作团队都有自己设定的目标，而这一目标也是团队成员的奋斗标靶。团队最后的成功取决于每个成员是否竭尽全力为了目标而奋斗，而不在于是否有团队成员击败了其他人。

我们越来越明确地感受到，品质才是一个机构能否经受住时间考验并延续下去的关键。当这一意识应用于各个体系当中的时候，就意味每一名工作者都必须竭尽全力，为团队贡献出高品质的工作表现。当贬低其他心理原型的价值时，我们的注意力就会完全专注于品质，丝毫不关注其他任何人或事，如此一来，我们就会沦为成就的奴隶，成为一名工作狂，在不知不觉中耗尽自己的气力。然而，如果我们可以在战士和其他原型之间找到一个适合自己的平衡点，就能实现真正的卓越，而这一成就也将给我们带来更高昂的士气。在《心灵地图》中，荣格理论的分析师托马斯·摩尔坚持认为，无论何时，只要我们做到了最好，心灵就会获得莫大的满足。这种满足感可能来自于工作，也可能来自于家庭。它可能是你的薪水，或者你为之奋斗的目标，抑或是你赠予他人的一份礼物。无论是在哪种情况下，高品质的产品或服务都能映射出我们的心灵，从这一点来说，它也同样可以体现真正的自我价值。因此，做每一件事都全力以赴显然就是构建自尊的最好方法。

试想一下，有这样一个世界，生活在这个世界里的每一个人都相信自己很重要，能够为帮助其他人贡献力量。试想一下，无论是在家中、在学校，还是在娱乐活动当中，每个孩子的天赋都能够获得认同，并且得到开发和培养的机会。这时，如果每个孩子都能掌握进入其内心战士原型的方法，那么，长大后的他们自然也就会成为具备能力和责任感的成年人。在这样的世界当中，超越之前的局限性，获得空前的个人成功就不再是幻想，与此同时，构建一个更加公平、更加人性化的社会自然也就成了可能。

谦卑助你取得更多成就

傲慢是战士的致命弱点。经典的悲剧英雄（他是一名战士）之所以会从权力的高台上跌落下来，就是因为“过于骄傲”。因此，对于英雄而言，学会谦卑就显得至关重要。

在我最喜欢的亚瑟王传说中有这样一则小故事，亚瑟王一时意志薄弱，任由自己纵情声色犬马，天天都喝得酩酊大醉。一天，当他醒来时，发现自己已经被关进了监狱，而且那把确保他不会受到任何伤害的利刃埃克斯卡利伯也被人换成了一把普通的复制品，但对于这一切，此时的他并不知情。亚瑟王被告知，只要他与他的一名宿敌（此人正是埃克斯卡利伯现在的主人）进行一场决斗，就能获得释放。在决斗中，亚瑟王节节败退，眼看就要死于对手的剑下，直到这时，他才猛然想起自己的全部力量都来自于神灵的赐予。于是，他立刻开始祈祷。这时，曾将埃克斯卡利伯赐予他的湖女神现身，让这把宝剑重新回到了原来的主人手中。

小汤姆·布朗在他的《寻找》一书中所讲述的则是一个现代版的亚瑟王故事。

他仅仅带着一包衣服和一把刀就走进了森林，并且打算在那里生活一年。在一位名叫斯托金·沃尔夫的印地安教师的帮助下，他为这次冒险做了充足的准备，斯托金还教会了他如何追踪猎物。最终，布朗不仅成功地度过了寒冷的冬天，而且还十分享受这段时间的冒险生活（至少，大部分时间是如此）。

就在这段冒险生活即将结束时，他进行了一次长时间的斋戒，也就是在这时，他收获了这段生活中最具讽刺意味同时也最有意义的一段经历。斋戒12天后，他打算重新开始进食。可是奇怪的事情发生了，他之前的生存技巧突然全都失效了。在接下来的7天里，无论他追踪什么动物，最终的结果都是一无所获，他开始为自己的生存而担忧，害怕因此被饿死。因为饥饿，他变得非常虚弱，开始感到头晕眼花。这时，他终于得到了一次狩猎机会，猎物是一只小动物。眼看狩猎即将成功，他的手却突然停了下来，而且不能动弹。最终，他选择了放弃，屈服于宇宙中一种神秘的力量，甘愿独自一人承受饥饿，而就在他放弃的那一瞬间，他突然体会到一种强烈的喜悦感。下一秒，一只鹿突然出现在面前，向他奔来，差一点就撞上了他。他杀死了鹿，烹饪了鹿肉，带着感恩的心饱餐了一顿。

这种放手后柳暗花明的情况并非总是如文学作品中描述得这样超然神奇。有时候，这一情况的出现可能源于一次商业失败、一次心脏病发，或是因为失去了至亲至爱的人等悲剧的发生。总之，我们无力扭转局面，只能接受现实。面对死亡，战士的任何技能都无力回天；为了生存，战士只能“屈服”。

战士特有的生活方式是总想和自己及他人身上的“不合格”之处做斗争，这决定了他们常常会感到精力和体力透支。我曾经见到过许多人直到最后一刻才意识到这种斗争的破坏力，正全方位地折磨他们的灵魂和思想，有时甚至还会让他们的身体也苦不堪言。

也许，战士们曾经因为能够掌控自己的生活、促使某些事情的发生而感到骄傲，并会觉得自己有使不完的力气，然而，许多年后，他们突然感到全身的力气就像被吸干了一样，精疲力竭。对于许多人而言，这一转变往往发生在他们回头审视自己过去那些以目标为导向的行为的时候：极度依赖咖啡因或酒精，又或是为了保持向前、向上的状态而刻意地用害怕失败的恐惧心理来刺激自己。在后一种情况下，原本健康的渴望渐渐演变成了一种执迷不悟。这时，要想摆脱这种执迷般的状态，他们需要做的就是承认自己只是一个普通人，并非坚不可摧的超人；他们也同样需要爱，需要其他人，需要物质和精神食粮来维系生存。

对于战士而言，其最初的信心来自于战胜他人，因为这意味着，相对于其他人，他们对自己的生活拥有更多的控制权，并且能够促使事情的发生，而其他人似乎只能被动地等待事情发生。当这一控制计划落空的时候，战士迫切需要的礼物之一就是彻底放下，并重新找回自己只是一个普通人的信念，认识到自己只是一个从本质上来说和其他人没什么两样的人。我们都坐在同一条船上，我们所有人都相互依赖：我们需要其他人，我们需要土地，我们需要真理。

当战士们放下对控制权的痴迷时，他们也就抛弃了不进则退的生活观念，正如汤姆·布朗在《寻找》中的经历一样。他们想战胜所有人的原因只有一个，即一种信念：不能甘于普通。过去，不能做到出类拔萃或与众不同就等同于无能的孤儿。而在战士们的眼中，无能的人是可耻的，是不值得尊敬的。在意识到人本相同以及所有人都需要相互扶持和帮助之后，战士们的思想会开始转变，他们不仅会尊敬那些能够掌控自己生活的人，也同样会对那些放弃自我主导权或努力争取这一主导权的人表示由衷的钦佩。当英雄们放下对“更好，更强”的执迷之后，他们自然也就不会再像从前一样，时时刻刻都想证明自己，至少他们能够做到一些事情。

一开始，当战士们试图表明自己的愿望时，他们总是不可避免地陷入过度搏斗之中，其最终的结果自然是不尽人意。然而很快，他们就学会了采用更加精细而世故的方法，如此一来，他们如愿以偿的概率也就高了许多。不过，战士们最终还是必须放弃内心那种对结果的控制欲望，并且意识到自己只是生活舞曲中的一个音节。当他们做到这一点后，追求愿望的这一过程也就变成了对战士的最好的奖赏，因为这一过程会让他们返璞归真，且更加贴近真实的自我。

而奇迹往往也是从这时开始陆续发生。通常来说，当战士们放下对某一特定结果的执念之后，当他们完全将自己和自己的欲望置于他人之外，不再意图借此操纵他人或让他人对自己感到满意的时候，战士们发现，最后的结果竟然比他们预想的更好。“佛家的四大皆空”和“犹太教的超越自我”所讲述的正是这个道理。而对于一个英雄而言，这个道理举重若轻。

在古老英雄神话的结尾处，当英雄通过屠龙而战胜了自我内心的恐惧之后，战士最终回到了故乡，与心爱的女孩结婚。这样的结局既带有浓厚的象征意义，也具有非常重要的现实意义。战士最终变成了一名温柔的爱人，而这也是他参与战斗所得到的奖励。一个人如果不具备表达自身意愿和设定自我界限的技巧，就永远不可能获得一段持久的感情，他的情感之路将只有一个出口：一方征服，另一方安抚平定。这些技巧能够帮助我们与其他人、机构，乃至整个世界都建立起积极正面的人际关系。最终，战士们将凭借这些技巧和关系获悉爱的真谛，拯救自己的生活。

文学作品中，许多情侣的相识往往源于争吵。例如，莎士比亚笔下的比阿特丽斯和本尼迪克特（《无事生非》）和简・奥斯汀笔下的达西和伊丽莎白（《傲慢与偏见》）。他们每个人都有各自的长处、自尊以及使他们能够与对方周旋，从而成就一段令对方都感到满意的感情的资本。一段健康的亲密关系需要双方能够时刻保持真我，妥善地表达自身的愿望和需求，并且能够意识到自己的愿望可能会与对方的意愿呈现出水火不容的势态，唯有如此，这段感情才能为双方带来丰富而幸福的生活。

工作中的情况也同样如此。你只是工作链条上的一环：你能够发明比现有产品性能更好的捕鼠夹，但是你却无法打开新产品的市场，更无法有效地组织大规模的营销。出色地完成工作只是你在获得工作满足感的过程中迈出的一步。要想实现这一目标，接下来，你需要做的就是营造一种团体的氛围，让所有的员工、客户以及其他股东都感到自己获得了关注和欣赏。

要想让自己熟悉战士这一心理原型，你可以用从杂志上收集的任何与战士有关的图片做一幅拼图；也可以列出你认为能够表达战士思想和意识的歌曲、电影和书；或是收集正处于战士阶段的人——你的亲人、同事、朋友，甚至你自己——的照片。注意留意出现在自己身上的战士思想和行为。

战士练习

第一步

深吸一口气，然后问自己：你真正渴望得到什么？渴望是比你“想要的”更深层、更基本的要求，但并不一定就是你内心最基础的强烈欲望。你的这些渴望在目前的生活中实现了多少？

第二步

你的价值观是什么？你觉得自己必须坚守的承诺和原则是什么？目前，你执行这些道德标准的决心究竟有多大？

第三步

确定你接下来几年的目标，然后确定为了实现这些目标你需要做哪些事情、以及何时完成。创造一个责任制度，从而使你能够随时跟踪并监督自己的目标实现进度。（如果你得到了任何让你认为需要更改计划的信息，你可以即刻调整计划。）

第四步

生活中有哪些事情在你看来似乎偏离了预定轨道？你会如何对待它们？设计一套行动计划来纠正这些错误，并加以实施。

05 展示你的慷慨：利他主义者

当我开口，以男人和天使的口吻说话。假如没有爱，我就是一面喧嚣的铜锣，或是一副丁零作响的铙钹。即便我拥有预言能力，掌握了世间所有的知识，能够理解所有神秘的事物，甚至于我拥有所有的信仰，能够搬走大山，假如没有爱，那么我什么也不是。我放弃所有，甚至将我的躯体烧为灰烬，可是假如没有爱，我什么也得不到……信仰、希望还有爱，三者不可或缺，但是其中最伟大的仍然是爱。

——《哥林多前书》

把自己交给更伟大的事物

你钟爱至深，甚至愿意为之奉献生命的是什么？你的孩子，你的配偶或伴

我们不仅要承受磨难，
而且还要在承受磨难的同时，
一直保持对生活的热爱和勇气，
以及爱护他人的能力。
无论遭受到怎样的苦难，
都不会将其再传递给另一个人。

侣，还是你的父母？如果你付出自己的生命就能换得世界和平，或是让饥饿从这个世界上消失，自由长存于大地之上，你愿意吗？你是不是十分关注自身工作对于这个世界的影响，就像你关心它能为你换回多少钱，或多高的社会地位一样？你最珍惜的是什么？你愿意把自己的什么奉献给这个世界？你想给这个世界留下什么？

在远古时代，英雄们都是为了一些比自己更伟大的事物而生活，为了自己的国家，为了历史，为了家庭，为了原则，为了爱，或者为了真理。或许，他们生存的动机并不相同，但是从根本上来说，英雄们都肩负着超然脱俗的生活使命，有义务为自己，更为这个世界创造全新的生活。现在，我们所生活的这个时代充满了各种挑战和机遇。今天，我们所做出的个人选择最终都将成为构建明天这项庞大工程中的水泥砖瓦。进步不会不请自来。进步源自于由个人组成的集体决策，因此，个人的决定不仅关系到自身的未来，还将对整个社会、人类乃至这个世界的未来产生深远影响。

利他主义者原型① 为哺乳动物的大脑增添了一抹鲜明的人性光辉，就像之前的战士原型对爬行动物的大脑所产生的影响一样。哺乳动物不仅哺育幼仔，而且喜欢相互依偎着入睡，并且形成了一种持久的纽带联系。当猎食者向哺乳动物族

---

① 在本书的前两个版本中，我在提到充满爱心、甘愿牺牲自我这一心理原型的时候，采用的是“殉道者”一词。在撰写本书的时候，我感到“殉道者”一词带有一种贬义。为了不让人们在联想到内心那一部分更高尚的自我时受到这一词语贬义含义的影响，我不得不用另一个词语来为这一原型命名。然而，即使是在更名之后，这一原型也仍然会要求我们放弃一些东西，这其中除了我们能够轻易抛舍的事物或观念之外，还有一些我们难以割舍的东西。事实上，我们常常会面对一些让自己两难的要求：放弃或给予他人一些东西，而这件东西又恰恰是我们想保留下来的。生活按照其自有的方式向前发展。例如，很多在事业上取得成功的人早期往往专注于证明自己和积累财富，等到了后期，他们注意力的焦点就会转移到慈善事业上。此外，一旦你组建了自己的家庭，生活的内在平衡性就会逐渐显现出来，有时甚至从一开始就有所展露。也许，在工作中你是一位奋勇前进的战士，可是回到家，为了支持自己的配偶、伴侣或孩子，你情愿牺牲自己的任何渴望或需求。

在过去，“殉道者”一词常常会勾起人们对某个人或团体的尊敬和钦佩。这一词语的意思是那些情愿为了坚持原则，为了爱或帮助他人而牺牲自己的性命或所珍视的财产。然而，极具讽刺意味的是，牺牲几乎已经退出了历史的舞台。我们在街道上常常可以见到无家可归的流浪者、孩子和老人蜷缩在被遗忘的角落，而且富人和穷人之间的鸿沟也在日渐加宽、加深。在这样一个时代背景之下，似乎没有人愿意慷慨地交税，或是为私人慈善组织捐款，也不愿花费自己的时间去纠正这些不公平的社会现象。当代社会的自助文化为原本高尚的行为贴上了极其醒目的“相互依赖”标签，从而让这种行为渐渐销声匿迹（这也和一些不恰当的给予和帮助有关，因为有些人恰恰正是利用你的帮助来实现自己的私欲或继续自己的癖好）。由此有些人渐渐形成了一种奇怪的观点，即你原本认为自己的心理是健康的，可是关心、照顾别人的行为却让你不由自主地认为自己这样做，大概是心态出了问题。其实不然。

群发动攻击的时候，族群中年迈、孱弱和患病的个体会自发地走到群体的外围，为了种族的延续而甘愿牺牲自己。爱、关注以及有需要时做出自我牺牲，这些都是我们的哺乳动物祖先遗留给我们的财富。利他主义者原型可以帮助我们唤醒意识中这些沉睡的美德，从而使得我们不仅能够选择爱的人，而且还能够决定我们是否愿意为他人牺牲自我，以及何时完成这一牺牲。

当利他主义者原型在生活中开始崭露头角的时候，它就能帮助我们在自己与古老的哺乳动物祖先之间建立起一种全方位的联系。和其他所有心理原型一样，利他主义者原型表达其主旨思想的范围很宽，从最具体的生活琐事，到最抽象的思维概念都有所涉猎。在原始社会当中，人类祭祀同类是为了表达对神灵的敬畏。随着文明的发展，这一原型则体现为许多伟大的英雄、宗教圣人及殉道者为了自己的祖国或信仰甘愿牺牲自我。在我们生活的时代，利他主义者原型就体现在为了成就团队的胜利而抛弃个人得失，为了孩子放弃自我，以及为了他人甘愿付出的这些行为之中。

助人为乐能产生满足感

在古代文明中，神灵已经为人类提供了殉道者的原型，他们的死亡与重生往往都和肉欲有着不可分割的关联。譬如说，希腊神话中的狄俄尼索斯就被认为是一个任何女性都无法抗拒的男人。在狄俄尼索斯式的仪式中，其追随者会围绕在他身边（就像摇滚明星的歌迷簇拥着其心中的偶像一样），擒住任何他们能够接触到的东西。最终，他们会达到一种精神上的狂喜状态，近似于癫狂的他们会一拥而上将这位神灵撕成碎片。但是，伴随着新的一年的到来，狄俄尼索斯总是能够起死回生，重新回到他们身边。

希腊的依洛西斯秘密宗教仪式就通过关于丰饶女神德墨忒耳以及她的女儿珀尔塞福涅的神话故事向我们揭示了四季的起源。掌管地府的冥王哈德斯对珀尔塞福涅一见倾心，爱情（或者说贪欲）使他丧失了理智，劫走了这位丰饶女神的爱女。遭受丧女之痛的德墨忒耳伤心欲绝，整日以泪洗面，忘记了促使作物生长。由于庄稼歉收，饥荒随即蔓延开来，人间民不聊生，以至于众神之王宙斯不得不出面干预，让珀尔塞福涅重返人间，从而化解这位母亲的悲痛。当女神再次见到女儿之后，庄稼和花朵也再次焕发出勃勃生机。然而，由于珀尔塞福涅在地府里已经吃下了石榴种子，所以每年她必须回到地府生活一段时间，而她回到地府的这段时间就是人间的冬季。

一些宗教中关于人类延续的基本教义都是相似的，即死亡和牺牲是获得重生的先决条件。无论是在自然界，还是在人类的精神世界里，这都是一条最基本的法则。德墨忒耳和珀尔塞福涅的神话故事很有可能起源于农业的发展。几千年来，人们聚集在依洛西斯和世界上的其他地方，学习农业、人类出生以及死亡的过程。在农业耕种当中，种子被撒到了土地里，在接下来的一段时间，土地看起来没有任何变化，但最终，种子将会破土发芽。至于人类的延续，卵子需要遇到精子，受精后进入子宫生长发育，直到九个月以后，新生命才会降生。当我们死后，遗体被埋入地下，看起来，我们似乎永远地离开了。然而，依洛西斯的女祭司告诉我们，正如种子能变成果实，卵子受精生长发育为新生命一样，死亡其实正是重生和新生命的开始。

孤儿寻求的是一种能够让自己摆脱痛苦和损失的拯救，而利他主义者与其恰恰相反，他心甘情愿地接受这一切，并且把它们当成是一种潜在的转变。如果一个人深爱自己的孩子，那么，失去这个孩子对他而言就是最残酷的终极牺牲，这比让他牺牲自己更痛苦，更难以接受。从其象征意义来说，甘愿牺牲自己“孩子”的行为代表此人已经走出了孤儿自我陶醉的小自我思想。而要做到这一点，我们需要首先明白给予和爱心不仅会发生在一切都顺理成章的时候，也会出现在某些不合时宜的时候，令我们倍感为难，甚至让我们觉得付出需要以牺牲自我为代价。

同样地，佛教教义推崇的也是通过放弃自身欲望去寻求纯粹的生活方式。这似乎有悖于我们一贯的思维模式：我们内心的满足感并非来自于欲望获得满足这一事实，而是来自于为了更加崇高的祝福而牺牲自我的行为。

在当今这样一个追求快乐和幸福的世界上，某些人认为牺牲和殉难似乎已经不再是什么时髦的词语，但是几乎所有人的灵魂仍然以各自的方式坚守着这一信念。其基础就在于一个统一的认识：“我并不是这个世界上唯一的人。”有时候，我们决定做某事并不是因为我们很想做，而是因为这样做能够给他人带来好处，或是我们相信这样做是正确的。假如我们想和其他人建立充满爱的人际关系，有些自我牺牲是不可或缺的。而且，我们都知道，当我们伸出手帮助他人的时候，随之产生的快乐和自尊虽然不会令我们感到狂喜，但的确能让我们感到满足。甚至有科学研究表明，助人为乐能够增强我们的免疫系统功能。

教会我们懂得生命本身

死亡就是自然界延续的基础，理解这一道理也是接受自我牺牲的一部分。每年秋天，树叶的凋落正是为了大树在来年春天能够抽出新芽，蓬勃生长。所有动物的生存——包括人类在内，都是以进食其他生命为基础。无论我们如何反驳，人类始终是自然界食物链中的一环。人类以其他植物和动物为生，而人类的排泄物反过来又能滋养大地，从而孕育出更多的植物。所有生命的呼吸都依赖于我们与植物的共生关系，我们吸入氧气，排出二氧化碳，而植物则吸入二氧化碳，释放出氧气。死后，我们的身体将会腐烂，然后滋养土地。这就是生存科学教会我们的道理。

我们的生命就是我们对宇宙的贡献。我们可以带着一颗爱心将这份珍贵的礼物赠送出去，又或者，我们以为自己能够避开死亡，从而紧紧地攥着这份礼物不愿松手。可事实上，死亡在所难免，没有谁能例外。所以没有好好地活一次就步入死亡，这实在是这世上最糟糕的生存经历，也是对生命的极大浪费。利他主义者教会我们的最重要的一点就是懂得“生命本身就是一种奖励”的道理，从而使我们能够懂得为了付出而交出这份生命的礼物，同时牢记所有发生在我们生活中的死亡和失去其实都只是一种转变的过程，一种获得新生的方式。真实的死亡并非结束，而是一条通向未知世界的充满戏剧色彩的道路。

除非我们愿意将自己完全交付于生活，不然，死亡就会像一把悬在头顶的利刃，让我们无法安眠。我们可能会从思想上排斥自我牺牲的观点，但是总有一天会发现我们为了自己渴望的流浪、战斗，乃至于我们所期待的奇迹而甘愿牺牲，而这是不可避免的事实。我相信，为了自我以外的事物牺牲自我是人类一种与生俱来的本性。就在我写这本书的同时，我年仅21岁的女儿正把自己关在剪辑室里，没日没夜地工作。而她这样做只是为了完成一部旨在帮助吸毒少年，使他们放弃毒品好好活下去的教育录像。在此之前，她还从未因为某个目标而如此投入地做一件事，但是现在，因为爱，她做到了真正的废寝忘食。

在一些机构当中，我遇到过许多人，这些人的工作动力完全来自于一种责任感——要让这个世界变得不一样。这些人原本可以挣更多钱，拥有更多休闲时间，可是他们宁愿舍弃这一切，去做他们认为更重要的事情。因为他们知道自己的这一行为能够帮助其他人，为此，他们宁愿忍受长时间的会议、烦琐的文件以及长时间的劳作。

罗伯特·奎恩在他那篇被认为是管理类的经典文章《深刻改变》当中指出，在当今社会，那些被认为是商界英雄的领导者必须将更多的精力和注意力都投入到自己对整个世界的贡献上来，而不能仅仅拘泥于自身在公司内部的升迁。他说，这个世界现在需要的就是充满想象的领导力。在和一支管理团队讨论开发一份设想陈述的时候，他向在座的人大胆地提出了一个问题：你们是否愿意为了这份设想放弃自己的生命？当然，他这样说并非真的要他们奉献自己的性命。他们可能会失去的只是一份工作。按照这一新的模式，成功的基础并不是你挣了多少钱，而是你为这个世界做出了多少贡献。奎恩的观点就是，这种发生在经济世界及社会生活中的模式转变要求领导者将机构及社区，乃至全社会的利益置于个人得失之前。

我们绝大多数人都明白，在个人生活当中，构建一个健康和谐的家庭往往需要我们心甘情愿地为了家中的其他人抛开一些个人的欲望。任何一位为了照顾生病的孩子而彻夜不眠的父母都很清楚，哪怕第二天他们再困再累，今天晚上也一定要守在孩子的身边。任何一个身处于恋爱关系中的人都知道，为了让这段感情能够延续下去，有时候就得抛开自己固有的行为方式和需求。绝大多数夫妻在婚后都曾经历过“战士”般的生活考验：在一场意愿大战之中，夫妻双方互不示弱，都想在对方身上留下自己的印记，使其从此遵循自己的原则。当他们的计划失败之后（这种计划往往都只能以失败告终）夫妻双方才渐渐从两个彼此为敌的个体演变成一对具备“我们”意识的夫妻。此后，他们所做的很多选择和决定并不是因为这样做对“我”最好，而是因为这样有利于“我们”。

真正的激情能够为我们提供完成牺牲所需的能量。譬如说，骑士文学中，骑士们为了证明自己对爱人的爱，愿意做任何事情，哪怕承受苦难，甚至牺牲生命，而这种精神也是骑士文学极力推崇和鼓励的对象。在故事里，骑士的付出最终还是获得了回报，他不仅赢得了对方的爱，还捍卫了自己的原则，证明了自己的勇气并获得了荣誉。这种愿意为爱而奉献自我的骑士同样也会绝对效忠于自己的国王，并且甘愿在有需要的时候为自己的国家奉献一切，乃至生命。

许多人接受了一些收入并不理想、升迁机会也很渺茫的工作。他们在托儿所、老年人之家以及社区社团或其他用服务改变他人生活的地方默默无闻地工作着。我们当中几乎没有人知道他们是谁，但是他们每天仍然在努力地让这个世界变得更加美好。尽管他们所收获的奖赏无法转换成物质奖励，但是只要他们知道自己正在为他人提供真正有用的帮助，就会感到自己的生活是有意义和价值的。

英国王妃戴安娜死后，社会大众所表现出来的那种真实的悲痛就是利他主义者原型在这个社会上所引起的共鸣。戴安娜完全可以做一个以自我为中心的女孩，然而，她却把大量的时间花在了她认为是“她的工作”的那些事情上，慷慨地资助照顾需要帮助的社会组织和团体。人们正是因为这一点才如此热爱这位王妃。早在她最初对艾滋病人表示出极大的关心，并且发起社会运动，号召人们关心那些仍然受到伤害的人们的时候，人们就已经开始对她的这些奉献活动做出积极响应了。

今天，人们眼中的英雄并非凌驾于生活之上的超级救世主，事实上，他们也和我们一样，需要面对那些日常难题，在反复挣扎后做出艰难的决定。人们之所以热爱戴安娜王妃就是因为她并没有拒大众于千里之外，相反，她非常乐于与人们分享她的困难，让人们知道她贪食，并且毫不掩饰自己在实现了所有女孩梦寐以求的梦想（嫁给王子）之后所体会到的那份失望和失落。从这一点来说，人们欣赏她并非因为她高贵的身份，而是因为她是一个普通人，一个有伤痛但不乏优点的普通人。英雄不会对需要帮助的人或事袖手旁观，他们会果断出击，直到完成使命。英雄总是行走在死亡边缘，从某种程度上来说，这也让他们看起来显得既可敬又真实。其实，我们所有人都能做到这一点，而方法就是真实且完整地生活。从心理上来说，这一能力又与我们渴望付出的意愿有关：全身心地去爱，哪怕我们知道这样做可能会给自己带来伤害和痛苦；全心全意地去实现职业目标，完成工作，哪怕我们可能需要面临失败、贫穷或颗粒无收，哪怕这样做不会获得他人的欣赏和理解；然后安详地死去，因为这就是我们为自己曾经活过所付出的代价。

学会拒绝无理的牺牲

尽管牺牲带来的结果有好有坏，参差不齐，但是牺牲这一行为却并不为大多数人所认同，这是因为在过去，牺牲是被指定的，而非牺牲者主动选择的结果。假如你因为父母、教会或学校的原因，必须牺牲你个性中的核心要素才能成为他们眼中的“好”孩子，你的感觉自然好不到哪里去。

假如是在被动的情况下被迫牺牲，那么，这种牺牲所造成的伤害和损失将可能难以弥补。男人们所背负的期望就是，在现代社会这座“原始丛林”里，他们必须保持自身的竞争力，并且在需要的时候能够保护自己的家庭和财产。女人们则需要学会营造一个充满爱和温馨的家庭环境。这一保护家人不受风暴袭击的个人庇护所的存在完全取决于女人的牺牲大小，她们不仅需要为抚养子女而牺牲自己，还要为这个家庭做出更多更大的牺牲。由于男人选择去外面的大世界征战，女人很自然地就只能专注于家庭这个内在的小世界，负责为双方提供充足的给养。在现实生活中，这种分工意味着，为了照顾他人，女人只能牺牲自己对创造的渴望和能力，以及她们对成功的渴望。这种分工之所以会削弱女性的权利主张，原因就在于对她们而言，牺牲不是一项个人成长的任务，而是一种界定其人生的标尺。此外，关于爱和牺牲的神话也常常被用来教育女性，使她们忠于这一传统而带有局限性的社会角色。

尽管社会并没有寄予男人以看护和照顾他人的期望，但是社会文化也同样对他们这一角色进行了定义和分工。而这就意味着为了给家人提供衣食住行，他们往往不得不冒险去做一些危险的事情，而冒险就意味着牺牲。此外，充满阳刚之气的战士原型也会助长我们内心的利他主义者原型，因为战士不仅要求我们每个人都必须参与战斗，取得胜利，而且如果有需要，还要自愿地为了这份崇高的事业而牺牲自己。更何况严格自律的战士早已牺牲了自己的一切，只为能够完成任务。有时候，在我看来，那些因为工作压力过大而死于心脏病发作的人，其实是死于一种难言的伤心。因为他们认为从来没有人真正关心过他们，人们在乎的只是他们能够为公司和家庭带来利益，创造物质财富。

只要你想一想那些典型的美国妈妈或犹太妈妈，你就会明白这种毫无自我可言的传统女性角色对一个女人的影响究竟有多大：她们不仅没有任何机会去展示女性那种与生俱来的高贵气质，就连其原本具有的博爱精神也都完全被扭曲和抹杀了。这一角色带来的除了痛苦，就是试图操纵他人的心理以及各种令她们感到愧疚的行为。同样，那些不由分说就被委以供给者重任、完全不顾其内在渴望或思想的男人，从他们身上我们看到的是一种自以为是的大男子主义气概，而这也是他们渴望证明自我，渴望对自己未能享有真正的生活做出的表态。当人们迫于角色期望而为其他人放弃自己想要的生活时，往往都不可避免地想要当事人为自己的付出做出补偿。正因为如此，我们才会看到妻子用刻薄的口吻痛斥自己的丈夫；爸爸妈妈在责骂孩子的同时又心存愧疚；以及从事一份不体面职业的男人在回到家后对家人们发泄些心中不快。

在大多数情况下，牺牲往往是没有回报的。妻子放弃了自己的工作（或晋升机会），或是干脆做她能做的一切去帮助丈夫或孩子。然而，她发现他们不仅没有对她的牺牲心存感激，反而越来越习以为常，把她的付出当成了理所当然的事情。对此，她也许会默默地接受他们这种贬低其自我价值的消极行为，并且一再地告诫自己："我只是一名家庭主妇。"一个男人靠收集垃圾养家糊口，让他伤心的是他的家人（包括他的妻子）却因为其职业的缘故对他羞于启齿，哪怕他这样做完全是为了他们。一名员工为了公司牺牲了自己的周末和夜晚，却依然得不到重视。从事诸如教师或育婴员这类职业的人为了照顾他人牺牲了自己的收入——这类工作者的收入相对较低（除非他们能够像战士一样崛起，组成联盟）。

事实上，人们常常在目睹其他人为另一些人牺牲自我之后，认为这些甘愿牺牲的人没有任何自尊可言，于是，他们在对待这些人的时候也会缺乏应有的敬意。

好心的人们建立各种慈善机构和项目，用以帮助那些贫穷的人。绝大多数的受益者都会以正确的态度面对这些帮助，然后借助它们重新站立起来。在这一过程中，他们尊敬并且认同他人为自己所作出的牺牲。当然，也有一些人会利用这些慈善项目谋求私利，并且把那些支持这些项目的人当成是傻瓜、白痴。有些人则用得到的津贴或补助来满足自己的一些自私行为。残酷的现实和人们的冷漠严重打击了利他主义者的这种无私的行为，渐渐地，个人乃至整个社会对于这种慈善机构和项目的态度也发生了转变，人们不再像从前那样不计得失地付出或是认真地监督所有资源的来龙去脉。在这种情况下，伪利他主义者正好利用这一无法避免的转变，将其作为自己推卸社会责任的借口，不过，具有更高尚思想的个人则会利用自己的智慧进行自我调节，用一种"严厉的爱"去帮助那些有需要的人，让他们的生活从此发生变化。

保持对生活的热爱和勇气

关爱他人是我们选择的一种生活，也是对抗绝望的利器。哪怕这份关爱是以自我牺牲为代价，这也是几千年来人们一直在努力学习的精神课程，而且，正如我们已经看到的，它是一些宗教的精髓之所在，是现代存在主义理论的核心思想，也是进步政治的组成部分之一。无论何时何地，英雄指的永远都是那些为自己以外的某种事物而活的人。

最近，我和一位朋友谈及本书，他说，在他看来，英雄就是能够承受住生活考验和苦难的人。当我继续问下去的时候，他解释说其实他的意思并不仅于此。他继续说道，英雄不仅要承受磨难，而且还会在承受磨难的同时一直保持他们对生活的热爱、他们的勇气，以及爱护他人的能力。无论遭受到怎样的苦难，他们都不会将其再传递给另一个人。他们会接受它，然后宣布："苦难终止于此！"

按照利他主义者最基本的道德原则，母亲为了孩子牺牲自我是应当的。届时，她们的女儿也会反过来为自己的孩子做出牺牲。父亲和男孩们则应该自愿为国捐躯，如果祖国召唤他们的话。每个人都应该为真理做出牺牲，又或者，说得更准确些，他们在美好事物的感召下，牺牲被他们认为错误或有罪的那一部分自我。牺牲是生活得以延续的基础。

当思想攀升至更高的层次时，意识便带着它那种由个人选择所产生的转变力量进入了牺牲的领域。

在约瑟夫·海勒的《第二十二条军规》一书中，故事的主人公约塞连意识到，自己生活在一个完全被苦难所主宰的社会体系中（第二次世界大战中的一支军队里），每一个苦难的受害者都在千方百计地加害其他人。"有时候，有些人不得不做某事。每一名受害者都有过失，而每一次过失都有其受害者。有时候，有人不得不坚持自身主张，从而试图去打破会加害所有人的顽固的恶习链。"尽管他一再地被告知他所执行的空中轰炸任务是为了挽救自己的国家，但是他发现这次秘密任务的目的其实就是维系国际贸易。于是，他中止了飞行。约塞连知道自己不可能安然无恙地继续自由生活，他所在的部队一定会把他送上军事法庭。但是，面对这种毫无意义的飞行任务，他仍然选择了拒绝，而他的这种拒绝也的确产生了一些积极的作用。至少，他实践了自己的价值观，重新获得了完整的身心。更有甚者，他的这一范例也许会促使更多的人效仿其行为，拒绝执行空中轰炸任务。到那时，这一苦难的连锁反应也许就会被打破。

约塞连意识到，自己被迫做出的牺牲不仅会对自己造成伤害，而且还会对其他人造成毁灭性的打击。只要他继续执行空中轰炸任务，他就等于屈从于强权，屠杀那些本不应该死的人们。不过，做出拒绝执行任务的决定也同样需要他付出牺牲，也许，他不得不放弃令人尊敬的身份，从而失去他人对他的尊敬，并且在回家后失去就业的机会。然而，这一牺牲也令他发生了一些转变，因为这是他对自身所处的特定情境所做出的恰当而充满勇气的反应。

那我们又如何判断自己的付出是否值得呢？当你的付出是有意义的时候，你会感到这种付出与你内在的自我十分协调、统一，是一种内在自我的外在表达形式。最终，我们将会通过自己愿意为之付出生命的事物而了解自己是什么样的人。譬如说，像马丁·路德·金和伊扎克·拉宾那样伟大的殉道者，他们对自己和自己所从事的事业怀有一种至高无上的信念，以至于他们绝对不会容忍半点有损于其灵魂和信仰的行为，不然，他们也不会宁死也不妥协。对于特蕾莎修女而言，情况也同样如此。她一生都致力于帮助那些无家可归或在死亡线上挣扎的人们，因为她这样做是在顺从内心的呼唤。对于我们许多人来说，决定何时做出牺牲，以及做出多大牺牲，往往能够帮助我们了解“我是谁”。

接受也是爱的表达

单纯的付出并不改变什么，除非有人接受了你的付出。如果有人送了一份礼物给我们，而我们拒绝了，虽然这样做并不会造成多大伤害，但也同样不会给双方带来任何好处。如果某人给了我们一些东西，但我们却利用它们来满足自己的不良嗜好或纵容自己的坏行为，那么，这种付出的结果是有害的；如果我们由此而萌生出一种理所当然的念头，接下来，我们也许会源源不断地收到更多的礼物，可这样的礼物却永远不会引起我们的关注。结果，其他人中止了向我们赠送礼物的行为，因为他们的礼物看起来显得那么渺小，丝毫没有受到接受者的重视。

一旦我们将自己定义为某种特定情况下或某段关系中的付出者，我们可能就不会注意到在付出的同时我们也是一名接受者。这一点在父母的身上体现得尤为明显。

我记得，就在我的女儿莎娜大约四五岁那年，有一天，我结束了紧张的工作回到家，急匆匆地做好饭，催促着她快点吃完，然后又急急忙忙地把她和她的朋友送去学体操。由于上体操课的地方离家很远，所以我只能在那儿等她们下课。就在她笨手笨脚地原地转圈的时候，我已经饿得只想咬自己的舌头了。一个半小时后，课程结束，我再度急匆匆地把她带回家，然后马不停蹄地给她洗澡，送她上床睡觉，给她讲临睡前的故事。直到那时，我都一直没有吃晚餐，也没有时间换下身上的职业装。

当她要我唱歌哄她睡觉的时候，我用一种十分严厉的口吻回答道：“我累了。有时候，你也得为我着想一下。”就在她转身准备睡觉的时候，莎娜伸出了她的小手，抚摩着我的脸颊说道：“妈妈，我一直都想着你的。”她稚嫩的话语中充满了爱意，让我觉得她真的看到了我的付出，也真的很爱我。就在她抚摩我的那一瞬间，我感到自己仿佛突然又有了力气。当然，这就是她送给我的礼物，以此回报我在下班后不辞辛劳地为她做饭，送她上课。我始终一心一意要做一位全心付出、不求回报的妈妈，当女儿用如此简单、诚实的方式向我表达爱意的时候，我及时地感受到这份纯真的爱。当孩子向你张开双臂，兴高采烈地迎接你，并且大叫道“妈妈回来了”或“爸爸回家啦”的时候，那种感觉真的棒极了！

在抚养莎娜的过程中，我与女儿建立了一种全新的关系：我不仅学会了如何玩耍，而且体会到了从日常生活渗透出来的欢愉和爱。当我完全接纳这种新关系和这份感受之后，我发觉我从她那儿得到的一点儿也不比我为她付出的少，至少这二者旗鼓相当。我和女儿之间的交往几乎从来都是双行道，有来就有往。心理医师会从他们的病人那儿获取更多的临床经验，老师也能从自己的学生身上学到不少东西，牧师可以通过教众学习和了解更多。当这种内在的能量不能通畅地在双方间流动时，一定是某一方或中间环节出了问题。如果付出和接受都能够在毫无阻碍的情况下实现，那么，双方得到的总是会比自己付出的要多，因为这一过程在增强这一能量流动的同时也丰富了在彼此间流动的能量。掌握适时适度地付出或牺牲就像学习打棒球一样，并不容易。在最初的尝试阶段，我们往往会显得格外笨拙。人们可能会曲解我们的付出行为，以为我们这样做无非是想得到些什么作为回报。又或者，就像那些放弃自身工作的母亲，以及那些为了养家糊口而不得不从事自己讨厌的工作的父亲一样，我们的付出常常会过犹不及。不过，熟能生巧。通过反复地实践和练习，付出和接受就会变得自然而容易，看起来就像飞盘游戏一样简单，轻轻一甩手，飞盘腾空而起，然后一抬手，飞回的飞盘便落在手中。

对某些人而言，付出让他们苦不堪言，因为他们觉得当飞盘被传回来的时候，他们必须做到能够控制一切。如果他们的思想已经被这种念头所占据（当他们在一垒把球扔出去后，必须从一垒再把球接住）他们最终很可能会感到失望至极。不过，扔出去的球迟早会再回来——从三垒，或从左外场。

我们通过这种自在的方式付出越多，最后得到的也就越多，因为憎恨会把一切都塞得满满的，包括我们自己在内。换言之，它不会让任何人空手而归，除非我们误解了牺牲，将空置看成是最终的结果，而非过程中的一个环节。在这种情况下，我们往往会如愿以偿，得到我们预期中的一切。

在学会付出和接受之后，我们就能进入到一种付出和接受的能量流之中，而这正是爱的本质——互惠互利。按照这种流动方式，能量从来不会单向行驶。我为你付出，然后你也给予我一些帮助，如此一来，我们双方就都接受并体会到了彼此之间的能量流动。耶稣教导我们："像爱自己一样爱你的邻居。"然而，牺牲的含义被误解后就变成了"爱你的邻居，而不是爱自己。"

要想让爱具备转变的能量，首先必须先接受爱。正因为如此，耶稣才会在最后的晚餐中让自己的信徒"为了记住我"而吃下面包和饮酒。希伯来人尽情享受特殊的逾越节食物，以此庆祝成功逃出埃及，也都是出于同样的原因。吃这种行为本身就是一种表示接受礼物的信号，因为礼物只有在被接受之后才能真正成为一件礼物。"有意识地接受"原本就是一个艰难的选择，与此同时，这一行为还意味着承担责任：接受一方，而拒绝另一方。是的，我愿意嫁给你，而不是他。是的，我想和你一起工作，而不是他。

有时候，我们无法接受礼物是因为我们害怕，我们担心在接受它之后，就不得不回报或偿付给予者。这种契约式的付出可能会演变成一种变相的操纵。我们可以通过自己的直觉，识破隐藏在礼物背后的那些带有不良意图的附加条件，然后坚决地予以拒绝，不过，我们也应该意识到有时候，我们之所以拒绝完全是出于对回报付出者的恐惧。

当我们将自己对爱人的期望表达出来后，双方的沟通状况将会大有改善。几乎所有人在与人相处时都会不自觉地犯一个错误，那就是我们付出往往源自于自己想得到，而就在我们满心欢喜地付出的同时，可能没有想到其他人想要的也许是其他不同的东西。我曾经与一个男人交往过，他觉得我并不是真的爱他，因为我连为他缝衬衣扣子这样的小事都没做过。当他把这一想法告诉我的时候，我感到十分生气，因为我觉得他根本就是一个大男子主义者。后来，我渐渐意识到我之所以如此生气并不是因为气他想让我做一名传统意义上的女性，而是因为他关于表达爱意的观点和我完全不同：他认为，爱一个人就会为这个人做这些微不足道的小事。而在我看来，向一个人表达爱意的方法就是对他说“我爱你”，然后和他分享内心的秘密。因此，我也觉得他并不爱我，因为我并没有意识到他帮我归还已经过期的图书馆借书就是他对我爱的表达。如果我们想继续这段恋情，我们就必须了解对方的想法。在工作中，情况也同样如此。

信守承诺会让你成为高贵的人

对许多人而言，哪怕只是想一想对其他人做出郑重的承诺，都会让他们心存恐惧。举例来说，嫁给这个人也许是个不错的选择，可是如果结婚后我又遇到了更喜欢的人，那我该怎么办？或者，他在婚后离开我了呢？假如他的事业并不成功呢？如果他和他妈妈一样，那我该怎么办？如果他得了癌症，我不得不照顾他一辈子吗？承诺意味着冒险向未知的将来许诺，可是比这更可怕的是，承诺要求我们放弃心中关于完美对象的观念，而去爱一个真实的、并不完美的人。当我们最终出于偏爱，诚实而自由地做出这一婚姻的承诺时，承诺的结果将会令我们和我们的生活发生一系列的改变。假如承诺是双向的，互惠互利的，那么，这一承诺就能为我们带来一段亲切而快乐的婚姻生活。假如情况并非如此，它仍然能够令我们发生自我转变，因为通过这次承诺，我们学会了全心全意、义无反顾地去爱一个人的技巧。而且，我们也知道即便失去了我们最爱的那个人或某样东西，我们也同样能够继续生存下去。

生活也同样如此。承诺过这种生活意味着放弃之前那些关于世界应该如何，以及爱是何物的刻板观念。当然，这样的生活并不等于我们就无须再努力工作，从而让这个世界变得更加美好，或是让我们之间的关系更进一步。这只是意味着我们因此能够放下失望的理想主义者姿态，让自己明白活下去就是一种祝福和幸福。我们允许自己接受一切。接受的承诺还意味着放弃我们脑海中关于“不足”的思想——因为准备不充分，所以不能出行；我还不够好，你也不够优秀；即使拥有整个世界也不够。在这种生活当中，我们相信我们拥有足够的爱、商品和空间来让我们感到开心和幸福。

在这个科技时代，无论走到哪儿，诸如手机、车载电话、传真机以及电子邮件之类的现代化办公工具都随处可见。结果，我们所谓的“回家”只是理论上回到了家中，身体和思想仍然继续处于工作状态。有这意识的人也想延长自己和爱人、孩子、父母和朋友在一起的时间，并且提高相处时的质量，因此，他们花时间自我完善，内省，学习他人，理清自身的价值观，他们还会积极地投入到一些必不可少的锻炼以及社区服务当中。

今天，我们当中的许多人都会被“生活贪欲”所累，并因此备受折磨。在20世纪80年代末90年代初，学习战士，想象并实践自己想要的一切成为一种社会潮流。这一潮流产生了一定的积极效应，因为许多人因此而发现我们可以比自己想象的做得更好，得到更多。不过，就在同一时期，富人和穷人之间的差距也在加速拉大，渐渐变成了一道几乎无法逾越的鸿沟。有些人实现了自己那看似不可思议的梦想，而另一些人则失去了自己的家园，不得不流落街头。利他主义者号召我们：不仅要关心自己的家人，而且要关心我们的社区；不仅要关爱那些外形和行为与自己相似的人，也要关爱那些与自己迥然不同的人。

对于那些条件相对有利的人而言，生活变得越来越忙乱，甚至让人觉得拥有一切真的是可能的，任何人都有可能成为他梦想的那个人。今天，利他主义者可以帮助我们放下心中的完美主义，充分认识到我们很有可能无法拥有一个完美的孩子，我们的家庭也不会像我们想象的那样完美无缺，我们也写不出伟大的小说，或是成功地爬上公司阶梯的最高层。至少，所有这一切不可能立刻、同时实现。此外，这一原型还能让我们花更多的时间去关心他人，而不是一心专注于自己的成就；并且让我们意识到自己应该更频繁地去拜访自己的邻居，从而创造一个真正和谐的社区或与他们携手解决社会问题，而不是一门心思只想着追赶并超越他们。

在战士文化中，个人成就似乎就意味着生活的全部。然而，假如我们手中富余的物资越来越多，而其他人却食不果腹，我们自己又能从这一现状中得到什么呢？充满爱心且有意识的选择可以为我们提供源源不断的帮助，协助我们在个人野心与慷慨之间找到一个适当的平衡点。最终，我们将会通过自己做出的选择进一步地了解自己，了解我们的内心世界。例如，为人母者为了帮助正值青春期的孩子不得不从繁忙的事业中抽身。数年后，当她们看到当年的同事纷纷超越自己，取得了不朽的个人成就时，其内心的羡慕之情自是不言而喻。然而，如果她们没有忘记这是当年自己的选择，并且能够花时间想一想孩子因此而收获的利益，那么她们那种觉得自己被生活欺骗了的感觉就会戛然而止，相反，她们会认为是生活让她们成为一个高贵的人。

爱惜自己和身边的人

在成功地战胜恶龙之后，英雄通常会找到自己梦中的白雪公主（或白马王子），并且迅速与其坠入爱河。真正的利他主义源自于爱。我们最初的爱就是我们的父母，随后才扩大至亲人和朋友。有时候，我们也许还会对某位老师或其他年长的成年人萌生出一种汹涌如潮水般的情感。随着年龄的增大，我们开始体会到浪漫的爱情。接着，我们可能会有自己的孩子。当我们真的爱一个人的时候，为此人付出就是一种莫大的幸福和快乐。我们并不会觉得自己这样做是在牺牲自己。你注意到了吗？当年幼的孩子做了任何让其父母喜笑颜开的事情时，他们都会感到由衷的开心，快乐之情溢于言表。同样地，当父母为孩子的茁壮成长而付出，他们也会无比开心。当我们将自己的爱奉献给一个非常特别的人的时候，在给伴侣带去快乐的同时，自己也会感到特别幸福。

也许，你会成为一个工作团队中的一员，而所有的团队成员都对团队任务信心满满、志在必得。在向目标迈进的过程中，你所在的团队可能会遇到十分棘手的难题。这时，身为团队成员，你们没有互相指责，反而团结一致，努力克服困难。团队成员渐渐被一种永久性的纽带联系在一起。其间，如果你需要做一些与自身工作毫不相干的事情，你也丝毫不会在意。相反，你还会为自己能够帮助别人，帮助整个团队而感到高兴。

当自然灾害降临时，人们通常会放下原有的竞争意识，转而帮助他人，这也是一个国家的人民在面对灾难时的反应和行为。这时的人们不仅清楚地认识到自己和其他人已经被同一条纽带连在了一起，大家都需要彼此的帮助，而且也深刻地体会到了人类生命的脆弱。譬如说，当被告知一颗原子弹即将在人们所在的城市爆炸，在被问及他们会怎么做的时候，人们往往会回答说，他们会给一些人打电话，告诉他们自己很爱他。此外，当我们和其他人一起陷入相同的困境时，我们往往会自然而然地卸下防卫，拉近彼此间的距离。有时候，我们甚至会把一些关于自己的事情告知对方——我们通常都会认为这些事情过于私密而不愿与人分享。

利他主义最真诚的表达也同样源自于爱。当我们真正爱上某人的时候，我们就不会觉得自己孤身一人。我们能够得到多少金钱、认可和关注全都取决于自己与他人相比较的结果。在利他主义者文化中，人们之所以应该得到金钱、认可和关注完全是因为人们在乎这些事物。换言之，他们既无须具备某种特定的天赋，也无须为之格外努力。他们只需要做好自己即可。

在杰西·伯纳德的先锋社会学研究著作《女性的世界》一书中，作者向读者描述了自古以来就存在于女性的私密世界与男性的公共世界之间的差异。私密世界的运作原则与利他主义者原型宗旨一致，而公共世界里所执行的标准则与战士原型的准则如出一辙。因此，伯纳德和一些人认为我们的经济理论完全建立在男性在其公开世界中所获得的经验和体验之上。于是，我们由此推断出人们所做的经济及职业决定完全出自于个人利益：努力工作，从而挣更多的钱，获得更高的社会地位和更大的权力。我想说的是这一分析并不是错误的，只不过分析结果不完整。

伯纳德指出，女人遵循这一套几乎完全不同于男人的生活准则。无论是在家里，还是在社会上，女性的工作都得不到任何回报，也无法为她们赢得任何晋升的机会和可能性。即使女性从事了一份有偿工作，她们的收入也较低，而且她们提高收入和社会地位的机会也微乎其微。因此，女性的工作完全是出于一种爱和责任，而并非为了获取个人利益。在这一女性世界当中，你为他人付出并不是为了得到更多，而是因为你爱他们，或是因为你能够看到他们需要你的帮助。

在《圣杯与剑》当中，作者伊安·艾斯勒追溯了这两个同时存在的世界的起源——当时，战士军团征服了以农耕为主的、崇拜女神的其他民族。在注意到分别存在于这两个社会的平等主义及阶级制度这两大本质之后，她将这两个世界分别命名为合作社会和支配社会。

女性遗留给这个世界的财富被我们低估了，就连学者及理论家也常常忽视它们的价值，直到最近这一情况才略有好转。有时候，除非拿进学校做研究，或是经由媒体报道，不然，我们往往很难注意到身边正在发生的事情。时至今日，仍然有许多女性（以及一些男性）依然在按照利他主义者文化的规则生活。写到这儿，我想到了两名女性，她们不仅对我十分重要，而且对于我关于利他主义者生活方式的理解也起到了同样关键的影响。其中一位女性天资极其聪颖，却把几乎所有的时间都用于陪伴丈夫旅行，而她自己也为此放弃了多次发展个人事业的大好良机。尽管如此，无论走到哪儿，她都会极力满足人们的需求——她为他们辩护，为他们提供信息和有帮助的建议，帮助他们装饰房子、画壁画，为他们做饭。在旅行途中，她总是尽可能地奉献自我，为沿途接待她的主人家庭带去帮助。有时候，她会得到一些报酬；有时候，完全是无偿劳动。不过，她也总是能够得到她需要的东西。在她看来，这样的生活方式自然而舒适。唯一的问题就在于，在其他人看来，她的成就远远不及她的同龄人，因为她从一开始就没有沿着大家认知的职业轨道前进。

另一名女性多年来一直孜孜不倦地帮助有色人种、妇女以及残障人士。无论哪里有人需要帮助，她都会立刻赶到那里。她经常效力于那些报酬极低的非营利性组织，并且乐于担任各种志愿者，帮助他人（在她自己的闲暇时间里），为他人购买礼物（这些礼物绝大多数都是非产业化的手工品，因此，从这一点上来说，她也同时支持了那些挣扎求生存的艺术者）。她并非靠此为生，而她这样做也并非因为某些根深蒂固的神经官能症（称神经症或精神神经症）。她的这种行为是一种完全自由的、源自于爱的行为。

这两名女性所遵循的都是女性世界的生活法则。当然，男人也通常会涉足这一利他主义者的领域，哪怕与此同时他们也参与了战士在公共世界中的事务。男人在各类慈善活动中的表现也很积极，他们会热心地帮助人们走出困境，投身于一些宗教协会发起的各种活动之中。正如女人会为邻居送上可口的菜肴一样，男人们会在邻居有需要时帮助他们建房子或修理各种家用设施。在美国西部，修建社区农仓就像是妇女们围在一起做的缝纫活儿一样，都是边疆生活的一部分。一位我认识的事业有成的咨询师告诉我，他之所以能够成功，就是因为他从来都不会过多地考虑金钱或报酬。当他看到有事情需要解决的时候，他就会去做。有时候，他也因此而获得了优厚的报酬；而有的时候，他只是简单地贡献了自己的力量，仅此而已。结果，他不仅收获了丰富的物质财富，而且还赢得了众人的尊敬。

在20世纪的最后20年，女性进入公共世界的人数开始迅速增加。与此同时，沟通技巧和人际交往智慧也取代了过去那种自上而下的权威体制，成为领导力和团队合作的关键要素。政府项目也开始适当地帮助社会上有需要的人。尽管美国总统林登·约翰逊使用的仍然是战士的语言“向贫穷开战”，但是该运动的意图本质上却是利他主义者思想的一种表达，而并非被我们认为是国家精神的战士思想。渐渐地，士兵会把向饥饿的人们发放食物也当成自己的职责之一，就像他们在战场上冲锋杀敌一样。

或许，可能是因为来自核战争的威胁，越来越多的人开始意识到这样一个事实，用诗人W·H·奥登的话来说，就是：“我们必须互相爱对方，不然就只能死。”在新的全球经济大环境下，工作团队呈现出多元化的发展趋势，因此，无论我们的背景如何，学会关注并关心那些似乎不同于自己的人，就成了生活在今天的人们需要面对的一大挑战。从太空中拍摄到的关于地球这颗美丽星球的照片，照片中的地球就像是天空中的一颗宝石，闪闪发亮。但是这颗大宝石上并没有任何国界的标志物——这就是最强有力的证明，从中我们不难看出所有人过去以及现在的旅程都已经密切地交织在了一起。

那些展现出利他主义者本质的人会全心全意地关爱其身边的所有人，他们这样做不仅仅只是出于善心，而是因为他们真的相信大家都是一家人。当他们面对的是一个肤色和服饰皆不同于自己，就连表达思想的方式都显得有些奇怪，甚至令人不适的异族人的时候，利他主义者也同样会把他看成是自己的兄弟姐妹。

对于利他主义者而言，生活在我们这个时代不得不面对的一大挑战就是接受那些通常被认为具有私密性的爱、体贴、分享以及合作精神（至少，在他们看来，这些都是仅限于在同性群体中交流和使用的情感或帮助），并且在公共及商业生活中将它们表达出来。与此同时，今天的利他主义者也已经意识到，战士原型与利他主义者原型之间的失衡已经导致了我们邻里关系间社会交际网的破裂。一方面，越来越多的女性已经加入到了工作团队之中（并且接受了越来越多的战士特质）；另一方面，同样的能量转变在男性群体中却鲜少见到——重视关注、关爱他人的男性依然还只是少数。

在《美国大城市的生与死》一书中，都市问题专家简·雅各布解释道，当年长的妇女坐在门廊上，密切注视着周围的一切时，其邻近地区的治安情况往往会更好，更安全。不过，即使早前的性别角色并没有获得恢复，我们的邻里社区也同样可以重新变得安全宜居。当我们的文化价值观和我们对竞争及成就的尊敬齐头并进的时候，这一愿望就能获得实现。简言之，当传统女性的价值在男性世界中能够获得与男性相同的尊重时，这一愿望就能实现。届时，家庭及社会就能像工作一样，得到男性及女性的同等重视。

在过去，人类心理的发展总是因为被分配以不同的群体角色而过分简单化，毕竟，每种群体角色都只用到了人类潜能的一部分而已。今天，随着生活复杂性的日益加剧，以及传统性别角色分工体系的崩溃，我们不得不随之提升个人心理的复杂程度以及平衡性。

不过，当社会对不同性别的人的定义及分工都大有不同的时候，夫妻之间的亲密关系就会在进展到一定程度之后由于受到一种内在局限性的限制而停滞不前。今天，男人和女人之间的亲密程度远超从前，原因就在于我们正在学习如何与对方分享更多的自身体验和观点。男人并非一定要把女人当成异性，反之亦然。男人和女人都能够接近并唤醒内心的战士及利他主义者原型。

当男人和女人都在“证明自我”和“慷慨地生活”之间找准了适合自己的平

衡点之后，社区、工作乃至全社会就会呈现出一种更和谐的状态，各项职能的运行也会变得更加流畅。战士通过教授我们原则、技巧以及专注于品质的方式，让我们实现自我繁荣；与此同时，利他主义者则会通过鼓励我们分享自己的财富，带领我们走进一种真正富足的生活。

付出和收获

战士原型生活在一个不富裕的环境中。利他主义者原型则能够帮助我们完成从不富裕到富足的转变。当我们学会适度且有技巧地付出和接受之后，结果所带来的魔幻效应一定会令我们感到震惊。几年前，我有幸参加了一个放弃仪式。一些印第安种族经常会举行这样的仪式，我所见到的就是对这种仪式的一种模仿形式。这一仪式让我看到了放弃那些你不再需要的物品并满足其他人的需求。这两种行为浑然天成，原本就是一个整体，而且不会给付出者带来任何伤痛。在参加仪式前，我们被告知可以带一些自己十分珍惜（但并不具备特定的纪念意义），并且准备放弃的东西来参加聚会。我们将自己带来的这些东西放在神坛上，然后，逐一从神坛旁走过，拿起自己想带走的那件东西。事后，当我们谈论起这件事的时候，大家惊讶地发现，每个人都得到了一件适合自己的礼物。通过这次活动，我深刻地体会到：同步性的奇迹（有意义的巧合）真的会发生，而且还会频繁发生！

假如不储藏，所有人都能享受到富足带来的满足感。我们需要做的就是真心地欣赏并珍惜那些想得到并且已经拥有的事物，与此同时，果断地放弃那些不再需要的东西。我们并不一定要时刻警惕地坚守某件物品，就像随时带把雨伞出门以防被雨淋一样。如果我们可以做到坦然地付出，就会自然而然地得到我们需要的一切。

20世纪70年代，美国经历了一系列的能源“危机”。尽管供给十分充足，但是我们认为汽油已经变得十分稀有。由于担心出现“油荒”，当时有许多人都囤积了不少汽油。极具讽刺意味的是，这种担心身边物质匮乏的恐惧最终竟然成为我们对自我实现状态的一种准确描述。当人们认为自己拥有的已经足够多了，并且乐于与人分享的时候，充实感和满足感便会占据人们的思想。富兰克林·罗斯福在1933年说过的一句话至今仍然具有十分重要的现实意义："我们唯一需要害怕的就是恐惧本身。"

当我们感到害怕时，我们就会囤积、储存。被锁在抽屉里一美元的价值永远都只有一美元，无论我们将其储存多久，结果依然如此。假如这一美元被花掉了，或是用于投资，又或是赠予他人，这一美元的价值也许一转眼就能翻十番，变成十美元。在一年的时间里，即使并非每天都能发生交易，这一美元通过交易也有可能创造出相当于3000美元的价值。从本质上来说，金钱只有在循环状态下才能创造出更多的财富。商品也同样如此。如果所有人家中的阁楼和地下室里都塞满了我们并不需要的商品，许多人就会缺少他们需要的物品。如果我们都把自己不需要的东西以传递的方式散发出去，每个人能够分享的能量就会变得更加丰富。此外，时至今日，当今世界的全球化共存特性决定了世界上任何一个地方的金融风暴都会对远在千里之外的人们产生深远的影响。如果每个社会都能做到至少确保自身运转良好，那么，小到每个人，大到每个国家都能从中受益。一个国家的人民越富足，他们通过战争来解决问题、释放能量的可能性就越小。关系融洽的贸易合作伙伴反目成仇的概率还是很低的。

许多教会让人们缴税，说缴税可以让他们的生活更加富裕，事业更加繁盛。按照上文中阐述的道理，我们并没有捐钱给教会的必要。我们把钱捐给慈善事业或政治组织也同样能够达到这一效果。几年来，有两个人一直通过邮寄储蓄卡的方式给我寄钱，对此，他们解释说自己想像缴纳什一税一样，每周向精神导师缴一笔费用。什一税生效的原理就在于这一行为能够给人带来一种富足、繁盛的感觉。如果我拥有的足够多，从而使我可以从收入拿出一部分帮助别人，从心理上来说，我就会因此而获得一种满足感，从而使得我能够敞开心怀接受这个富足的宇宙。

政府指望每个人都能按时缴税——事实上，对于大多数人而言，税额的比例往往都大大超出了收入的十分之一。当我们内在的流浪者原型被唤醒后，他往往会把缴税当成是一种强加的要求。战士则恰恰相反，他十分支持税收。因为军队和其他政府职能的运作都需要税收的支撑，唯有如此，一个国家才能始终保持其竞争优势。然而，利他主义者却是由衷地赞成缴纳合理数额的税款，因为他相信我们每个人在享有个人权利的同时也肩负着同等分量的集体义务和责任。利他主义者知道，除非共享富足，不然社会就无法正常运作。如果强势的一方始终是胜利者，而弱势的一方始终扮演输家的角色，最终的结果就是这个世界将会充斥着各种犯罪，贫穷和疾病肆虐，环境灾难接二连三，与日俱增的政治压迫所引发的暴动和革命时刻威胁着这个国家及其人民的生存。利他主义者不会对税收有任何怨言，相反，他只是希望政府能用这些钱为人民谋取福利：铺路，修建学校，帮助那些无法自助的人。

当所有人都获得了开发和培养自身潜力所需的全部能量后，社会上各种能量汇总后所具备的能量简直大得惊人。当有足够的资金用于投资的时候，创新层出不穷，生产力也会一路攀升。确保每个人都能为这个世界贡献自己的能量，最终将会换来全世界范围内的繁荣和富足。

尽管人们抱怨圣诞季的商业气氛过于浓重，但这仍然是一个付出和分享的时间。我们会去看《美丽人生》之类的电影，或阅读查尔斯·狄更斯的小说《圣诞颂歌》，这些作品全都向人们传递了一个明确的事实：假如我们紧紧地攥住自己的财富，我们的生活泉水就会干涸；如果我们用自己的生活去点亮他人，我们就会生活在一个充满爱的氛围之中。正是出于这种对爱和体贴的关注，人们才会为自己所爱的人购买礼物。事实上，这种购买行为的确促进了经济的繁荣。也许，有些人渴望能够过一个更加真诚的精神意义上的圣诞节，但是实际生活中的圣诞却实实在在地让我们明白了，只有体贴和关爱才能让一段感情持久且蓬勃发展的道理。

战士原型把金钱当成是保持竞争力的方式，认为竞争既有赢家也有输家，而利他主义者却把金钱当成是从其他人那里得到的一张感谢卡片，或是从社会上获得的对于勤勉工作的嘉奖。因此，这些钱完全可以用来感谢其他那些为这个世界或为我们个人付出并贡献了自己力量的人。付出去的钱也恰好完成了付出和接受的最后一环，使之成为一个完整的循环，与此同时，我们也提升了自尊，改善了人际关系。因此，按照利他主义者的世界观，我们并不需要以贫穷为手段去要挟他人，保持自身的生产力。你是不是也曾有过这样的体验，你相信自己的贡献对于公司来说是举足轻重的？如果你这样认为，你就会知道自己工作的动力是什么，也很清楚自己的生产效率能达到一个怎样的水平。我们在付出时感觉越自如，内心的恐惧就越少，我们将这种行为当成是自我牺牲的可能性就越小，认为这是在为所有人创造富足、充裕的生活方式的可能性相应地就会越大。

要想让自己熟悉利他主义者这一心理原型，你可以用从杂志上收集的任何与利他主义者有关的图片做一幅拼图，也可以列出你认为能够表达利他主义者思想和意识的歌曲、电影和书，或是收集正处于利他主义者阶段的人——你的亲人、同事、朋友，甚至你自己的照片。注意留意出现在自己身上的利他主义者思想和行为。

利他主义者练习

第一步

寻找机会，用和善且体贴的态度对待其他人。每天都想办法去帮助一个人。不断尝试着敞开自己的心门，善待那些你爱的人，以及陌生人。无论在什么情况和环境下，都积极地思考自己在这样的环境下能够做的最富有爱心的事情是什么。适时调整自己，使自己能够时刻关注那些依赖于你的人：配偶、父母、孩子、朋友以及雇员。留意他们的需求，以及你能为他们做什么。

第二步

注意所有你钟爱的人、活动以及地点，尤其是在这份爱令你感到轻松或赋予你能量的时候。花一定的时间感谢自己的这些体验和感受。留意这些关注为你所带来的那些满足感（而不再用一种理所当然的口吻来谈论那些使你获得这份满足感的人和事）。开始有意识地增加从事你喜欢做的事情的时间，或是和你珍惜的人在一起的时间。

第三步

把自己想象成一名慈善家。关注自己究竟能够为外界那个更大的世界做出哪些贡献——时间、金钱或技术。关注那些触动你心弦的事件、事业或组织。斟酌后决定自己已经准备好奉献出多少比例的时间和金钱。仔细思考你的哪些智慧和能力可以令社会受益。竭尽所能地实践自己奉献社会的承诺。

第四步

请记住：在开始上述努力前首先必须做到爱惜自己。留意究竟什么样的奉献方式才是最适合你的，才能让你内心的利他主义思想得到最真诚、最直接的表达，才能提升你的自尊和生活质量。一旦你发觉目前的付出无法令你感到满足，请即刻停止这种付出行为，代之以其他更真诚、更能代表你内心感受的付出方式。

如果我们选择用欣赏的眼光去看待我们已经拥有的一切，
并且让生活中积极的事件和环境引起自己的共鸣，
我们就会突然之间变得更加快乐、幸福。

06 实现幸福：天真者的回归

她是她歌唱世界里唯一的创造者。

当她歌唱大海，

无论大海本质如何，都会成为她的歌曲，

因为她就是创造者。

而我们，当我们看到她独自阔步向前，

心中明白从来就没有为她而设的世界，

除了她过去歌唱过的，现在歌唱着的，以及创造出来的那个世界。

——华莱士·史蒂文斯《基韦斯特的秩序观念》

梦寐以求的幸福

你是不是也曾经渴望拥有更好的生活？你是不是认为生活原本可以不那么艰难？如果你这两种感受都十分强烈，又或是很多时候都能体会到发自内心的那种真正的宁静和满足感，那么，你就已经做好了回归天真状态的准备。这也就意味着你随时都能得到一直以来梦寐以求的幸福——只要你愿意让自己进入这一转变过程。

在开始这段旅行之前，天真者生活在一个尚未堕落的世界，一个充满生机的伊甸园。在那里，生活是甜美的，在充满爱和体贴的温馨氛围之中，一个人所有的需求都能得到满足。对于生活在现实世界中的我们来说与这种天堂般的生活体验最相似的就是我们的童年了。当然，这也只是针对那些拥有快乐童年的人，又或是，刚刚坠入爱河的人，或经历某种神秘体验的人。即便从不曾拥有过如此理想的生活经历，人们可能也会在希望的推动下不断前进，去寻找这一经历，渴望获得宁静、幸福而安全的生活。

那些告诉我们最终将会获得帮助的故事总是具有极大的抚慰作用。在谢尔·希尔弗斯坦那篇为他赢得许多文学奖项的儿童故事《爱心树》当中，一个小男孩在大树的树荫下玩耍，还吃了树上的苹果。当他长大后，大树把自己的树枝给了男孩，作为他盖房子的材料。许多年后，当男孩渴望出海航行的时候，大树又把自己的树干给了男孩，为他做了一艘船。最后，男孩老了，重新回到大树身边。此时的大树十分伤心，因为它已经一无所有，什么也给不了男孩，可是男孩说他只是需要一个坐的地方。于是，男孩坐在树墩上，而大树就像之前每次为他付出时一样，“他高兴，它就高兴”。

如果生活像故事中描述的那样轻松该多好呢！某些人可能会质疑，这个世界上真的会有人如此关心另一个人吗？或者，那棵大树真的很开心吗？它真的是心甘情愿地为男孩牺牲自我吗？作为局外人，我们的视角更加清楚、客观，因此我们也会由此产生一种疑惑：这个男孩是否太过于自私呢？他难道就没有意识到自己的要求和行为会让大树付出沉重的代价吗？

深度认知自己及他人

在踏上旅途之前，我们大都是通过一种儿童的视角去看待和体会内心的天真，这也就意味着这种体会中包括了很大一部分有意识或无意识的依赖心理。婴儿和孩子会很自然地以为其他人一定会照顾自己。然而，即使已经是一名成年人，尚未经历过堕落的天真者也仍然会带着一种想当然的思想接受身边的一切及其能量，并且认为上帝就是万能爸爸（或妈妈），会竭尽全力保证人们的安全——只要这个人是好人。

这种天真对于婴幼儿和孩子来说是一种非常自然的思想状态，然而，在一生当中，我们内心的一部分自我始终都会牢牢地攥住一种期许，渴望能够确保自我完全安全，期待能够获得无微不至的关心和全心全意的爱的期许。许多人相信，只要自己一直遵循父母、教会、权威人士、老师和老板设置的行为规则，他们就能一直保持这种天真状态。然而，极具讽刺意味的是，最终葬送其天真的反而正是他们这种试图保持现有天真状态的行为。当有些人全力以赴的时候，他们往往会变得刻薄，而这时，那些不守规矩的人反而得到了心仪的女孩（或男孩），挣了更多的钱，又或是得到了更多的关注。更糟糕的是他们也许已经发现自己的生活因为这种专注于完美的原则而开始僵化，毫无乐趣可言。

不过，只要我们踏上自己的旅途，还是有机会体会到重返伊甸园时的那种欢愉感的。当我们结交了新朋友或沉醉于一段新的恋情中的时候；当生活因为充满各种可能性而闪闪发光的时候；又或者，当我们为一汪纯净的湖水、一座高耸的山峰或一朵可爱的玫瑰花而震撼、而敬畏的时候。也许，我们还能够像孩子一样重新体验那种备感安全和备受呵护的感觉，与朋友或爱人在一起的时候，身处于诊疗室或工作间的时候，或是某些精神能量高涨的时刻，那时，我们会觉得自己就像宠儿一样被充满善意的神灵捧在手心，百般呵护。

然而，总体来说，成长过程中的大部分时间，要求我们在一个已经堕落的世界里去了解生活。在那里，许多人并不关心我们的福祉，就连我们的朋友和爱人也有可能背叛或打击我们，而且还有许多人正虎视眈眈地注视着我们，企图对我们加以利用和欺骗；在那里，我们可能会遭受严重的伤害，甚至一蹶不振，而上帝似乎也距离我们很远，根本感觉不到我们的困境，又或者，根本就不存在所谓的上帝。不过，尽管如此，我们内心中仍然会存有一些信念或希望，拒绝接受源源不断从外界传来的“世界已堕落，生活本艰辛”的信息。至少，我们的一部分自我仍然会继续寻找实现内心乌托邦的可能性。

渴望重返神话中的伊甸园是人类生活最强大的动力之一。我们对自身行为中有害行为以及失败行为的定义标准就来源于此。通过狂热地追求那些我们自认为的幸福必需品，让这个地球以及我们每个人都变得具体而直观。但令人感到讽刺的是，我们虽然能够找回安全、爱和富足，但获取这一结果的唯一方法却是需要开始寻找自己的人生路。然而，绝大多数人似乎都想直接跳过这一过程，收获最终的奖励！

我们内心的孩童思想把天堂想象成了一个能够满足我们所有需求以及各种念头的地方。成长则要求我们抛弃这种不切实际的幻想，唯有如此，我们才会努力学习和工作，获得从内在到外在的竞争力装备。在旅途的终点，我们将会收获此次旅行的奖品，即进入承诺中的那片乐土。不过，这并不意味着我们就能得到所有梦寐以求的东西。事实上，这只是一种意识状态，这一状态要求我们必须深度认知并尊敬自己及他人。

这种回归治愈了我们内心那个受伤的孩子，也让我们彻底摆脱了受害人的思维模式。除非实现了这一心理回归，不然，任何一种旨在治愈人们——学生、工人或普通公民的内心创伤，使他们重获力量的计划或努力都将以失败告终。此外，如果此举遭到了精神世界的抗拒，我们也无法成功地完成这一心理回归。只有当我们开始把自己当成是一种精神存在的时候，我们才会对宇宙有足够的信心，才能担负起自我治愈和医治这个社会的职责。

精神财富

事实上，世界上所有宗教都有各自用来描述整体状态的方法，并且都会用各种方式促成人们对其神性的确信。佛教徒称之为“开悟”，基督徒则称其为“转意归主”。绝大多数宗教都设置了一些练习，旨在帮助教徒达到这一状态。譬如说，犹太人的卡巴拉就告诉了人们能够与神性实现统一的冥想技巧和练习方法。此外，许多人在自然的状态下也同样能够体会到这种神人合一的感受。你可以通过以下这些方式进入这种意识状态：

皈依某种宗教；

神秘的经历；

一种恍然大悟的感觉，而你则从中获悉了宇宙或自身生活的意义；

一股突如其来的快乐或平静感；

感到你或他人有神性；

一种源于对自然、宇宙或生活创造出来的奇迹而萌生出来的敬畏之意；

一种对自己的强烈而毋庸置疑的感觉。

以下则是一些英雄追寻宝藏的事例。在亚瑟王的故事里，骑士和淑女寻找圣杯并不是因为其材质珍贵，而是因为在他们与圣杯相遇的那一刻，他们的脑海中会出现一些将改变其人生的想象。兰斯洛特找到圣杯后感到一阵狂喜，从而陷入了昏迷，整整一天后才清醒过来。

渔王的神话故事与亚瑟王的故事十分相似，故事中，英雄们寻找的是一条圣鱼。将鱼当成是宝藏的渊源来自于早期基督教的教义，其中，鱼被当成是一种秘密符号（例如，他们会在地上画一条鱼，从而确认对方的身份）。正如鱼来自大海深处，想象也是来自于我们潜意识的深处，其作用就是令我们的意识发生转变。如果我们从宗教的角度来看，那么，在这一时刻，我们就与神性（按照基督教教义，即基督耶稣）建立了某种联系。

在许多童话故事和传说中，英雄在经历过漫长的追寻历程之后，最终会发现一些深埋于地下的宝藏。圣地亚哥保罗·科艾略的小说《炼金术士：一个关于追随梦想的寓言》中的主人公在一棵无花果树下发现了一个装满金币的箱子。这棵树就长在已经倒塌的教堂的圣器室里，而这里恰恰就是他旅行的起点。许多英雄在自家后院里发现宝藏，这让圣地亚哥感到有些疑惑：既然宝藏就在家里，那他当初又何必要舍近求远呢？后来，他恍然大悟，自己的朝圣之旅才是真正的宝藏。尽管他发现的那些金币可以使他成为一名富人，但是令他感到开心和幸福的却并非这些物质财富。旅行让他的生活充满了快乐，事实上，找到金币是发生在他获得幸福之后的事。

这些故事可以帮助我们找到思想中的那片净土，而我们所有的发明和创造力，乃至生活都发源于那片净土。在这片净土上，我们能体会到存在于内心的神性。不过这一次，我们不再是孩童，而是像一名成年人一样，清楚地意识到我们其实就是神性的一部分。

随着我们的成长，我们渐渐开始把自己看成是他人的合作者，积极地配合他人，完成我们在这个世界的工作，不会再像孩子一样，依赖别人。而且，我们会担负起照顾他人和回馈社会的职责。这要求我们必须认识到人与人之间相互依赖的事实，因为这不仅是我们宣布并承担起维系伊甸园健康发展的个人职责，而且还让我们清楚地意识到伤害和苦难也是伊甸园生活中的一部分。

努力让自己看上去很好

假如天真者执着于让自己符合传统意义上的“好”的标准，那么，回归就会偏离正轨。有些信息告诉人们，只要我们坚守道德或取得足够的成就，就能被豁免其他人不得不承受的终极审判和痛苦。

当天真者了解到生活要求他们做的并不仅仅是被动地等待援救的到来，他们往往就会把希望寄托于下一个能带给他们成功或幸福的计划。于是，天真者非常努力地工作，希望能够以此取悦上帝、他们的老板以及伴侣。为此，他们渴望得到的回报就是爱和尊重。假如情况并非如他们设想的那样，他们就会觉得自己有义务做点什么，从而获得认为自己应该得到的奖赏。

电影《莫扎特传》就是用一种近乎病态的极端方式向我们展示了人类的这一倾向。影片的主角萨利埃里在年幼时曾与上帝进行过一笔交易，他说，如果上帝能让他成为一名伟大的作曲家，他就会勤勉地学习、服从上帝的旨意，并且始终保持自己的贞节。简而言之，他会做一名有道德的人，以此作为成就其梦想的回报。他成了一名出色的作曲家，对上帝的安排以及自己的这一现状也深感满意，直到他遇到莫扎特。莫扎特对上帝既不服从，外表上似乎也缺乏应有的尊敬，而且放荡不羁，然而经他所谱的乐曲却堪称完美，根本没有任何可修改的空间。一直以来，萨利埃里都自认为是一个理想的人，可是莫扎特的出现却让他得出了这样一个结论：上帝选择了名不见经传的莫扎特，而不是道德的萨利埃里。对于萨利埃里而言，这种极大的不公平是他无法承受也无法忍耐的，所以他决定向莫扎特和上帝宣战，并且在莫扎特临终前偷走了他的安魂曲。

在萨利埃里眼中，莫扎特也许的确不够好，可是他却是一名不折不扣的天真者——他完全信赖自己的灵感。表面上的那些不道德行为其实只不过是他在追求高于自我的生活而已。他根本无法停止创作，哪怕是在生命弥留之际也同样如此。对于他而言，他之所以无法停止创作并不是因为他是一名工作狂，而是因为他根本无法抗拒内心，无法逃避渴望表达艺术的那股冲动，而这也是他生活的原则和动力。

人们经常用冠冕堂皇来掩饰内心的怯懦。能够为管理者提供简单易行的组织发展规划往往会极具诱惑力，吸引众人的眼球。正如能即时生效的承诺和令人获得成功或启迪的书一样，许多人之所以服从于传统的性别角色及分工原则，原因就在于这些角色和原则为他们提供了一种替代性身份，获得这一身份后，发掘原本未知的自我看起来就显得多此一举了。

当女性在工作中遇到麻烦时，譬如说，如果她害怕失败，那么，她所发现的战士文化就会令她感到举步维艰；又或者，她会感到精疲力竭，因为除了外面的工作，她还必须担负起全部的家务。她似乎可以借用这样一个看似冠冕堂皇的理由来逃离这一切，可以说自己是为了孩子而辞去工作，留在家中，打理家务。因为按照我们的文化，她的这一选择完全符合传统角色分配，是道德的。当然，决定留在家中照顾孩子、老人或身体虚弱的亲人是正确的选择，但是假如用它作为借口逃避内心的恐惧，我们就是在欺骗自己及他人，而这一做法也是一种极不诚实的行为。

在华盛顿特区，几乎所有从高位上退下来的从政者都会真诚地说，他想回归自己的生活，花更多的时间陪伴自己的家人。有时候，情况的确如此，但是有的时候，他却是借助于这副“家庭牌”帮助自己不说出离开的真实原因——究竟是因为政党意见不合，还是因为已经厌倦了政治，不想再从事这份职业，出席任何正式场合。

如果我们总是一而再再而三地试图用其他人的道德意识来约束自己，我们就会最终失去重返伊甸园的机会。哈里特·阿诺德小说《玩偶制作者》中的主人公格蒂是一个身高6英尺的山里女孩，她出奇的聪明，却总是习惯性地忽视自己的智慧。她理想中的天堂就是一个名为提普同庄园的家庭农场，和家人一起在农场中工作，同时追求自己的雕刻梦想。尽管她已经存够了买农场所需的钱，但是她却一再地听从别人的观点。结果，她渐渐失去了所有原本挚爱的东西。

最初，她听从了母亲的观点，一个女人的职责就是和自己的丈夫在一起。格蒂的丈夫为了找工作去了底特律，于是，她离开家前往底特律与丈夫汇合，而她也因此失去了买下提普同庄园的机会。接着，由于听信了一个邻居的话，她失去了自己最喜爱的女儿。这位邻居告诫她，决不能让凯茜玩洋娃娃。结果，凯茜为了偷偷地玩洋娃娃，死在了一列火车的车轮之下。

格蒂是一名很有天赋的雕刻家，但是她并没有认真对待自己这份职业，反而把它称为“愚蠢的小玩意儿”。作为一名阿巴拉契亚地区的山里女人，她没有得到任何鼓励、重视和帮助。她的目标是雕刻一尊“大笑的耶稣”雕像——与常见的被钉在十字架上受刑的耶稣截然相反，这也正是她心目中的耶稣形象。最能体现格蒂无视自我及其追求的行为就是在小说的最后，她劈开一块樱桃木，开始制作小塑像和耶稣十字架，因为只有这样的作品才有市场。从其引申含义而言，这一行为对于格蒂来说相当于完全放弃了自我。

“大笑的耶稣”是存在于格蒂和我们所有人心中的一种对于神灵的想象。在这本小说刚开始的时候，格蒂喜欢看妈妈完成雕像。小说最后，格蒂劈开樱桃木的画面充满了浓重的悲剧色彩，因为她的这一行为不仅背叛了自己，也违背了她心中的那个梦。然而，即便是在这个时候，她内心的希望也尚未完全破灭。当我们背叛自己的智慧、完整性以及尊严的时候，我们都会感到怯懦。尽管小说写到这儿就结束了，但最后的一段话让我们知道，格蒂的这一自我毁灭的行为反而使她升华了对自我的理解，将其提高到一个全新的层次。当她的家庭需要钱，她不得不劈开樱桃木做小塑像的时候，她为自己这一行为找了一个借口：她找不到一张适合耶稣的脸。在小说结束的时候，当格蒂说出“数不清的脸，每一张都很好……我的邻居们就站在小巷里，他们都会做完的”的时候，她就已经实现了天真者的回归。

格蒂总是很努力地去做每件事，从而让自己不偏离正轨，而这也是小说故事中最大的讽刺。她越努力，她的生活就越糟糕。问题的关键就在于她其实无须通过反抗自我的方式来证明自己的勇敢和魄力，她只需要相信自己真正喜爱的那些人或事就行了，而她也能向身边的人展示其高贵的人格。最后，格蒂终于明白，她只需要做好自己，诚实地面对内心，她的梦想就能实现。那样，她就能拥有自己的提普同农庄，和家人一起生活在庄园里，并且完成她的雕塑。回顾过去，她也意识到其实自己一直都拥有坚守梦想的力量，只不过，因为不自信，她听从了那些会削弱她力量的观点。就连她的丈夫都说，只要她相信他，告诉他她在做什么，他就会不遗余力地支持她。其实，我们每个人都曾遇到过和格蒂一样的处境。如果我们有勇气相信自己，也许我们就能迎来一个大团圆的美好结局。

事实上，我们很容易只看到这个故事所体现出来的一些旧思想——女性就是牺牲的代名词，以及穷人并不值得我们关注，从而忽视了其内在的深刻含义。可是，我们每个人是不是都可以在自己身上或多或少能找到格蒂的影子呢？在实际生活中，我们大都能够抵挡住那些戏剧化的、引人注目的外界干扰，却往往挫败于那些打着道德的幌子、背叛自我的细小行为。久而久之，随着时间的推移，我们的生活也渐渐偏离了真实的轨道。

每个人都有可能会遇到格蒂式的困境，哪怕是在外界环境极其有利的情况下。在我主持的一次研讨会上，有一个男人曾抱怨说，他总是忙于挣钱，忙得根本就没有时间去寻找自己的幸福。最终，为了成为世人眼中的成功男士，他牺牲了自己的灵魂，正如格蒂为了成为人们眼中的理想女人而不断牺牲自我一样。此外，正如我们从格蒂的故事中所看到的，打击我们的勇气、阻止我们享受真实生活的往往是那些最爱我们的人——父母、爱人以及孩子。之所以会出现这种情况就是因为我们迫切地渴望去取悦自己所爱的那些人，因此我们往往会把他们当成镜子，并且总是想通过镜子了解自己，以及我们是为了什么。我们必须记住，没有任何人能告诉我们该如何生活，除了我们自己，只有我们知道自己想要什么样的生活。通常来说，来自我们内心的英雄往往会让身边的人感到不自在。

一方面，清楚地区分自我沉迷与内心真实的呼唤，但另一方面，不要轻易放弃自己的力量，不让那些告诉我们“应该”做什么的人左右我们的思想和行为。因此，要想重返伊甸园，我们必须收回原本属于自己的权利，成为自己生活蓝图的唯一设计者。

我们就是生活的缔造者

世界上每种文化都有自己的神话：一位女神产下了一枚蛋，即宇宙；或者，一位神灵说了一些有魔力的话语，从而创造出了光明。创造者说话的画面就是一幅生动的宇宙诞生图。上帝说“要有光”，世间就出现了光明；上帝命名曰“现实”，于是，光明就留了下来。如果我们将自己看成是自我生活的缔造者之一，我们就会把这个创世神话当成是一种提醒，提醒我们时刻牢记自己内心的需求：我们都必须找到能真实反映内心的声音。如果我们已经在脑海中勾勒出自己想要的东西，并且大声地说出了这一渴望，那我们就已经踏上了向世人宣布并展示最适合自己的旅途。

女神孕育并生产的情节弥补了创世神话中缺失的女性符号，使之更加符合人心目中对于创造力的理解。女神诞下某物，她的这一创造源自于她的身体，而并非其思想。同样地，我们可能也会在长时间的劳作后生产出一些东西，但我们却不确定自己创造出来的究竟是什么。在我们看来，生活似乎与我们自主选择的事物有所不同，于是，我们便由此生出一种恐惧，担心生活偏离了正轨。几乎没有任何事情是确定的，一旦这一过程被启动，它就会自动引入一套与之相配的生活模式。

任何一个从事写作、绘画或谱曲的人都曾收到过来自缪斯女神的创作灵感。在灵感的驱动下人会觉得并不是自己在创造艺术，而是艺术在借他的手来表达自我。如果你没有任何艺术创造的经历，那不妨想一想自己的梦。一些神经在你睡着以后创造出了那些奇妙的故事和画面，以此来启发和帮助你。这一事实意味着这个世界上的所有人都拥有想象的潜能，都可以在不付出任何有意识的努力的情况下编织出各种美妙的故事。此外，我们也都曾有过跟着感觉走的体验：在我们有需要的时候，内心的那种感觉总会及时出现；我们都曾“很偶然”地遇到正确的人；生活中的那扇门就这样悄无声息地打开了，仿佛有魔法控制它一样。当这样的情况发生时，我们就完成了天真者的回归，而我们的精神世界也随之进入到了一个更深层、更复杂的境界。现在，当我们发觉情况不对时，过去的一些经验将会帮助我们解决问题。

当我们处于孤儿者阶段时，身份还没有得到创造者的确认，即尚未命名。也许，我们会把上帝当成一名创造者，但是通向天堂的路却很漫长。也许，我们会认为那些天赋异禀的人拥有无限创造力，却并不相信自己也是这一创造过程的参与者。事实上，我们很有可能会认为自己的命运掌握在那些拥有能量或权势的人手中，自己的生存完全仰仗他人。对此，流浪者会迅速逃离那些能够控制我们命运的人；利他主义者则会参与到这一过程之中，如果有需要，为了获得新生，他还会牺牲自我。只有当我们经历过这些所有阶段后，我们内在的天真者原型才会重新出现，只不过，回归后的天真者将会带着一种信念，即我们就是自己生活的缔造者之一。这一幕的出现也标志着我们已经做好了返程的准备。

重返伊甸园

每年，世界各地的犹太人都会举行逾越节家宴以庆祝逾越节。庆祝活动中，他们会重新讲述希伯来人成功出逃埃及、不再受奴役、前去寻找那片迦南福地的故事。最后，他们会郑重言明“明年，在耶路撒冷”，借此告知全世界渴望自由的人：我们永远团结。基督教原教旨主义者会祈祷耶稣的第二次降临，完成他们在地球上建立天堂的梦想。生活在新生代的人们则预言人类的意识将会发生转变。充满传奇色彩的圣杯骑士改变了王国的荒原面貌，使其重新焕发出勃勃生机。桃乐茜希望奥兹国的大巫师能够帮助她找到回家的路，最终，她发现了隐藏在自己那双深红色皮鞋中的秘密。她碰了碰鞋跟，转眼间，就被送回了堪萨斯。

我们绝大多数人长期以来一直在寻找一个能给我们带来家的感觉的地方。我们努力地寻找着，直到有一天我们意识到，秘密其实一直就藏在我们内心当中。在寻找真我的途中，我们逐渐明白我们完全可以选择自己生活的世界，踏上旅途的时候也就是我们开始了解自己、了解自我价值以及内心感受的时候。就在我们表达内心真实想法的同时，我们也会被这时的自己所吸引，因为他们也想按照相同的方式幸福生活。我们和这些人一起形成了迷你王国，或者说生活社区。在这里，人们的思维方式相近，并且一起体验新的生活。这个过程看起来似乎很神奇，就像在英雄结束旅行时王国所发生的转变一样，令人难以置信。

尽管身边的信息一直都唾手可得，但是我们却常常注意不到这些和我们志趣相投的人或物，直到我们做好了尝试和体验的心理准备。想一想你学会一个新词语时的情景，在此之前，你从未意识到它的存在，但是一旦你掌握了这个词语，无论走到哪儿，你都能听到它。当然，这个词语一直都存在，只不过，它此时的出现并不是因为你掌握了它。你之前之所以一直没有留意到它是因为它尚未进入你的世界。同样，在刚刚开始探寻自我的旅途时，我们会感到孤单，觉得其他人都离我们而去，不得不遵循并接受"现实"才能适应这一切。然而，当我们的内心世界开始发生变化时，现实也随之改变。作为踏上这段旅途的奖励，我们最终找到了适合自己的社区和团体，在那里，我们无须放弃任何一部分自我都能与其他人和谐共处。

你也许还记得，英雄故事里的经典情节之一就是英雄一生下来便遭到遗弃，或是在家中备受压迫，因此英雄这才踏上了旅途，寻找真正属于自己的家园。在旅行中，我们逐渐与那些能和我们产生心灵共鸣的人建立起了联系，随着我们越来越接近真实的自我，这种关系给我们带来的满足感也越来越大。这时，英雄便收获了此次孤单之旅的奖励：团结。其中既包含了自我回归，与其他人和谐共处，也囊括了他与天性和精神的统一。在旅行结束的时候，英雄体会到了回家的感觉，而事实上，他也的确回到了真正属于自己的家园。

然而，这并不代表问题由此而终结。踏上旅途并不等于将我们从生活中隔绝出来：疾病、死亡、失望、背叛，乃至失败，都是人类生活的一部分。但是假如我们对自己、对社会拥有足够的信念，那么在面对和承受这些消极因素时就会感到轻松一些。从更深远的角度来说，英雄因为能够直面内心的恐惧，所以他们不会受到恐惧的束缚。我们可以毫无顾虑地做每一件事，而无须反复地质问自己，我所做的是正确的吗？其他人会不会提出反对意见？或者，会不会有人因此而针对我？如果我们将上帝当成是一位远在九霄之外的裁判官，我们可能就会担心上帝会抛弃自己。正如杰拉尔德·扬波尔斯基在他的小说《真爱无惧》中解释的那样，覆盖于恐惧之上的多种担忧及畏惧将会阻碍我们体验真爱。我们能够抛却的恐惧越多，保持健康、精力和活力的生命能量就越多，而这也让我们有机会体验到欢乐和喜悦。

曾经有一位充满灵性和创造力的女人出于对我的信任，告诉我她小的时候从没接受过任何宗教思想的熏陶。她向一位邻居询问什么是上帝，结果邻居只回答了她一句话："上帝就是爱。"这也正是她所需要的关于上帝的全部理论知识。于是，爱成了她生活和行为的基石，这一过程中，她发现上帝就在她心中。结果，她找到了自己的家园。而这正是恩托扎克·尚治在《彩虹艳尽半边天》中那段令人心醉的独白想表达的意思："我在自己的内心找到了上帝，并且疯狂地爱他。"

在一些剧情稍稍作过改编的英雄神话中，英雄最后成了国王或女王。这一结果用现代语言来表述就是：英雄常常会成为领导角色。旅行提升我们的能力，从而增加了我们登上权力高位以及获得成功的可能性。随着旅行的开始，承担更多的责任似乎也变成了一件水到渠成、理所当然的事情。我们不仅要对自己的内心负责，还要对折射这一现实的外在行为负责。

通常来说，当生活进入这一阶段后，我们就已经具备了担任领导者所需的信心和能力。这种势态的形成也意味着我们已经完全了解了旅行的本质。因此，无论何时，只要我们感到自己的王国有成为荒原的可能，我们就会意识到这也许是因为过于安逸，所以我们和我们的王国便停止了发展。这时，我们就知道应该重新上路，继续追求梦想。

给事物重新定义

在我看来，圣经故事里有一个情节十分有意思，上帝将为地球上所有生物，包括植物、动物以及他们自己的后裔命名的任务交给了亚当和夏娃。亚当和夏娃的堕落发生在他们偷食知善恶树上的禁果之后，人类的堕落则始于我们将某些经历命名为邪恶的那一刻。当我们重新取得命名的权力，将我们所有的经历都定义为善的时候，我们就实现了重返伊甸园的梦想。

睿智的天真者知道决定我们生活的不是那些发生在我们身上的事情，而是我们对这些事情的看法。之前曾经提到保罗·科艾略《炼金术士》中的故事，就是对这一点最好的证明。圣地亚哥的父母想让他成为一名牧师，可是他本人却偏爱旅行，于是他就成了一名牧羊人。他很享受这种生活，就这样过了几年，他开始反复地做同样的梦，梦中的他不仅亲眼见到了金字塔，并且还找到了宝藏。他对自己的梦深信不疑，于是，他卖掉了所有的羊，乘船来到了摩洛哥的丹吉尔，在那里，小偷偷走了他所有的盘缠。绝望中的他渐渐睡着了，醒来时，他发现自己躺在一个空荡的市场里，身上一分钱也没有。此时，他和任何一个有过相同遭遇的人一样，感到愤怒、无助，觉得自己是一个可怜的受害者。

在反复思考了自己的处境之后，他必须做出选择：究竟是把自己当成小偷的受害者，还是一名寻找宝藏的冒险家……“我是一名冒险家，我要去寻找宝藏。”他最终坚定了自己的信念。

聪明的天真者知道许多事情是同时存在的。我们无法控制那些发生在自己身上的事件。不过，我们可以自主选择生活的世界，这一切都取决于我们对这些事件的理解。圣地亚哥在判定自我本质及其命运的时候所使用的正是精神法则。我们也同样可以学习他，而我们需要做的就是创造并重复一些充满积极意义的话语，譬如说：“我感到很高兴且很轻松。”“我体魄健康，而且身体里还具备着用不完的能量。”或说：“现在的我拥有一份最适合我的工作。”

除了肯定，圣地亚哥也同样使用了拒绝的精神法则。值得注意的是，我们不能将精神拒绝与心理抗拒混为一谈，后者是一种假想，假装把事情想象成不同的情况。圣地亚哥并没有假装自己的盘缠没被小偷偷走，相反，他对这一事实做出了最适合的解释：小偷的这一行为无法决定他是谁，是受害者，还是冒险家。当然，这一损失的确可能会让圣地亚哥产生退却的念头，但是他拒绝接受自己是个穷人的想法。事实上，他坚信自己正走在寻找财富的过程中，而且相信自己一定会成功。

在我们努力为自己和爱人创造完美生活的过程中，可以每天都使用这两项技巧。我们可以一再地向自己重申我们想要的生活，并且宣布那些与自我旅行相抵触的行为和思想。我们完全可以像圣地亚哥那样，把自己之前的经历当成是一种冒险，而不是义务；或是将其当成是潜在的学习能量，而不是动摇我们信心的事件。而就在这样的想法或观点进入我们脑海的那一刻，我们的生活就一下子被点亮了。

在他穿越沙漠前往埃及的路途中，圣地亚哥结识了一名炼金术士，并与他结伴同行。这位炼金师告诉他，炼金术的真正目的并非点石成金，而是在于理解这个世界的灵魂，并且通过对炼金术的研究找到存在于这个世界上的圣物。圣地亚哥担心他找不到伟大的炼金术课本。对此，他的同伴向他保证说，我们每个人在旅途中都能找到自己追求的真理：

如果你现在就在一间炼金术实验室里，而这显然是你研习和了解《翠玉录》的最佳时机。可是现在，你身处于沙漠之中。广阔的沙漠一望无际，但也不失为一个学习的好机会。沙漠将会让你了解这个世界。事实上，这个地球表面的任何一样东西都能帮助你了解世界。你甚至不必去了解沙漠，你需要做的就是由一粒沙展开沉思，从中，你将会看到人类创造的奇迹。

炼金师最后提醒圣地亚哥要聆听自己的心声。因为他的心也是这个世界灵魂的一部分，所以它也会了解所有的事情。因此，当我们跟随自己的内心，沿着一条真正适合自己的道路前进，我们就能学到成为一名智者所需的全部知识。

在《了解女人》一书中，克莱蒙·德·卡斯蒂勒祖说，当印度的村庄遭遇干旱时，村民们会召唤求雨者。求雨者不会做任何与降雨有关的事情，他们只会进入那个村庄，继而留在那里，然后，雨水便会从天而降。他们并没有促成降雨，只是允许了降雨的发生，或者，更准确地说，他们在自己的内心环境中允许并确信创造天气所需的要素，而这种天气正是村民们所期待的。也许，你也认识一些与求雨者相似的人。并不是他们让太阳发光，让雨滴降落，而是只要他们在那里，事情就会正常运作。而且很显然，他们自己没费吹灰之力。

改变看世界的方式

生活的基础是爱、激情与生命能量。当我们允许创造自然而然地发生时，这种能量就会显现出来。要想做到这一点，我们必须勇敢地敞开自我，尽管有时候我们可能会因此而不幸地与悲剧撞车。沿用之前生命诞生这一修辞方式，当我们经历那些对我们改变最大的事件时，我们往往会有一种被迫感，而不是被爱的感觉。我们因此而遭受的痛苦和磨难并不是我们想要的，也并非我们应得的。这也许只是我们为自己生活在一个仍处于最原始发展阶段的世界所付出的代价。但我们的神经可以利用这些挫折，而我们也将凭借它们找到宝藏，当然，前提是我们允许自己在挫折中成长。

天真者需要面对的最主要的诱惑就是忽视痛苦和磨难。梅·萨顿所著的小说《乔安娜与尤利西斯》中的主人公乔安娜就学会了如何在直面磨难的情况下对它进行再构造。她选择了用独自出走的方式来庆祝自己30岁的生日，而这也是她有生以来第一次独自远行。尽管她一直都很想成为一名艺术家，但是现实中的她只是一名普通的办公室文员。她离开雅典，来到圣托里尼岛，希望能在那里开始自己的绘画生涯。她的目标就是实事求是地看待每件事物，从而能够将它们如实地画进自己的作品。但令她感到惊讶的是，她发现这样做不仅打破了自己一贯的做法，而且还看到了事物所包含的超出其意识之外的东西。

在圣托里尼这座小岛上，乔安娜和一个小男孩成了朋友，这个小男孩问她为什么没有结婚。在回答他的这个问题时，乔安娜给小男孩讲了一个她从没和任何人说过的故事。母亲曾是抵抗组织的一名成员，被捕后，她不得不眼睁睁地看着法西斯将香烟一根接一根地塞进哥哥的耳朵里，直到他变成聋子。在整个过程中，哥哥一直大叫着："妈妈，不要说。"随后，法西斯用尽各种方法折磨她直至她死亡，可是自始至终她一个字也没说。后来，哥哥被释放了，把整个过程告诉了家人。于是，乔安娜便放弃了成为艺术家的梦想，开始一心一意地照顾家人。然而，在大部分的时间里，她爸爸都独自一人坐在光线昏暗的房间里，而她则接受了一份枯燥的工作。这场悲剧夺走了她全家人的情感，就连生活几乎都停滞了，即使前进也只迈出很小的一步。

30岁时，乔安娜来到了圣托里尼，上岛后她看到的第一幕就是一头伤痕累累的驴驮着一摞高高的货物，在主人的鞭打下艰难地前进。悲惨的画面成为压倒她的最后一根稻草。她感到自己再也无法忍受任何不人道的行为，于是跑上前去，冲着驴子的主人大叫，想让他马上停下来。对方解释说，他们都是穷人，对他们而言，宠爱动物的行为无异于奢侈品。他们只是想要这头驴子能在死之前到达山顶。最终，怒火难平的她用一个高得离谱的价钱买下了这头驴。乔安娜的假期由此拉开了序幕——她牵着一头将死的驴，名叫“尤利西斯”。

对于乔安娜而言，尤利西斯恰好代表了她内心渴望成为艺术家的那部分自我——那部分被忽视，并且缺乏生存物质且被虐待的自我。她之所以会选择尤利西斯这个名字，原因就在于她认识到了潜在内心的英雄主义，但是与此同时，她也为这种普通的动物能够代表受压迫的自我而感到好笑。尤其是想到一直以来她觉得自己的渴望是荒谬可笑的，以至于连她自己都羞于启齿。

她开始画画，同时，在她的照料下，尤利西斯渐渐恢复了健康。当她把自己悲惨的过去告诉小男孩后，她原以为对方会感到震惊或为她感到悲哀，但是令她意外的是，小男孩十分高兴：“我真为你妈妈感到骄傲，还有你兄弟。”小男孩的回答将乔安娜带进了另一个世界。在这里，她看到的事物都不同于以前，她也由此而回忆起妈妈曾经是一个充满激情的女人，她喜欢鲜花，热爱自由，甚至愿意为自由献身。事实上，讲述这个故事，以及聆听男孩的回答，这两件事合在一起使她觉得“自己终于被带出了那个阴暗潮湿的笼子，在那个笼子里，她唯一能够想到的就是磨难，无穷无尽的一连串的磨难”。

当她回到雅典的时候，乔安娜把尤利西斯也带了回来，并且把它藏在了地下室，然而，它咬断了绳子，从地下室里逃了出来，把楼上的她和父亲都吓了一跳。她和父亲进行了母亲去世以后的父女间第一次真诚对话，并且她拿出了在岛上画的画给父亲看。他们谈论已经去世的母亲，她说：“如果你将痛苦拒之门外，你就把所有的一切都拒之门外了。爸爸，你难道没看到吗？所有的一切都停滞了，我的绘画变得微不足道，我们的生活也是。我都已经想不起妈妈以前的样子了。我们已经将她拒于千里之外，就像我们拒绝生活一样！”拒绝痛苦就等于牢牢抓住痛苦不撒手。只有穿越痛苦，允许它进入我们的生活，亲身感受它，大声地把它说出来，才能从痛苦中学到成长，才能通过一种全新的方式去体验欢乐和力量。

对于乔安娜而言，她正视及承认痛苦和欢乐是同在的现实，但与此同时，她也坚守对艺术的承诺以及艺术对她的意义。要想成为一名伟大的艺术家，她必须能够全方位地观察事物，看到事物的全部。但是，心理压抑不仅会夺走我们的生活，而且还会将我们拘禁在自己的幻想中。当乔安娜向父亲展示自己的作品并向他解释自己的领悟时，她就已经分享了艺术所赐予她的这份礼物。通过表达自己内心的真实想法和感受，乔安娜不仅改变了自己的世界，也同样改变了爸爸的世界。

"定义"所带来的能量打开了乔安娜心中的门，使她能够毫无保留地将自己的创造力释放出来。首先，这份能量来自于男孩的天真，他在听完故事后立刻从这个悲剧场景中发现了荣耀的闪光点；其次，这份能量来自于乔安娜自己已经趋向成熟的思想，通过改变自己看世界的方式，让自己的生活也随之转变。

通过改变自我来改变世界

在《1978选集》中，心理治疗师雪莉·路斯曼指出，我们的生活是自己选择的。为了举例证明这一观点的推断，她分享了自己在面对某些突发事件时的一些内心思考——如果她得知自己患有脑肿瘤，她会怎样？很显然，她会为这一消息感到震惊不已。不过，尽管如此，在承认和面对这些感受的时候，她会一直保持静止的状态，直到她能够专注于自己的内心，清楚地了解事态的发展趋势。她是不是已经被判了死刑？或者，如果不是，这个肿瘤又能告诉她一些什么事情？只有当她知道自己下一步该怎么做的时候，她才会做出决定。她的决定可能意味着她接受自己濒临死亡的现实，也有可能意味着她会找到其他可替代的治疗方法。

路斯曼这种观念的基础是一种强烈的信念，即在我们灵魂的最深处，我们选择了相信那些发生在我们身上的事情，包括我们的疾病和死亡。她说，我们做出这样的选择不是因为我们有受虐心理，而是因为这些选择会让我们掌握一些自己需要学习的道理。因此，尊重每一件发生在自己身上的事情十分重要，因为它们是我们的老师，教会了我们那些需要学习的人生课程。

看到这儿，孤儿原型一定会对天真者原型的这一观念提出异议。因为，在孤儿看来，选择就意味着指责：如果是我自己选择成为一名受虐妇女，这就意味着我需要为自己所遭受的磨难负责。换言之，该受到指责的那个人是我。不过，对于天真者而言，这与指责毫无关系，寻找负责人的做法只会分散精力，毫无价值和意义可言。“谁该受到指责”这个问题对解决问题毫无帮助。与其这样问，倒不如问一些更有价值的问题：“我能从这段经历中学到什么？”或：“从这件事中汲取了一定的智慧和经验的情况下，现在的我会怎样选择？”

从天真者的优势观点出发，女人可以从可怕的经历中学到很宝贵的一课：她的头脑长时间都被一种虐待思想所占据，不断地对她说，你太胖了，太自私了，或太过于热心了。在这样的思想引导下，她便陷入了一种受虐的状态中——精神上或身体上不断受到虐待和摧残。这时，她终于走到了这条路的尽头，会对自己说：“够了，我也许的确不够好，但是我绝对没有差到要承受这种对待的程度。”就这样，她找到了自己需要的帮助，走出了那段经历，开始弥补受损的自尊心，在这一过程中，伴随着其注意力的转移，她也渐渐摆脱了内心那位虐待者的控制，不再依赖其而生活。尽管外界情形令人痛苦不堪，但是由此产生的危机也迫使她不得不抓住这一机遇，实现自我成长和改变，最终减少生活中的痛苦。因此，一段长时间受虐的经历也能看成是一笔财富。通过他们这一独特的视角，聪明的天真者会把最艰难的经历都当成是伊甸园的投影。

《我自己的旅程——新生活》是雪莉·路斯曼作品《能量和个人力量》（《1978选集》的续集）中的一个自传性章节，其中，路斯曼谈到了自己失去丈夫后所承受的巨大痛苦。她和丈夫一直感情深厚，夫妻关系融洽，他的离世令她遭受到巨大的精神打击，而她也因此悲痛欲绝。她仍然相信我们的生活是自己选择的结果，但是过于沉重的打击使她觉得自己就是生活的受害者。事后，她开始直面和审视自己的这一观点：“尽管我的认知意识并没察觉到这一可能性，但是在我意识的深处，我也许早就知道我会嫁给一个男人，而这个男人最终将会死去，离开我。”当她问自己为什么要做这样的事情时，她总结道：“我生存的能力，保持热情以及与他人建立深度关系的能力全都取决于我自己，而并非取决于别人。”

当天真者原型被唤醒后，有些人会相信在他们的灵魂深处，他们选择了自己的生活。其他人则相信诸如路斯曼所描述的那种损失发生原因，与我们自身的选择并无关系。尽管如此，此类事件仍可以用来刺激个人成长。但是，仍旧有人拒绝接受这种选择观念，宁愿将此类事件看成是宇宙中一些有意义的巧合。

同步性是荣格提出的一个心理学术语，专门用来描述这种偶然的联系。战士从生活中明白了随机性的道理，而天真者则选择信赖同步性。你是否有过这样的经历，当你来到一家书店，碰巧就找到了你需要的那本书（但在此之前你从未听说过此书）？又或者，你就在路上恰好遇到了你想见的那个人——你们事先没有任何联系，完全是偶然相遇？这些都是同步性的例子。

映射——外在世界映照出我们的内心世界，是同一现象的另外一面。正如之前提到的那个女人所展示的，外部世界发生的一切往往会以一种戏剧化的形式在我们的内心反映出来，从而使我们注意到它们的存在。此外，映射还有另一种运作方法，当我们的内心世界发生改变之后，外部世界也会随之改变。例如，我认识一些男人和女人，他们都已经对真爱感到绝望。不过，一旦他们踏上自己的旅程，开始培养爱的能力之后，就会十分惊讶地发现，自己的身边突然涌现出许多出色且令他们感到满意的人，而且最重要的是，这些人也全都对他们很感兴趣。

当我们处于流浪者阶段的时候，我们就会发觉世间充满了磨难。而一旦我们进入战士原型阶段之后，外面的世界也会随之发生巨大的改变，各种灾难和机遇宛如洪水般一起向我们涌来。在利他主义者阶段，我们会发现自己无论走到哪儿都会遇到需要帮助和关爱的人。最终，当我们进入魔法师阶段之后，我们就会遇到各种需要转变的人或事。在天真者看来，这就是映射。当然，其他心理原型可能会对此做出不一样的解释，例如，他们会觉得环境中有一部分与自己的计划相吻合。

作为一名天真者，当我们不中意那些发生在自己身上的事情时，我们做的第一件事就是进入自己的内心世界，了解内心能够产生怎样的改变。这时，我们会通过改变自我来改变世界。假如这一观念无法与其他原型达成平衡，我们可能就会一意孤行，甚至企图控制其他的原型。例如，如果你的同事用粗暴的方式对待你，那么，你辞职回家和声明自己的权利也许就会无济于事，除非你的声明旨在提升你的自尊，从而使你能够从自己的立场出发，采取一定的行动。然而，如果你事先能够预知生活中可能会出现虐待与被虐待的人际关系，也许这次事件就能成为你解放自我的契机。最初，你也许需要唤醒思想内的流浪者原型，带领自己离开，或是让战士原型率领你捍卫自己的权益。与此同时，你可以断言自己已经做好了心理准备，去建立一段健康的工作关系。这时，天真者原型就能帮助你认识到这一模式，并且令你完全信赖它。这一模式也许无法帮助你改变虐待你的人。不过，你的天真者原型可以使你离开这一环境，然后找到一个更好、更适合自己的环境。

在旅途中，孤儿学会了接受痛苦，流浪者开始承认自己的孤单，战士终于能够面对自己的恐惧，而天真者则学会了认可信仰、爱和欢乐。而且，他们接受和认可精神的程度越高，他们受到的自身吸引力就越大。在《嘻嘻！我们回家》（该标题已经暗示了其天真者原型的视角）中，神学家马修·福克斯指出，终极祈祷就是完全地接受生活。

> 一位朋友为我录过一次音，当他得知我很高兴地播放了此段录音之后，他也感到很开心。毕竟，他送我这份礼物的目的就是想让我高兴。因此，我们最基本的祈祷就是从中获得的乐趣。当这种乐趣上升至某一高度的时候，它就成了我们所说的“狂喜”，而这也是一种祈祷。和所有的祈祷一样，它能够打动上帝，而上帝打动我们的方式也是这种狂喜以及感谢。

这种观念对我们具有相当重要的作用和意义，因为它不仅能够让我们接受这个世界所带来的欢乐，而且还能让我们意识到自身所蕴含的极其丰富的内在潜力。

不过，天真者的旅行并不是一个简单的、被动接受的过程。这同样也是一个要求的过程，在提出要求的同时，我们心里还期待着自己的需求将会得到满足。《圣经》中最能引起天真者共鸣的莫过于《马太福音》7:7–8。

你们祈求，就给你们；寻找，就寻见；叩门，就给你们开门。因为凡祈求的，就得着；寻找的，就寻见；叩门的，就给他开门。

此外，我们对所收获的一切要心存感激。逾越节晚宴中令人感触颇深的一个环节就是背诵在希伯来人逃离埃及时，上帝为他们做过的那些事情。每当回想起这些天赐神助的时候，参与者就会大声呼喊“Dayenu”！——意为“一切都会变得富足”。即便上帝没有促成下一个奇迹的诞生，一切也会变得充裕。然而，上帝促成了所有奇迹的诞生。每当回忆起上帝对人间所做出的这些帮助，我们就会心存敬畏。

玛格丽特·德雷伯尔的小说《黄金世界》就向人们展示了这一回归的历程。书中的主人公弗朗西丝·温盖特回忆其一生，在谈及从外界接受的一切时，她满怀谦卑。弗朗西丝对自己以及自己的幻想拥有一种异于常人的信念，结果，她形成了一种习惯，想要什么就提要求，然后，她的要求便会得到了满足。她心里很清楚，自己从未促成事情的发生，可是事情最终总是会按照她预期的那样发生。作为一名考古学家，由于在沙漠中发现了一座古城遗址，她顿时在学术界名声大噪。事实上，这一切都有源于某天她在机场的一个突如其来的灵感，她觉得自己知道那座古城就在那儿。当然，这一感觉的产生完全基于她多年来对腓尼基古文化的研究，但是使一切变的不同的正是她那突如其来的直觉。更重要的是，她不容置疑地实践了自己的这一预感，然后找到了发掘地点。她思索道：

假如当初我没有想到它，它也许就不会为世人所知。她一辈子都是如此，这样的事情接二连三地发生在她身上。她曾经设想过自己在学校里成绩出众，结果她的学习成绩果然出类拔萃。她想象自己会结婚，然后就真的结婚了。她觉得自己会怀孕，没想到孩子很快便出生了。她曾经设想过自己有一天会成为一个有钱人，结果她的这一设想再一次成了现实。她觉得自己会丢东西，没多久，这样东西就丢了。接下来，她应该设想些什么呢？

这种巨大的力量使她感到害怕。她担心自己会想到一些可怕的事情，而这些事情也会像之前的事情一样如期发生。于是，她开始思考和面对自己的生活职责，以及她为这个世界所做的贡献。弗朗西丝在回顾其一生时使用的正是一种天真者的意识观点。每当事件发生的时候，它们给人的感觉往往是并非偶然。不过，假如她没有从战士原型中汲取经验教训，明白自己需要面对内心恐惧的道理，弗朗西丝也不会如此自信地追随自己内心的预感、组织工作团队，然后开始实践。同样地，假如没有其他原型提供帮助，她也无法具备独立的思想，以及严肃对待个人职业的勇气——在全社会都认为家庭和丈夫是女人一生的职业这样的背景环境下。

弗朗西丝的生活不仅向我们展示了这种意识的回归历程，同时其本身就是一个充满人性光辉的个案。她本人并不“完美”。事实上，她饮酒过量，而且在其他方面还有自我放纵的倾向。但是，问题的关键就在这儿：她并不比其他人更好、更优秀，不过，她知道该如何在生活中创造属于自己的伊甸园。她会在脑海中幻想自己想要的一切，然后带着一份简单而放松的自信——事情就会按照她设想的那样发生，没有例外，也没有失败。例如，她给自己的爱人寄了张明信片，之前，在与对方分别时，她曾经对他说过，她需要他的支持。因为延迟的缘故，这张卡片迟迟没有送到对方的手中，而她对于自己一直没有得到对方回应感到很迷惑。毕竟，他一直都说只要她需要他，他就会回到她身边。对此，她深信不疑。最终，他收到了这张贺卡，回到了她身边，而她也实现了自己的愿望，得到了令双方都备感满足的亲密关系。

完美主义会让我们的旅行停滞不前。对于当今的许多人而言，生活就是一个接一个的自我完善计划。我们认为，除非我们拥有了一切，不然，就永远都无法赢得宝藏。然而，问题的关键根本不在于此。回归要求我们认识到那些一直存在于我们生活中的美好事物或人。在《绿野仙踪》里，故事结束的时候，桃乐茜对堪萨斯的印象已经完全不同于故事开始时，那时她只觉得自己是一名受害者，并且孤立无援。她在旅途中结识的伙伴代表的正是其内在的潜力。最终，通过旅行，她逐一唤醒了这些潜能：渴望得到勇气的胆小狮子挽救了大家；想得到头脑的稻草人制定了所有的计划；还有渴望有一颗真心的铁皮人，因为他哭得过于频繁，眼泪锈蚀了他的铁皮，所以他轻而易举地便拥有了一颗同情心。桃乐茜自己的愿望就是回家，结果她发现她完全有能力做任何自己想做的事情。至少，在她杀死邪恶的女巫得到了那双红皮鞋之后。就在她轻叩脚跟时，她说出了自己的感慨："没有任何地方能够与家相比。"说完，她就发现自己又回到了婶婶身边。

桃乐茜离开堪萨斯之前，在她看来，那里就像是一片荒原，因为她在那儿并不开心。当她最终回到堪萨斯的时候，堪萨斯已经变成了一片乐土。之所以会产生如此巨大的变化，并非因为堪萨斯真的变了，而是因为桃乐茜自己变了。旅行中的经历帮助她学会了用欣赏的眼光去打量过去那些她认为是理所当然的事物。当她醒来时，她的身边围满了那些爱她的人们——他们一直都很爱这个小姑娘，从未变过。

天真者原型帮助我们改变了我们用来看待自我生活的那面心灵滤镜。绝大多数人都把生活中的好当成了命中注定的事情，于是，我们便很自然地将注意力集中在那些令我们感到沮丧、懊恼或失望的事情上。如果我们选择用欣赏的眼光去看待我们已经拥有的一切，并且让生活中积极的事件和环境引起自己的共鸣，我们就会突然之间变得更加快乐、幸福。

今天，这种智慧已经成了一种极具影响力的管理理论和实践方法。咨询顾问大卫·L·库珀里德在帮助企业走出困境时总是先将其问题置于一边，努力寻找其自身优势及价值。他注意到每个组织体系都有其内在的逻辑和原理，正如人类个体的灵魂，而他也把自己这种独特的咨询方法称为"欣赏性调查"。他解释道："任何一个系统或社会，只有当它拥有一个积极正面的自我形象的时候，无论是对组织的过去、现在，还是将来，该系统或社会才能长期保持繁荣的状态。"库珀里德的这一方法帮助我们找到了组织机构的灵魂，及其最深层次的价值以及承诺。任何一项试图改变一个组织的想法都必须尊敬其核心机制，并且信赖该机构及其人员的自我价值，否则，这样的改变对该组织机构只会是弊大于利。

聪明的天真者会按照其各自的特点理解并欣赏组织、家庭和社会系统。相较于试图促成改变的发生，我们倒不如通过鼓励、关注和支持，以及在任何地方及环境下都能找到的积极力量来促使积极结果的产生。

在我们的个人生活中，即使我们没有得到自己想要的，天真者原型也能够帮助我们收获幸福的感觉。它会为我们提供成长所需的信仰。我们的文化会不断地向我们施压，迫使我们按照社会文化所定义的常态及成功标准去生活。只有当我们相信每个人的生活都有其各自的逻辑、每种天赋都能找到施展其所长的时机时，我们才能以一种放松的状态去生活。

天真者原型告诉我们，无论何时，只要我们做好了准备，就可以随时重返伊甸园，而实现这一梦想的方式并非竭力控制那些发生在我们身上的事情，而是学会认知那些我们之前并没有发觉的可能性。战士相信必须迫使人们进入新世界；利他主义者相信社会变革需要以牺牲为代价；魔法师则会探索我们各种能力的局限性，从而实现其解救世界的梦想；然而，天真者知道我们需要的只是一次选择的机会。届时，人们自然会被改进后的生活所吸引，且无须对他们施加任何外力，因为他们会自动地向幸福靠近。

玛丽·斯德顿的经典科幻小说《来自贝尔的传说》就为人们描述了这样一种文化：它的成长和发展十分缓慢，不过最终，这一文化在从未发起任何一场战争的情况下占领了宇宙中的大部分星球。该文化平静、平等且复杂。其他种族之所以会选择加入它不是因为被迫，而是因为好奇。出于好奇，他们开始接触这一文明，并最终受其吸引而奔向它。当他们进入这一文化后，他们发现自己身处于一个千屋大厅里。在那里，他们经历了许多冒险。在冒险的过程中，他们逐渐发展、进化，并由此获得了对自我的更深层次的了解，渐渐地放弃了原有的二元制、等级制及族长制等思想，形成了一种更复杂、更多元化的平等意识。一旦他们的思想达到这一高度，他们就再也不会按照以前的思维方式去思考和做事。这就好比，当一个人学会了直立行走或飞行之后，爬行就会成为历史。

天真者不会试图迫使他人发生改变，因为他们已经意识到人们只有在经历了各自的旅行之后才能获得一种平静的生活。另一方面，他们也已经明白，文化中存在着许多障碍，它们会拖延人们前进的脚步，使他们陷入不必要的困境中，进退两难。天真者的行为就像是一个磁场，能够吸引和刺激改变所需的积极能量。他们需要做的就是确认改变发生的地点，以及预见改革的发生，届时，在他们预见的时间、地点，他们自然会完成各自的成长历程。尽管他们本身也许并非领导者、政治团体或宗教领袖，又或是思想运动的发起者，但是，天真者会像求雨者那样，一旦他们出现，变化就会发生。

由于我们所认定的绝大多数关于这个世界的事实归根结底都是一些心理映射，所以聪明的天真者能够给他人以灵感，使他人萌生希望——因为他们知道我们完全有可能拥有一个宁静、人道、公平且充满爱的世界。毕竟，他们已经学会了用一种平静的心态去关心和尊重自己，以及其他人。此外，他们能够吸引与其相同或相似的人或事，所以在他们的生活中，他们经常会发现，现实和梦想是重合的。

聪明的天真者相信，只要我们敞开心门，就能得到足够的爱；只要我们停止储藏智慧、观点以及物质商品，就会一直拥有富足、繁荣。我们知道恐惧会产生不足和匮乏。**但是，当我们放松下来去生活，我们就能体会到天性所带来的完整的感觉。这种感觉总是会让我们感到舒适、轻松以及幸福。**

要想让自己熟悉天真者这一心理原型，你可以用从杂志上收集的任何与之相关的图片做一幅拼图；也可以列出你认为能够表达天真者思想意识的歌曲、电影和书；或是收集正处于天真者阶段的人——你的亲人、同事、朋友，甚至你自己的照片。注意留意出现在自己身上的天真者思想和行为。

天真者练习

第一步

每天尽可能多花时间去欣赏自己已经拥有的一切。感谢那些曾有助于你的人。

第二步

当你遇到问题的时候，肯定地说出自己的期望，就好像这一结果已经发生了一样。坚持你期待的结果。写下你想看到的结果，但是所使用的时态一定是现在时。当恐惧思想或侥幸心理开始让你感到困扰或烦恼的时候，你要坚决拒绝它们对你产生的消极影响，重新将注意力集中在那些能够给你带来更多希望、使你坚定信念的文字或画面上。

第三步

信赖你内心的向导。通过祈祷或冥想的方式倾听向导的指示。始终向这位向导敞开心门，从而在生活中随时听到来自内心的声音。

第四步

记录下自己的梦，把它们当成是潜意识寄给你的信。它能够使你时刻关注自己的潜意识，注意到被错过或遗漏的人或事。

我们需要面对的问题之一，
就是当周围的一切乃至我们的内心世界都在改变的时候，
我们该如何保持平静和平衡。
只有那些愿意放下执着思想的人，才有机会获得成功。

07 改变你的生活：魔法师

在我们旧思维的阴影之外，出现了一个完全不同的世界。一个会为我们的探险和渴望感到高兴，会为我们渴求与他人在一起而感到快乐的世界。这是一个鼓励并支持我们的世界。这个世界知道我们该如何成长和改变。几十亿年来，它一直都在自我成长和改变。生活知道如何创造自己的体系，知道如何创造出更强大的能力，知道如何去发现意义。我们所寻找的能够帮助我们挣脱生活束缚的方法一直就在我们身边，默默地支持着我们，只要我们不再如此畏惧，就能发现并找到它。

——玛格丽特·J·惠特利，米伦·凯尔纳·罗杰斯《一个更简单的方法》

当你不满于现状

你是否觉得生活似乎已经失控？你是否感到自己很难满足工作的要求，几乎无法履行自己对家人和朋友的责任？你想进行身体锻炼却很难得到满足，正如你的心理也得不到适当的锻炼一样？你是不是觉得自己就像一颗被生活控制的棋子？你是不是已经被需要改变的人和事情所包围？即便你很圆滑世故，也取得了莫大的成功，可是有时候，你是不是还是觉得自己需要一个奇迹来改变这一切？

现代生活不仅节奏快，而且极其复杂。世界各地的人们都发现，要想跟上生活的步伐实在不是一件容易的事情。更让我们为难的是，现实生活中还存在许多阻碍或拖延我们的因素。你不仅要试图讨好你的上司或老师，为下一次职业生涯的大跳跃或学校布置的任务做准备，还要令你的父母、朋友、爱人感到满意，做一个完美的子女、朋友、伴侣，并且拥有理想的生理及心理状态去努力地寻找自我。

与魔法师原型相关联的是人的意志、自由选择的能力，以及掌握生活控制权这三大要素。只有人类才会找借口，指责他人，并且在挣扎着追赶生活脚步的时候抱怨连连，但是我们每个人心中的魔法师都知道任何外部世界的失衡都是我们内在世界失衡的一种体现。要想施展魔法，我们必须专注于自己的能量，以免它们耗尽。

当我们感到自己的生活无法管理或控制的时候，这往往是因为一种或多种心理原型正凌驾于其他原型之上。譬如说，在下列情况下，我们就会感觉失衡。

天真者阶段，当我们试图做到尽善尽美，并且极力取悦每一个人的时候；

孤儿阶段，当内心的恐惧和焦虑分散了我们的注意力，使我们放下手头任务的时候（如此一来，担忧就取代进步，成为我们生活的主题）；

流浪者阶段，当我们把所有的时间都源源不断地投入到自我完善项目中，期待有一天能变得“足够好”从而能够完成所有生活任务的时候；

战士阶段，当我们受到成就的动力驱使，无法遏制住凡事都要做到最好的观念和行为的时候；

利他主义者阶段，当我们花时间为他人做那些他们力所能及，并且应该由他们自己完成的事情的时候；

魔法师阶段，当我们内心极度自我膨胀，以致我们认为自己无所不能的时候。

我们绝大多数人甚至都没有意识到其实我们完全可以选择自己想要过的那种生活。我们实在无须接受专家、家人或朋友的生活建议，哪怕他们这样做完全是出于好心和善意。如果将生活比作驾驶，我们就是驾驶员，然而今天，许多人却坐在副驾驶的位置上，因为有许多人正争先恐后地涌向驾驶员的位置，试图争夺方向盘的控制权。当然，在众人的拥抢下，这辆正行驶在高速公路上的汽车就像只无头苍蝇，四处乱撞。而坐在副驾驶座位上的人一再地抱怨说自己距离他想去的目的地已经越来越远，可是那些正在掌握方向盘的人们似乎根本没有留意到他说的话。

也许，这位副驾驶员最终把其他人都赶下了车，坐到了驾驶员的位置上。他踩了一脚油门，可是什么也没发生，汽车仍然沿着原来的方向不紧不慢地行驶着。只有当他换挡加速，同时转动方向盘，调转方向，汽车这才开始向他预想的目的地驶去。

同样地，当魔法师原型被唤醒后，你会感到自信满满，觉得自己很清楚该怎样做才能改变自己的生活和所处的世界。你不再让其他人帮你做决定，并且开始设想自己最终的目的地。你更愿意采取一些冒险的行动——坐到人生方向盘的后面，掌控自己人生的方向。当你开始跟随并追赶自己的价值观和生活目标的时候，你就已经启动了魔法的离合器。这就好像你坐上了一个有魔法的宝座，坐在那上面，你就可以汇集全宇宙的能量，并且将它们导入自己的身体里，让它们助你一臂之力。这样做之后，你就会发现一些幸运的巧合开始接二连三地发生，并且在你的面前出现了一条崭新的光明道路。

现代科学及自然科学中的混乱理论指出，宇宙中的所有事物都彼此相连，因此每一件事物的变化都在很大程度上依赖于其他事物。例如，为了渲染天气预报的复杂性，混乱学学者说，一只蝴蝶在东京拍拍翅膀都能对纽约的天气造成影响。我们许多人都愿意认为冥冥中有一股神秘的力量，掌控了世间的一切，但是现实却是，每个人生活的经营权和控制权都掌握在自己手里。宇宙并非静止不动的，它一直都处于一种不断创造新生事物的过程中，而创造者就是我们自己。

我们无时无刻都能看到和体会到这种社会相互依赖性所带来的消极影响。譬如说，如果我们因为过度专注于工作而忽略了自己的孩子，那么，现实的情况就是其他人也很有可能会遇到相同的问题。如果这种生活方式得不到纠正，继续任其发展，整个社会就不得不面对如何处理好有问题的下一代。如果你的公司执迷于创造利润，甚至不惜以破坏环境为代价，那么这一做法所导致的生态失衡就会最终影响到你所在的城市，乃至全世界。然而，对于大多数人而言，我们常常会忘记自己也是社会问题的缔造者之一。

魔法师原型可以帮助我们承担起责任。你可以把自己想象成一名走向法坛的萨满法师，准备开始做法。事实上，所有魔法传统都告诉我们，个人就是宇宙的缩影。如果我们想改变世界，必须从改变自己开始。科学家告诉我们，我们生活在一个相互关联的宇宙中，这个宇宙不以任何人、任何星球或恒星为中心，也没有任何人或星球自诞生以来就比其他人更加重要。宇宙中的万物都是平等的，没有高低贵贱之分。只有当我们意识到自己和其他所有人一样，都拥有同等的权利决定这个世界未来的时候，我们才能走进内心的魔法世界，获得能量。人类最终的结果存在许多可能性。所有的一切都摆在人们面前。我们每天所做的每个选择都是在履行自己作为宇宙一员的义务，为我们、为我们的孩子创造出一个我们更喜欢的世界。

当今最好的职业咨询师都鼓励人们相信，生活已经帮助他们做好了准备，无论过去多么艰辛，现在都可以去迎接只有他们才能做到的事情。当你发现自己之前的经验能够在工作中找到用武之地的时候，那种感觉一定相当神奇，就好像一块拼图碎片终于找到了自己的位置一样。随着越来越多的碎片找准自己的位置，拼图的大致轮廓也渐渐浮现出来，这时，在它的帮助下，确定自我的方位就容易多了，正如拼图会变得越来越容易一样。而且，如果你从事的是一份你最喜欢的工作，毫无疑问，你的工作状态和成果也会令你感到十分满意。随着你在工作中取得的成就越来越多，你为经济所做的贡献也就越来越大。

追求一份真实的目标常常会令人不由自主地双膝跪地，顶礼膜拜，或踏上冥想坐垫去寻找某种更高或更深的智慧。有些人寻找的是上帝的意旨，另一些人努力探寻隐藏在内心的真理，还有一些人则试图让自己与“力量”或宇宙的实现真正的融合。

世界上各大宗教都有圣人创造奇迹的故事，而魔法师原型就存在于这些宗教故事之中。按照印第安传统，预言和治愈能力往往是巫师的象征。各大宗教中主要圣人全都拥有无上的法力，譬如说，基督耶稣就能让生病的人康复，让各种需求得到满足，并且能够起死回生。浩瀚的红海为了摩西一分为二，在沙漠中突然从天而降，还有佛教中的塔拉女神克利须娜——他们全都拥有创造奇迹的能力。在每一种精神传统当中，人们常常把那些拥有特殊医术或精神力量的人当成是神的使者。

绝大多数普通人之所以能够在生活中找准平衡及意义，原因就在于他们始终怀揣着一份信仰：上天自有神助。如果我们有信仰，我们驾驶的是否是名车，是否能够给人留下深刻印象，又或者，我们是否能够赢得诺贝尔奖，这一切都变得不那么重要了，只要做好自己就行了。当我们与上帝以及天性实现和谐共处的时候，我们的生活也就自然简化了。

按照我们的文化思维，我们往往会去寻找“魔法”答案，并且期望这些答案能够简单明了。因此，孤儿会把魔法师看成是能够驱赶困难的人——眨眼之间，困难就消失了。不过，在那些精神至上的文化传统中，魔力是学习及练习的结果，旨在帮助个人在其意志与神祇之间建立关联。在炼金术当中，点石成金（通过一种心灵遥感，或某种超越物质的思想）的典范与化学并没有太多的关联。事实上，成功的点金术只是一种标志，它表示经过长期而有素的训练和练习。

从这个角度出发，我们可以把那些艰难的经历当成是一个能够陶冶和锤炼我们意识的大熔炉。我曾经与许多事业极其成功的人共事过，一开始，他们常常抱怨自己的生活节奏太快。一名女士说她甚至忙得连提前写好发言稿或为开会做准备的时间都没有。她必须时刻候命，做好随时“上场”的准备。从某种程度上来说，她之所以能够做到这一点是因为她以往的经历使她具备了应付这种高效率、快节奏的工作能力。然而，她也已经意识到接受这种生活方式就意味着她不得不放弃控制权。事实上，现在的她每逢遇到重大事件就会祈祷神灵的帮助。每一次，她的祈祷似乎都应验了，她需要的帮助总是会及时出现。她只是提前知道自己该做什么而已。

魔法师的世界观基本上与天真者一致，不同之处就在于，他要求获得更强大的力量。天真者会跟随内心的感觉，全身心地信赖上帝、宇宙以及历史进程。而魔法师则会用一种更加积极、快速的方式承担起自己对生活或这个社会的责任。这意味着他们通常会在英雄的旅行中加入一种革命意识。他们说：“如果出现了问题，我会站出来，承担一切。”

从改变自己开始

当生活中的魔法师原型被激活后，你也许会立刻感受到一种发自内心的、渴望让世界变得不同的号召，而这个号召的实践之路可能会充满风险，你甚至还会觉得自己尚不足以完成这一任务。马丁·路德·金就是一位众所周知的当代魔法师典范，思考他的故事能够帮助你唤醒内心的魔法师潜能。从小到大，他一直都对上帝和历史进程抱有一份坚定的信念，然而他却不得不面对美国社会中的种族主义，对此，他坚定地告诉自己：“不！”种族隔离制度让人无法接受，这样的制度必须终止。如果某位家人、某间学校、某个组织或任一社会问题让你感到十分生气，尤其是某一特定事件，这时就是它在号召你采取行动。请记住，魔法师只有拒绝让社会惯性决定自己或他人人生的时候，他们才能改变历史。事实上，改变正是他们强烈要求的结果。

魔法师之所以能够像变魔术一样带来惊人的改变，其原因就在于他们从不会放弃自己的力量。大多数人往往认为自己与他人毫无关系，但对于马丁·路德·金而言，即便是路人，他也完全有理由把自己看成是他的同伴。在写下那篇著名的《从伯明翰市监狱发出的信》之后，人们开始质疑他，认为他是一名另有图谋的煽动者，因为伯明翰与他毫无关系。

作为一名生活在种族隔离时期的非裔美国人，马丁·路德·金很容易像其他同胞一样，将自己定义为“其他人”、“局外人”、“一个无法改变这一现状的人”。但是无论走到哪儿，金都把自己当成是其中的一分子。无论作为一名非裔美国人，还是一名美国爱国人士，他都把自己当成是其中一员。因此，他才能代表黑人团体发言，并成为他们的领袖。他能够号召全体美国人履行宪法所许诺的民主承诺，并且号召所有基督徒参与到他的运动中来，抱着所有上帝的子民都是平等的这样的信念。同样也是基于这一信念，他没有将任何人当成是自己的敌人（换作是战士，他很有可能就会这样做）。相反，他召集各种成长背景的人们，号召他们忠实于自己所信奉的价值观。我们站出来采取行动不仅是为了自己和自己所在的团队，也是为了存在于每个人心中的那份承诺，也正因此魔法才会发生作用。

向全美种族隔离者发出挑战，要求终结种族隔离制度，金并没有要求其他人改变自己，相反，他自己撑起大局，并最终促成了一次改变这个国家乃至世界的运动。民权运动不仅终结了种族隔离制度，而且还作为范例促成了许多其他运动的诞生：妇女运动、反战运动。它的影响还超越了国界，对南非境内的种族隔离制度的终结产生了深远影响。当然，民权运动也并非这一连串效应的起源。其实马丁·路德·金是深受甘地的影响，而甘地又受到了美国先验论者亨利·戴维·梭罗的影响。不过，假如没有其他民权活动家的帮助，金独自一人也无法让这项运动产生如此深远而广泛的影响。无论何时何地，也无论是谁，只要他站出来，声张公平和正义，无论他这样做是为了谁，他的这一行为都为解放人类思想而做出了自己的贡献。

魔法师原型要求我们必须走出孤僻和疏远，将人生的方向盘牢牢掌握在自己手中。这又要求我们要自己当成是生活的中心，自己才是未来的决策者。因此，要想成为一名魔法师，关键在于你必须要知道自己的观点和立场。你可以从令你感到烦心的事情入手，聆听来自内心的抱怨，你就会知道哪些是需要你用魔法去改变的。

当我们犯错的时候，就去纠正错误，使失衡的生活恢复平衡，而魔法师可以帮助我们。在《暴风雨》一剧中，莎士比亚最后那段充满戏剧色彩的陈述中向我们展示了如何让偏离正轨的世界恢复正常。戏剧一开场，前米兰公爵普洛斯彼罗便带着自己可爱的女儿米兰达在外流亡。安东尼奥联合那不勒斯国王废黜了普洛斯彼罗的王位，并且将他流放到一座与世隔离的小岛上。对于遭到陷害的普洛斯彼罗而言，他完全有理由为自己的这一遭遇感到愤怒。然而，面对这一看似不公的命运，他选择了承担起自己应负的责任。回顾以往的岁月，他意识到自己忽视了他作为一名公爵应尽的义务，因为沉迷于魔法，才让安东尼奥有了可乘之机。在他钻研魔法的时候，他为安东尼奥提供了一个管理王国的契机，而后者也正是利用这一点颠覆了他的王权。

普洛斯彼罗的处境告诉我们，第一，如果我们不能实现自己的价值，我们就违背了宇宙的秩序；第二，当我们允许他人伤害自己的时候，我们就等于创造出了一种无序的状态。普洛斯彼罗承认自己在这两点上有失误，并承担了自己应负的责任，正是因为如此，他才能原谅背叛自己的安东尼奥。随后，聪明的他设计了一系列能够让外部世界恢复正常并让每个人都重归原位的事件。

当普洛斯彼罗的内心意识开始发生转变，一些看似巧合的事件便接二连三地发生在他身边，并最终为他提供了转机。命运将一艘载着那不勒斯国王阿隆佐和他儿子费迪南以及安东尼奥等人的大船带到了普洛斯彼罗所在小岛附近的海面，在空气精灵阿里尔的帮助下，普洛斯彼罗运用自己的魔法制造了一场暴风雨，使船上的人陷入一种孤立无援的境地。普罗斯彼罗让阿隆佐和安东尼奥相信费迪南死了，然后将一种罪有应得的想法植入他们的思想——这都是因为他们错误地对待普洛斯彼罗而遭受的惩罚。于是，两名阴谋者开始为自己之前的罪行感到懊悔，并大声地说希望一切都能恢复正轨。在戏剧即将结束时，阿隆佐和普洛斯彼罗重新结成了同盟；米兰达和费南迪也订了婚；兄弟间的矛盾以及曾经的流放都画上了句号，大家决定一起乘船重返米兰。

当然，现实中的我们并不具备戏剧中普洛斯彼罗的那种魔法能力，不过即便如此，我们也同样能够及时纠正错误并在生活中建立一种和谐秩序。世界上大多数宗教都为我们提供了有助于完成这项任务的宗教仪式和方法。在犹太教中，犹太新年与赎罪日之间的十天时间就是专为帮助人们赎罪而设计的，其间，人们可以用各种方法弥补自己过去犯下的错误，让一切恢复其应有的正常秩序。天主教中，日常向神父忏悔的行为也是为了帮助教徒涤荡自己的灵魂，使他们能够重新回归自己的精神本性。按照新教教条，忏悔被纳入了祷告，忏悔者可以直接与上帝进行沟通。在许多东方宗教里，冥想是一种很常见的修炼方式，其作用就是让人们时刻认知自己的内心，从而使他们能够三思而后行，按照正确的方法做每一件事。在女权主义者的聚会当中，与会女性都会被告知绝不要做任何会伤害其他人的事情，因为我们今天所做的一切最终会在放大三倍乃至更多倍数后，重新落回到我们自己身上。唯一能够保护一个人，使其不受那些消极行为的影响或伤害的方法就是尽快纠正错误。

《发现你的内在力量》作者埃里克·巴特沃斯牧师就把回归精神比作电灯的开关，而“罪行”则意味着“偏离正轨”。巴特沃斯说，当我们迷路的时候，并不一定要祈求上帝的原谅。他指出，精神就像电灯，当我们忘记打开开关的时候，我们就会偏离正轨。我们也无须祈求光明的降临，只需要把开关打开就行了。重新与精神建立联系就是这样的一个过程，当我们再次与自己的精神本性结成同盟之后，因为缺乏意识而造成的伤害就会逐渐减轻，随着时间的推移，伤害也会随之减少。

中国的《易经》就旨在帮助人们领导自己。它并不会明确地告诉人们该做什么，它只是帮助人们时刻守道、悟道。阅读《易经》能够使人所做的每个选择都与社会的道德规范相吻合。

用更专业的心理学术语来说，今天的人会通过“以自我为核心”的方式来纠正自己的意识。当我们与自我核心失去联系的时候，就会感到心理失衡，甚至会以一种极其危险的速度迅速地偏离人生正轨，并在他人的误导，以及那些新鲜事物、玩具或经验的吸引下，毫无目的地横冲乱撞。

我们都应该像普洛斯彼罗那样，意识到不仅伤害别人会扰乱宇宙的正常秩序，而且任由他人利用自己且不加反抗，这样的做法也同样会导致秩序失衡。我经常会遇到这样的管理者，他们总是忽视下属对工作的懈怠，尤其是当这些管理者害怕被人指责不公的时候，又或是他们担心自己会引起不必要的麻烦的时候。于是，这些低效率的员工永远都不知道如何才能成为一名高效率的优秀工作者。我们也知道，要想伤害他人其实非常简单，因为伤害他人的人不会面对这一行为所带来的后果，而受伤害的人会独自寻求获得康复的方法。这也是12步计划让每个参与者定期开展自我检查的原因，为那些自己曾经有意或无意伤害过的人做出弥补。如果这样做能够帮助恢复清醒，那么，那些伤害他人的人对于没有伤害他人的正常人，这做法又能起到什么样的作用呢？其实我们每个人的本性都是善良的，而道德是维持社会秩序的原则。如果我们不用灯光照亮自己前进的道路，继续在黑暗中行走，我们不仅会毁了自己的生活，而且还会扰乱这个世界原有的正常秩序。当然，如果我们觉得自己有理由可以不去面对真实自我，我们滥用药物或酒精的可能性就会增加，更不用说沦为工作狂或依赖者眼中的猎物了。

让事物恢复其应有的秩序似乎有一种魔力，一种可以让我们的生活回归原位的魔力。当员工表示愿意为自己的错误承担责任并从中汲取经验教训的时候，绝大多数雇主会对这样的员工给予相当高的评价。事实上，成功者并不一定比其他人能干，只是他们通常更愿意将自己的错误看成是成长的机会罢了。拥有魔法的人不会坐在那儿指责他人的不足，无论情况多艰难，他们都能意识到自己所应承担的责任，并且会积极地做出一些力所能及的改变。

从消极因素中发现积极的一面

当魔法师原型出现时，我们内心的消极因素并不会消失，而是会一如既往地存在。这很危险，因为我们完全有可能受到其负面效应的影响，并将这一影响通过思想和行为表现出来。受消极因素控制的魔法师会变得十分邪恶，他会利用其自身的魅力和感召力进行引诱、操控和毁灭，而不是造福于他人。这时，意图就至关重要了。如果你的意图是利用自己的能力满足自身的贪婪或野心，那么，涌现出来的魔法师原型就会打破你原有的平衡，将你推入歧途的深渊。不过，如果你的意图是积极、正面的，致力于推动和促成好事的，你就能面对并从这些消极因素中挣脱出来。

当问题出现的时候，我们通过问题看到了以前没注意到的自己和他人的品质，这一变形历程也就拉开了帷幕。从战士到魔法师的转变，其核心就是一种能力的转变——不再认为敌人中“没有我”，并且开始意识到内在消极因素的存在。在《星球大战》三部曲中，当天行者卢克终于能够杀死敌人达斯·瓦德的时候，他发现对方竟然是自己的亲生父亲。同样，当我们踏上这一英雄旅途之后，就不得不面对一个残酷的事实，即我们每个人心中都有恶的一面。某事的发生暴露出了我们之前犯下的罪责，这时，我们不得不承认自己的错误。通常情况下，这一幕大多发生在爱人出走、孩子遇到麻烦、事业陷入低谷或失业的时候，或是当我们自我毁灭的时候。

毫无疑问，此时的我们凶险异常。在《邪恶人性》中，作者斯科特·派克指出，一个人越不愿意面对自己对外界所造成的伤害，最后就会越变得邪恶。就在他们竖起一道道坚固的防线，为自己辩护，并且想方设法地掩盖自己的行径时，他们已经在邪恶中越陷越深。因此，我们既不能为自己的错误制造任何借口，也不能放弃点亮心中那盏明灯的信念——让它照亮我们内心的真善美。这二者同样至关重要。

当个体或团队确认了自己的目标之后，他们需要面对的第一个挑战就是认识并从消极因素中挣脱出来。然而总有些事情不可避免地会行差踏错。最近，我和一个优秀团队一起工作，团队中的每个人都很出色，而团队所从事的工作也十分有意义。但这种理想而和谐的工作氛围仅仅延续了几个月，渐渐地，团队成员开始争吵，更有甚者还开始反击那些与自己意见相左的工作伙伴，同时又总是恶语相向，或是觉得对方公报私仇，倾轧自己。简而言之，他们把工作伙伴当成了自己的假想敌，一种古老的战争由此拉开了帷幕。许多团队都曾遇到过相似的问题，这时，一般团队领导的处理办法不是裁员就是寻找替罪羊，将所有的问题都归咎于他（这样做并不能从根本上消除问题，各种问题依然困扰着这一团队，直到它们被化解为止）。遇到这种情况时，人们通常会指责他人，然后双方开战；又或是，他们将指责的矛头对准自己，渐渐失去了对自我的信心，从而抛弃了对梦想的信念。

事实就是每当我们冒险采取行动的时候，都会受到挑战即如何从消极因素中挣脱出来。这是一个进行中的过程，令魔法师区别于其他原型的关键要素就是他们能够诚实地自我反省。他们既不会因为看到消极因素而退缩，也不会放弃或驱赶那一部分的自我。相反，他们会努力地在消极因素中寻找闪光点。

实现自我平衡并非像处理工作那样简单，也不像取回洗干净的衣物，或从幼儿园里接回孩子，然后及时赶回家准备晚餐那么容易。事实上，这是一个更加复杂而庞大的工程，我们需要全面地了解自我，然后找准适合自己的定位。许多年前，在我的一次演讲过后，一个男人找到我，对我说，他戒酒已经整整20年了。与此同时，他也花了大量的时间帮助其他酗酒者戒酒。他说，他的工作很有效，因为他从不评判对方。没有任何人的任何话能够令他感到震惊，因为即便是再堕落、再可怕的事情，他也都已经经历过了。有意思的是，如果他不曾酗酒，他就不会意识到自己的生活已经沦落到何种不堪的地步。当他清醒过来后，面对曾经满目疮痍的生活，他才发现自己有足够的能力去创造美好的生活。

除非获得我们的承认，不然，这些尚未发育完全的消极因素就会悄无声息地吞噬我们的意识。当然，在理想的环境下，这个人的确可以避免陷入酗酒的深渊，与这一不良嗜好带来的种种磨难擦肩而过。其实许多具有不良嗜好的人往往都曾经是完美主义者，然而，极具讽刺的是，他们对自己的要求越苛刻，成为不良嗜好的俘虏的可能性就越大。上文中提到的那位酗酒者之所以会依赖酒精，就是因为最初的他无法接受自己的痛苦和缺陷。他参加了12步戒酒计划后，用了很多年的时间才学会如何接受它们。当我们想要接受自己的悲伤、孤单或愤怒情绪时，当我们想要容忍那些自我毁灭的行为时，我们并不一定要麻痹自己。事实上，我们可以敞开心门，对自己那种如孩童般脆弱的心理表示尊重，并且坦然地接受心中的怒火，坚持我们的意愿和信念。换言之，从上述这些消极因素中发现其积极的一面，并乐于承认和接受，这也是能够阻止孤儿、战士、流浪者、利他主义者以及天真者沉迷于不良嗜好的原因。

天真者教导我们要爱这个世界。如果我们的魔法师原型能够在一个强大的天真者原型的帮助下获得平衡，我们就可以开始实现自己的梦想，与此同时也不会为这一梦想所累。然而，如果我们采用强制性的手段去实现自己的梦想，我们就会在不经意间失去原有的魔法，并且会有陷入皮格马利翁计划这一泥潭的危险，用尽一切办法歇斯底里地去改变其他人（或这个世界）从而得到想要的一切。但是，假如我们遵循世界的正常秩序，就能轻而易举地和那些与我们目标一致的人结伴而行，最终实现自己的梦想。一旦我们沉迷于操控他人，我们手中的魔法就会变质，变成我们控制他人的工具，原本能够赋予我们生活能量的奇思妙想也会因此而转变成一种痴迷，操控着我们及我们的魔法能量。这时，善良的魔法师就会变成一名邪恶的巫师。

拥有战士思维模式的人认为，当我们发现存在于内心或外部世界的消极因素时，正确的反应就是屠龙——摆脱欲望或其他痴迷的操控。然而，这样做的结果却加剧了内心的压抑感，那条恶龙也变得越来越庞大，而我们渴望摆脱的沉迷思想也就随之变得越来越根深蒂固。当战士和利他主义者的决心得以实现后，我们也就学会了如何面对恶龙，并且意识到这很危险——不仅对我们如此，对其他人也同样很危险，但是只要我们能够承认它也是自我的组成部分，我们就可以完成转变这一猛兽的壮举。

暴力的产生在很大程度上皆源于缺乏自信。如果我们学习如何善待他人、如何奉献，渐渐地，我们会形成一种观念：我们没有权利要求得到自己想要的东西。我们许多人从未学习过了解和表达自身需求的技巧。于是，我们的某些情感就得不到宣泄，既而层层叠加，形成一个已经启动的定时炸弹。最后的结果自然是炸弹爆炸，愤怒以及各种情感以一种暴力的形式喷涌而出，可能在此基础上还有一些肢体的暴力动作，最终对我们自己或他人造成伤害。因此，对抗暴力的解决方法不是自控（这样做只会导致心里压抑），而是面对自我和表达自我。

魔法师明白，当自己的能力尚不完整的时候，表达自我观点和意愿需要很大的勇气和精神。这样做意味着释放其内心的魔鬼。然而事实上，由于所有人都是这个世界的缔造者之一，所以无论我们是否愿意，我们都必须冒这个风险。不过，魔法师会自动地担负起这一过程中所应负的责任，并且从根本上信赖这一过程，相信它能带给自己足够的力量。如果恶龙不是其他人或事，而是自己的消极因素，那么，唯一改变它们的方法就是立刻采取行动，将它们公之于众。

不过，在采取行动的过程中，我们还需要具备某些判断力，从而避免召唤出更强大的恶魔，自己无法应付。在乌苏拉·勒·奎恩的科幻小说《地海巫师》中，带着年轻人的傲慢心理，主人公斯派罗霍克相信，他拥有足够强大的能量，能够起死回生。虽然他成功了，但同时也将一头足以摧毁这个世界的怪兽从地下里释放了出来。尽管年轻且缺乏经验，但是斯派罗霍克明白自己有责任找到这头怪兽，然后消灭它。于是，他踏上了寻找怪兽的旅程。当他终于顺着怪兽留下的痕迹找到这个恶魔时，他意识到唯一能够让他获得能量的方法就是说出它的真名。面对它，叫它杰德（斯派罗霍克的真名），在承认了恶魔就是自己的影子之后，他的两部分自我终于合二为一，地球也因此解除了威胁。

勒·奎恩写道："杰德用他自己的名字为其死亡阴影命名，他既没有失败，也没有赢，只是使自己成了一个完整的男人，一个了解真实自我，不会被其他人利用或控制的男人——除了他自己。如此一来，他的生活也就发生了改变，而不再是为了制造毁灭、痛苦、仇恨或黑暗而生活。"在取得这一胜利之后，斯派罗霍克唱了一首圣歌来庆祝这一看似矛盾的胜利："只有沉默才懂话语的重要，只有黑暗方知光明的可贵，只有死亡才能突显生命的意义：雄鹰的高飞照亮了空荡荡的天空。”

魔法师渐渐明白了生活平衡的重要性，与此同时，他也意识到个体的选择既可以实现这一平衡，也有可能会打乱原有的平衡。在勒·奎恩的《地海彼岸》中，斯派罗霍克再一次令这个世界恢复了平衡。科布是一位拥有无上法力却思想邪恶的魔法师，他打算用自己的能量征服冥界，然后使人们获得永生。当然，这样做的结果就是令他们受控于死亡的阴影。无论走到哪儿，斯派罗霍克都能看到如同行尸走肉一般的人：他们离群索居，无精打采，而且许多人都嗑药成性。这种人既不会为自己的工作感到骄傲，也不会为关爱他人而感到自豪。

对此，他解释说，导致这一问题的症结就在于人们渴望获得“控制生活的能量”，他将这种欲望称为“贪欲”。他注意到，唯一值得拥有的能量不是“超越”生活的能量，而是接受生活，让它走向自我。渴望拥有掌控生死的能量，从而使自己获得永生的贪欲在人们内心形成了一种空虚心理，并由此打破了宇宙间的平衡。斯派罗霍克向科布解释说：“地球上所有的歌曲，天空中所有的星辰都无法填满你的空虚。”对于科布而言，追求“超越的能量”已经使他丧失了自我。最终，他放弃了控制生死及他人生活的幻想，而世界也就恢复了平衡。

在当代世界，消极因素随处可见。人们在脱口秀中剖析自己的灵魂，让深藏于心底的一切都公之于众。我们带着一副面具出现在世人面前。在这样一个时代，无论是保持自己天性中孩童般的天真，还是坚守自己作为一个成年人的理想都绝非易事。就拿我自己来说，住在华盛顿特区附近的我早晨会一边喝果汁一边看《华盛顿邮报》。有时候，我会发现自己那种愤世嫉俗的思想距离报纸上刊登的那些新闻实在是还有一段遥远的距离。

从某种程度上来说，消极因素是可见的，因为魔法师原型已经浸入了我们的普遍意识。我们需要完成的任务就是通过找出隐藏在消极行为背后的积极力量来同化他们。例如，痛打某人固然是一种消极的做法，但是造成这一行为的却是你想摧毁某些事物的冲动，而需要毁灭的就是那些存在于思想中的不良习惯。

帮助他人和事物了解自己

魔法师也会运用自己的能量对事物重新定义，但不同于天真者。天真者给这个世界贴上了“好”的标签，而魔法师则往往会从识别问题本身开始定义，然后才会转向探索新的视角。今天，许多人都惧怕实事求是。对于战士而言，将恶龙称为坏人通常标志着进攻的战役即将打响。诚实就意味着必须接受许多吹毛求疵的眼光的审视，而这可能会令自己受到伤害。诚实有时极具威胁性，因为人们往往会试图表现得比自己的实质更好，从而获得地位的提升。魔法师在谈论问题时会用爱来调和，与此同时，他还会用一种信念来支撑自己，即人性本善。我们每个人都有存在的理由——正面、积极的理由。

在菲利普·拉斯纳所著的那本有趣的儿童读物《青蛙杰罗姆》当中，一位顽皮的女巫告诉杰罗姆，她已经把他变成了一名王子。他仍然保留着青蛙的外形，但是小镇居民已经把他当成了一名王子，请求他帮他们完成各种心愿。杰罗姆顺利地完成了人们交代的任务，最终屠龙的重任也落到了他的肩膀上。这头龙总是喷火，焚烧村庄，令村民苦不堪言。杰罗姆找到了火龙，拔出了宝剑，准备与之决一死战，可就在这时，火龙问他为什么要这样做。毕竟，喷火和焚烧是他的天性。听了火龙的话，杰罗姆思考了一阵，随后，他们俩进行了一番商讨，最终得出了一个令大家都满意的解决办法。每逢周二和周四，火龙会喷出火焰，焚烧镇上的垃圾，而在剩下的时间当中，他就在周围四处闲逛。杰罗姆没有试图改变火龙，也没有打算“说服”他做一条“好”龙，但是他却帮助这条龙用一种更积极的方式来做自己，毕竟龙不仅喜欢喷火和焚烧东西，而且还很享受被人崇拜和欣赏的感觉。

杰罗姆这种既不伤害任何一方，也不区分好坏的解决问题的办法就是基于人性本善这一观念。然而，我们可能会压抑一部分自我，将内心的消极因素通过行为表现出来；又或者，我们只是缺乏一种富有社会责任感的表达自我的技巧。无论是哪种情况，我们都有可能会给自己或其他人带来麻烦或困难。正如这个故事所展示的，只要我们了解了龙的真实本性，并且加以适当的开发和正确的疏导，龙的喷火天性就会变得既不可恨也不可怕！

这时，重要的就不再仅仅是诚实的态度了，周围的能量也同样十分重要。如果诚实来源于战胜某人的欲望，那么，这时的诚实就会变得异常危险，充满了毁灭性的能量。不过，假如诚实被包裹在一种认为每个人都拥有“真、善、美”潜质的信念中，这时的诚实就会产生一种完全不同的效力。魔法师的目标并不是屠龙，而是重新为龙命名，通过沟通恢复其内在和外表的一致性。

马德琳·英格写给青少年的小说《门内的风》就向人们展现了这种积极的命名方式在面对邪恶时所具备的强大能量——只要这种命名是诚实的，并且不会引发任何自我毁灭的思想或行为。小说的主人公名叫梅格，这个青春期女孩的父母是声名显赫的物理学家。故事的问题就在于，梅格深爱的弟弟查尔斯·华莱士已经奄奄一息。她的妈妈发现查尔斯体内的法兰多出了问题。在每个人体细胞里都有一种名叫线粒体的细胞器官，每个线粒体都带有自身的RNA和DNA。假如没有线粒体，我们的身体就无法处理吸入体内的氧气。梅格的妈妈认为，在线粒体内还存在一种名叫法兰多的物质，这种物质与线粒体的关系正如线粒体和人体细胞之间的关系。

这种生命相互依存的观点贯穿了整部小说。梅格遇到了一个来自外太空的小天使，小天使告诉梅格，体形的大小并不会造成任何个体差异。宇宙中的每个生物都和其他生物一样，而且所有事物之间都存在着千丝万缕的联系。外星小访客还告诉梅格，她可以挽救查尔斯·华莱士的生命，因为她就是一位命名者。后来的事实显示，命名者就是能够帮助人和事物了解自己的人。例如，梅格的朋友卡尔文就是她的命名者，因为每当和他在一起的时候，梅格就会觉得自己更像自己了。

问题的根源就是敌人伊奇斯拉（Echthroi：原为希腊词语，意为“敌人”，此处名称为音译后的名称），即“非命名者”。他们也是制造黑洞、孤立、绝望等事物和现象的罪魁祸首，因为他们会试图去阻止人、行星等宇宙间的事物了解其真实自我，从而使他们无法为宇宙的发展贡献自己的能量。在进行了多次为他人命名的练习之后，梅格进入了弟弟的线粒体之中，和法兰多开展了一次深入的对话。结果表明，伊奇斯拉早在她之前就已经进入了线粒体，并且说服法兰多，使它们相信自己就是宇宙中现存的最伟大的事物，根本不需要踏上原本应当开展的旅途。最后，当法兰多开始自己的旅行之后，它们与星星一道唱起了歌。如果法兰多不这样做，它们所在的人体组织就会死亡。

梅格成功地完成了为法兰多进行命名的任务，但这时，她意识到自己必须直面伊奇斯拉，只有这样才能解放她自己以及她的朋友。当她终于和敌人面对面的时候，她并没有像战士那样，企图杀死对方。相反，她开始反复地命名，并在结束时说道："伊奇斯拉，你已经被命名了！我的双臂环绕在你左右，你不再是虚无。这就是你，你被填满了。你就是我，你就是梅格。"

梅格隐隐地体会到了微观世界和宏观世界的法则就是魔法的基础。如果她就是宇宙的缩影，那么，任何一个"在那里"的东西也就相当于"在这里"。我们每个人的心里都住着一个被我们称为"自我痛恨者"的自我，这一部分自我要么会无限地放大，在我们的思想内植入一种"至关重要"的信念；要么就会用各种方式贬低我们的自尊，使我们相信自己一无是处。因此，每个人心里都有一个蠢蠢欲动的伊奇斯拉，试图让我们偏离生活的正轨。就在我们学会去爱外在的敌人的同时，我们也会了解如何去爱（并从而驯化）存在于我们内心的敌人。存在于外部世界的令我们极其恐惧的火龙，其实就是带领我们直达内心消极因素的特快列车。

直面消极因素可以拓展我们爱的能力，从而使得我们最终能够真心地去爱存在于身体内外的所有事物。不过，这样做并非一定要以我们或他人的坏行为为代价。在大家都很熟悉的《青蛙王子》的故事里，小公主不小心把一个金球掉进了池塘里，并为此伤心不已。这时，一只青蛙出现了，他说，只要公主能让他吃她盘子里的食物，并且让他在她的枕头上睡觉，他就帮公主找回金球。公主答应了，而她的金球也因此失而复得。这时，为了保持公主的声誉，公主的父亲要求女儿信守诺言。在我小时候听到的故事版本中，当公主亲吻他之后，青蛙变成了王子。此后，人们围绕这一故事编了许多笑话，说无数的女人去亲吻青蛙，希望自己亲过的青蛙能变成王子，却很少有人注意到公主是在强压住内心的恶心感之后才勉强亲吻了青蛙。青蛙令公主感到反感、厌恶，而这个故事也借此向人们传递了一个很隐晦的信息，即公主应当压抑内心的这些情感。

另一个大家同样也很熟悉的童话故事《美女与野兽》内容虽恰好相反，但也正好能为我们提供一些帮助，而这也是一个极其典型的魔法师原型故事。在这个故事里，野兽最终也是在公主的亲吻下变成了一位王子，然而，其环境和过程却不太一样。野兽对待美女彬彬有礼：他对她总是表现得很和善，也很大度。事实上，他每天晚上都会向她求婚，可是美女始终坚守自己的情感，一再地拒绝对方。尽管野兽明知道自己可能永远都无法恢复真身，但是他依旧选择尊重对方的选择，因为只有爱才能破解咒语，令他恢复人身。最终，当美女同意嫁给他的时候，她是真心实意地愿意做他的妻子。她看到他内心高贵的品质，并进而爱上了他。也只有在这个时候，他才能恢复人身。

《美女与野兽》的故事表明，我们不仅能够通过爱上真实的对方来改变自己，而且还能由此改变对方——将他们命名为“可爱”，哪怕他们并不完美。在《青蛙王子》的故事中，青蛙其实利用了公主；她的心智尚未成熟，并不像美女那样聪明、理智。不过，麦当娜·科尔本契拉格在《和睡美人吻别》中解释说，在原版的《青蛙王子》中，青蛙并不是因为公主的亲吻而恢复人身，而是在她承认自己觉得恶心，并且把它抓起来扔进火里的时候，青蛙才恢复了王子的真身。

在我们的文化中，爱通常意味着迁就和纵容。这种被动性中蕴含了一种很微妙的情感。魔法师之所以能够准确地触动人们的心弦，原因就在于他们相信每个人除了能够做出自我纵容或自我毁灭行为之外，一定还有其他积极的行为。我想，同样的背景下，相对于被动地接受不公平对待，妻子不再忍受丈夫的大男子主义的行为往往更容易让男人发生转变。同样，如果男人不再为满足妻子的生活习惯而放弃自己的英雄之旅，那么，女人也往往会因为丈夫的这一做法而发生改变。当父母不再溺爱和纵容孩子，对他们的言行和零花钱制定出合理的限制之后，孩子们通常会改掉以前的坏习惯。有时候，如果你爱一个人，你就应该松开保护的臂膀，让他接受烈火的洗礼，而不是一味地容忍对方的言行。对于公主而言，这种让自己置身于火海“勇敢的”抛掷行为也是一种对自己的尊重。正是因为她充分地尊重自己，所以她才不会强迫自己去亲吻一只青蛙。无论她的父亲说什么，也无论她曾经做出过怎样的承诺！

美女的爱令野兽变身为一名王子，公主果断的拒绝也让青蛙成功地完成了变身。当她们百分之百地信赖并声明诚实的自我时，她们就成了魔法师。现在，我们所说的不是战士关于诚实的观点，战士的诚实要求他们必须兑现自己的诺言，无论他们需要为此付出怎样的代价，而是一种完全忠实于埋藏于心底最深处的自我的生活方式。（当然，信守诺言对于魔法师而言也同样重要。如果他们在说话的时候漫不经心，不以为然，魔法师就不可能信赖自己定义的能力，也无法通过命名去创造自己的世界。）《美女与野兽》中的年轻女孩始终坚持自己的情感归属，直到野兽一点一点地打动她，最终使她心甘情愿地成为他的新娘。由始至终，她都没有强迫自己为了拯救他人而做自己不愿做的事情。拯救野兽的是美女的真爱，而令青蛙恢复原形的则是公主的诚实。

做真实的自己

像贵妇人一样温婉大方，又或是像绅士一样风度翩翩，这种模仿以及刻意的做法只会在不知不觉中破坏双方关系。表达内心的情绪具有不可小觑的力量，因为这样做可以让我们拥有一段真实、开放且诚实的关系。与此同时，这也为爱的入场铺平了道路。玛格丽特·阿特伍德在自己的《神谕女士》一书中描写了一位有过多种生活经历的女主人公。按照别人的建议，她曾经在生活中扮演过各种不同的角色。可是，她的每段感情最终都以失败告终，直到小说结束时，她内心压抑的怒火终于爆发出来，也直到这时，谱写一段真正的恋情才终于成为可能。她曾经将一位记者误认为是自己的丈夫，举起酒瓶砸伤了对方的头。事后，她去医院探望这位记者，并最终和他成了好朋友——他是唯一一个完完全全了解她的人。

魔法师既不感性又不浪漫。魔法师的目标就是发现真实的自己和他人。一方面，从本质上来说，我们的心中都充满了爱；另一方面，在这一事实的基础上，还存在着许多因素，正如一块蛋糕有很多层一样——忽视这些因素的存在显然是不合适，也不正确。在生活中时刻忠于内心那个真实而正直的自我不仅需要勇气，也需要接受诸多戒律的束缚，因此在经历这一过程的时候我们往往需要把自己装扮成一名战士。有时候，敞开心门，诚实地做自己，会让我们很容易受到来自内心或外在的伤害。这种行为不能容忍操纵和控制，但是它会接纳亲密和爱，有时候它还会在我们的生活中制造出一些奇迹时刻。

博南扎·杰里宾是汤姆·罗宾斯的《蓝调牛仔妹》中的一个人物，他向我们展示了，有时候要想完成从地狱到天堂的转变，其实只需要转变自己的观念即可。对于死后的生活及世界，人们观点不一，不过，绝大多数人都知道当下的生活同样也能给人以“天堂”或“地狱”般的感受。杰里宾争辩说：“地狱就是你生活在恐惧中，天堂就是生活在梦想中。”

萨格是艾丽丝·沃克那本著名的小说《紫色》中的一个人物。作为魔法师最典型的代表，她让自己及周围的人成功地实现了从地狱到天堂的转变。萨格过着一种几乎完全忠实于自我的生活，为此，她甚至打破了当时许多关于社会及性别角色的限制。她本人只是一个名不见经传的三流蓝调歌手，在这个世界上，她个人的能量看上去小得几乎可以忽略不计。然而，尽管如此，她还是成功地改变了极其压抑的家长制生活。在那样的环境中，你几乎找不到任何爱和幸福的踪影。她并没有着力于改变任何事情。一系列改变的发生全都是因为她就是她——其中包括她内心的独立品格、坚定的主张，以及她的慷慨和体贴。

小说的主人公西丽亚一开始就是一个饱受困难的孩子，后来，她嫁给了阿尔伯特。这个男人娶她并不是因为爱她，而是因为想找一个人来照顾自己的孩子。他总是毒打她，因为他很生气，气她不是萨格。他爱萨格，但是又不敢拂逆父亲的遗愿，所以只得娶了西丽亚。西丽亚认识萨格，也很了解她，知道她是一个自由而诚实的人。因此，每当见到萨格的照片时，她不仅没有威胁感，反而还能从中获得力量。

西丽亚从萨格那里学会了如何捍卫自己的立场和权益。一开始，萨格对西丽亚充满了敌意，因为她是阿尔伯特的妻子，可是，在大病一场之后，受到西丽亚无微不至的照顾的萨格喜欢上了这个女孩。在这一类似于美女与野兽的背景环境下，西丽亚也开始珍惜和重视自己，因为萨格很在乎她，最终她们成了知己。萨格帮助西丽亚学会了如何爱自己和珍惜自己，并且帮助她发现了自己的天赋：她能够按照顾客的要求做出合身且穿着舒适的裤子。最后她发现，即使萨格离开了她，她也一样能够独立生存并满足于这种生活，西丽亚终于学会了在不依赖他人的情况下去爱自己和别人。

阿尔伯特的命运与童话中的那只青蛙有些相似。一开始，他打了西丽亚，萨格随后与他当面对质，并且拒绝了他。后来，西丽亚离开了他，并在临行前诅咒他，说他对她所做过的一切最终都将报应在他身上。这个人物最终之所以能够被治愈，获得康复，一部分原因是他面对了自己曾经造成的伤害；另一部分原因就是他儿子的关爱和体贴，即使明知父亲曾经做过的那些坏事，儿子也从没有放弃过他。

在故事的结尾，三个人物——西丽亚、萨格和阿尔伯特，相互关心、照顾。阿尔伯特放弃了做一家之主，萨格也回到了西丽亚的身边。作为一名魔法师，萨格重新定义的不仅是个体之间的关系，还有她所在的社会生活模式。

在我从事行政培训工作期间，我所遇到的效率高的领导者几乎都有一个共同之处，那就是他们会信任自己的直觉。和萨格一样，他们期待事情都能得到解决，对人有一种信赖感，把每个人都当成一个个体，并且会将自己的体贴和关心表现出来。对他们而言，当有人不履行自己的职责时，设置个人底线也并非难事。人们知道，只要做到全力以赴，就能得到自己需要的支持和帮助。不过，当其手下的员工在工作中显示出不称职的迹象时，管理者就会与之谈话，探讨现在的这份工作是否适合他。如果适合，管理者就会考虑为其提供培训，从而帮助员工获得成功。如果不合适，他就会将这名员工调至其他工作岗位，或让他离开（并且积极地鼓励他去别的地方实现自我价值）。不过，最重要的一点就是，这种管理者不会像其他领导者一样，因为担忧而浪费大量时间。

此外，当问题发生时，他们的反应不是“有人应该做某事”，而是立刻亲自投入到问题中，开始做自己力所能及的事情，从而解决问题，使一切恢复常态。当需要改变的时候，战士也会立刻采取行动，不过，差别就在于战士会做出作战部署，去促使改变发生，而魔法师则是设想出自己期待的结果，然后带着信念帮助他们得出解决方案。当事情出错的时候，战士往往会竭尽全力施展自己的力量或控制一切。魔法师则会从中抽身，确定自己的目标是否符合当下的需要。当情况变得艰难时，魔法师也许会接受此时此刻魔法无法作用于外部世界的事实。而在这种情况下，魔法往往正在内心世界产生着潜移默化的作用。我们的天性和生理结构决定了，我们所经历的困难将会帮助我们的意识上升到一个更高的层次。随着意识的转变，外部世界也会随之发生变化，只不过有时候，这一过程需要时间，也需要创造力的推动。

如果你想拥有的尚不存在，或非常短缺，你就需要将它创造出来，或干脆静静地等待。魔法师知道时机十分关键。有时候，你想要的伴侣就在那里，只是因为时机不成熟或不对，所以你们无法相遇。也许，你在自己的生活中找不到与你设想的职业相吻合的就业形式。例如，我所认识的一位女性就感到自己毫无目标，于是，她去向一位智者寻求答案；后者告诉她，她的问题就在于，她生来就是一名寺庙看护者，却无奈于出生在一个没有寺庙的时代。在报纸上，你找得到招聘寺庙里的工作吗？后来，她成了一名按摩师兼治疗师，工作地点就在自己的家中。经过重新设计和装修，她把自己的家打造成了一座混乱不堪且充满压力的城市的避难所。她的经历能够时刻提醒我们，并对我们很有帮助。很少会有人如此超前于自己的文化，至少从某种程度上来说无法成为这个时代文化的缩影。寺庙看护者也许无法在当今这个世界上找到真正的寺庙，但是，当他们发现了那些值得他们尊敬并被他们视为圣物的事物之后，他们通常就找到了象征意义上的寺庙。这时，他们就能确保那些圣物始终处于安全的状态之下。

意识到人与人之间互相依存的关系可能会让人觉得自己能力有限，因为仅凭我们自己的力量，要在新世界里行走的能力十分有限。不过，我们首先需要认识到，即使是在当前这个社会里，我们也能让自己的生活发生巨大的改变。这很重要。我就曾经注意到，尽管生活在同一个国家之中，但是有些人却似乎生活在一个不同于他人的世界里。有些人的生活受到了各种消极因素的操控：畏惧、孤独、担忧、贫穷（精神匮乏或物质贫乏，在这种情况下，即使是富人也同样会有贫穷感）。而另一些人却始终被各种美好的事物所包围：爱、美、富足、友善、繁盛以及幸福。同样，有些人的生活无论是从精神上来说，还是从经济上来说都像是生活在19世纪，而另一些人则已经提前进入了21世纪。从很多方面来说，虽然大家都生活在同一个时代、同一个星球，但是有些人却好像生活在不同的世界里。

当魔法师原型被激活之后，我们就能选择自己生活的世界。在发达世界中，要想了解这一点并不困难。我们能够对不同的可能性做出回应，我们拥有选择的余地和权利，可以接纳社会中与自我意识相符的那一部分，并与之成为一个整体。我们也知道这个世界上的许多人并没有那么幸运，他们拥有的选择权少得可怜，甚至没有。

此外，我们从那些改变世界的领导者身上也能发现魔法师原型，包括那些为倡导社会变革而导致自己被流放或被捕入狱的政治领袖，譬如说，纳尔逊·曼德拉。25年的监牢生活不仅没有磨灭他的精神意志，反而为他创造了一个拓展自我意识的机会，从而使他能够成为废除种族隔离制度后的南非共和国的领袖。魔法师留给我们的礼物就是，无论我们最初的动机是什么，只要我们愿意去亲身体会这一神奇魔法的过程，这个世界上就没有任何事情能够阻止我们前进的脚步。

团结与你有相似梦想和价值观的人

创造我们自己的乌托邦是一个连续性的日常过程。我们可以通过思考那些关于伟大魔法师的故事来激活自己内心的魔法师。梅林就是一位家喻户晓的大魔法师，是他首先提出了卡米洛特王朝的设想。

关于卡米洛特的伟大传说采用的是一种口口相传的方式，身处于黑暗时代的人们正是通过这种方式来传递希望的。这一故事通过隐喻的修辞手法告诉人们如何用魔法来改变自己的生活。故事开始时社会陷入混乱之际。老国王死了，封建体系中的敌对贵族发动了战争，企图夺取王位。战争引发了社会动荡及分裂，令人惶惶不可终日的血雨腥风，完全扼杀了大不列颠帝国的未来（今天，你在许多组织结构、家庭和社区中都能看到类似的情景）。

这时，梅林来到了森林中的一个山洞里，在那里，他与自己内心深深的忧思和沮丧展开了思想斗争。山洞岩壁上一个闪闪发亮的像水晶一样的东西吸引了他的注意力，就在这时，他脑海中突然闪现出一个公正、和谐且充满人性光辉的社会，从而取代了他每日所目睹的那幅战火连连的画面。此处的梅林恰好向我们展示了萨满法师每日必做的功课：离开日日所见的世界，进入到想象的空间之中。事实上，我们每个人都能做到这一点，而我们需要做的就是将注意力从消极的问题上转移到想象世界之中，畅想一个我们希望生活的世界。

通常情况下，我们会把脑海中浮现出来的种种设想当成是逃避现实的白日梦。然而，梅林不仅没有忽视脑海中的画面，反而认真待之，并将其称为卡米洛特。在他的余生之中，梅林紧紧地把握住每一个能够促成这一设想的机会，为实现这一梦想而努力。其实，我和你都能做到这一点，只要我们认真对待每一个出现在生活中的梦想，并且把每一天的工作和生活都当成是在为实现这一梦想添砖加瓦，那么梦想就并不遥远。

一段时间之后，梅林离开了山洞，开始向其他人“兜售”自己的梦想。当然，他自己也不清楚如何才能让这个世界从混乱状态转变成理想的卡米洛特，但是他坚信这一天一定会到来。为此，他开始寻找并确认那些关键人物，其中最重要的莫过于亚瑟王和格韦纳维亚女王。亚瑟和格韦纳维亚后来成了卡米洛特的主人，他们开始和梅林一起寻找那些和他们有着相同目标和理想的人。梅林用一种充满激情的方式清楚无误地表达出自己的想法。与此同时，亚瑟王则用自己的行动力帮助人们意识到，每个人都能为实现自己的梦想贡献力量。格韦纳维亚则致力于在团体中营造一种真诚的氛围，从而使每个人都关心彼此，并且始终忠实于他们共同的事业。

这一故事告诉我们，即便是在今天，也没有任何人能够凭借一己之力创建出天堂。在实现梦想的过程中，至关重要的一环就是联系和团结那些与你拥有相似梦想和价值观的人，并且齐心协力为实现梦想（奋斗的重心落在实现目标之上）创建一个彼此真诚、相互体贴的团队（团队的基本重心应该是抚育和培养个体）。

卡米洛特的主人公们还找到了能够使努力事半功倍的圣物：亚瑟王的魔法宝剑，宝剑原来的主人湖仙女是一位拥有强大能量的凯尔特女神；圆桌，这也是格韦纳维亚嫁给亚瑟时带来的嫁妆之一，以及卡米洛特城堡，城堡的设计者和建造者就是亚瑟和梅林。同样，我们每个人也都需要找到能够与其功能珠联璧合的工具。在现代社会，这也许就意味着合适的办公地点或宜人的家庭环境，得力的技术支持以及任何能够提高运作效率的物质。

为了让自己的幻想能够经受住时间的考验，长期有效，亚瑟王他们还必须找到一个更高尚的价值观来支撑自己的梦想。通过卡米洛特传说，我们可以知道格韦纳维亚提出了一种骑士精神，从而为亚瑟王提供了一种能够鼓励和刺激出想象力的价值观表述方式。他们承诺效忠上帝，和善地对待那些需要帮助的人，创造出一个比以前任何一个王朝都更加公平、公正的社会。骑士们之所以会忠实于卡米洛特这一设想，原因就在于这为他们提供了一个实践个人梦想的机会。当然，骑士们最终踏上了寻找圣杯的历程，而这段经历也让他们所有人都明白了生活的意义。由此，我们可以得出这样一个结论：无论我们共同的梦想多么美好、多么强大，只有当它与我们个人的目标相吻合的时候，它才能获得团队成员的拥护和忠诚。

当你处于创建自己的卡米洛特这一过程中时，事情的进展并不顺利时，你可以粗略地检查一下自己过往的行为，看看到底是哪里失去了平衡。你所追求的梦想是否清楚明了？和你一起努力的伙伴们是否与你保持一致？你是否具备梦想能够实现的行动力和智慧？你们所有人是否具备一种真诚、团结的团队意识？现有的物质基础和技术支持是否能够帮助你实现梦想？你们为之奋斗的梦想是否与所有人的价值观保持一致？

魔法师最核心的品质就是愿意诚实地接受自我检验。最近，我在一次机构设置中完成了一次神奇的团队构建任务。参与者一开始都很生气，因为他们的一些同事已经分裂成相互竞争的小团体，而他们闹分裂的时候正是组织机构生死存亡的关键时刻。他们知道自己完全有理由坐下来，就发生在自己身上的事情进行投诉和抗议。然而，他们并没有这样做，他们开始自省，看看自己的工作方式是否能够做出一些改变和调整，然后又将目光投向了逐渐显现出来的市场需求。结果，他们不但没有陷入愤世嫉俗和相互指责的泥潭，反而得到了一个能够带领他们绕过弯路的新设想，确保他们期望的市场份额能够实现。在这一过程中，他们还成功地改善了团队成员之间的共事关系，提升了各自对彼此的承诺力度。在汇报的过程中，许多团队成员都提到在当今这个世界，成功者与那些未成功者之间的差异就在于一种意愿：是否愿意从已经发生的事情中汲取经验教训，然后做出力所能及的改变——改变自我。

在当代世界我们完全可以将这些原则应用到平衡自身职业和义务这一课题之中。第一步，设想平衡的生活是什么样的。第二步，做出一个简单明了的决定："无论如何"都要忠于平衡。第三步，和身边的人分享自己这一积极意图，请求他们支持并帮助自己实现这种健全而幸福的生活。第四步，在现实生活中采取行动，体现自己的这一承诺和决心。例如，你可以经过商谈开始兼职工作，当其他人未能完成自己的工作时不再扮演救世主的角色，聘请或和他人合作，重新审视自己一直在做的事情。第五步，调整心态，使之与你内心更深层次的价值观相吻合，并且允许那些能体现这些价值观的活动或行为重新回到你的生活中。譬如说，你可能会想花更多的时间陪自己的孩子或朋友，去大自然里走一走，进行一些深度的思考，又或是通过音乐或其他艺术形式来表现自己的创造力。

最后，如果你发觉自己似乎正在以某种方式破坏你之前所付出的种种努力，那么，你需要立刻为这一正在努力制造的麻烦和困难负责，需要留意它到底想从你这儿得到什么。譬如说，如果你决定缩短自己的工作时间，这时，你也许会发现你的一部分自我会在不自觉的情况下执着于追求成就。或者，你会发现你的一部分自我害怕面对空虚的时间。在第一种情况下，你也许需要重新斟酌自己关于平衡生活的理想，加大对成就的关注力度。在后一种情况下，你可能就需要努力学会如何处理那些没有任何规划的时间时所涌现出来的压抑的情感，或由特定障碍所带来的迷惑感。

社会的转变

今天，政治领导者经常会谈到世界上正在进行的文化及经济转变。在几十年前，理性主义者提出了一种立场鲜明而坚定的观点，即对能源、精神、灵魂，乃至上帝的信仰都是单纯、不够成熟的标志。今天，情况已经不同于以往，以灵魂为题材的书籍已经登上了畅销榜。人们在办公地点会很自然地谈论精神。就连科学家都意识到究其根本，物质也是一种幻觉。世间的每一件事物都是由思想物质、信息所组成的。所有曾经与其他微粒相互作用的微粒至今仍然在人际关系中发挥作用。此外，科学实验的结果似乎也和研究者的预期有关——这意味着即使是从物理学的角度来说，我们的思想也能够对这个世界产生影响（或者说，我们的预期能够在某种程度上预先确定我们的实验结果）。

在1986年出版的第一版《内在英雄》当中，我提到了当时的我们正处于一种从战士文化向魔法师文化转变的过程中。在这样一个大环境下，那些很难或无法触及其内心魔法师原型的人往往很难跟上时代的脚步，满足时代的要求。在当前的环境下，我们的社会体制正在发生改变，身处于其中的每个个体都必须对自己进行彻底改造，从而适应时代的需求。现在的模式已经不是环境决定意识或意识决定事件，而是随着改变速度的加快，个体、机构组织和社会已经变成了一个相互作用的动态整体。

我们需要面对的问题之一，就是当周围的一切乃至我们的内心世界都在改变的时候，我们该如何保持平静和平衡。只有那些愿意放下执着思想的人才有获得成功的机会。不过，魔法师的秉性决定了他更愿意促成改变的发生，而启动改变的秘密就是收回对改变的抗拒心理。舍韦克是乌苏拉·勒·奎恩的小说《一无所有》中的主人公，他的一句话恰好概括了魔法师所特有的智慧：“你无法制造革命。你只能成为革命。”当你这样做的时候，你的世界就改变了，就好像魔法突然从天而降一样。

要想让自己熟悉魔法师这一心理原型，你可以用从杂志上收集的任何与魔法师有关的图片做一幅拼图；也可以列出你认为能够表达魔法师思想和意识的歌曲、电影和书；或是收集正处于魔法师阶段的人的照片，包括你的亲人、同事、朋友，甚至你自己。有意识地锻炼自己，使自己能够留意到出现在自己身上的魔法师思想和行为。

魔法师练习

第一步

描绘出生活中一切都处于平衡状态的理想局面，然后以一种与这一设想相吻合的方式去生活。

第二步

设想出一个你想向往的世界，然后通过每一天的生活来为这一梦想添砖加瓦。

确认那些你认为处于消极状态或你不喜欢的人和团体，借此来确认你内心的消极因素。探索自己对于内心消极因素的看法，通过你自己的行为，或是你感觉到了却不敢表达出来的思想。思考如何以一种负责任的态度从这一消极因素中发掘出其积极的一面，并进而同化它，使它融入你的生活，形成一个整体。

第三步

练习如何在不否定任何人的情况下坚持自己的原则和立场。坚定且准确无误地让其他人了解你的信仰以及承诺，不过在实践信仰和承诺时尽可能采用温和的、平易近人的方式。

第四步

诚实地面对自己的失败，并且尽快弥补自己的错误。找出需要为这一消极结果负责的那一部分自我。然后，着力关注隐藏在消极行为下的积极渴望，并且采取行动实现这一潜在的需求。

第五步

联系发现存在于每个人以及环境中的积极潜质，用一种问心无愧且不包含任何指责因素的方法为这些潜质“命名”。（与此同时，你也许要坚守一大原则，即确保当前的消极行为不会对你和其他人造成伤害。）

第二部分
自我掌控：旅行指南

引文：内在能量开发

产生这一问题的意识永远无法解决由其产生的问题。

——阿尔伯特·爱因斯坦

本书的第一部分为我们提供了一幅开展英雄之旅的地图，以及6种能够为旅途中的我们提供帮助的心理原型。第二部分则旨在于帮助读者掌控不同心理原型的各种练习，包括有助于个人发展战略的信息：如何提升自我认知，以及如何通过提升认知来增强生活的能力，最终获得成功、幸福的生活。

有些人告诉我他们并不相信心理原型。不幸的是，有些你看不到或认为不真实的事情不仅存在，而且还很有可能会成为你前进路上的绊脚石。这种人往往被存在于自己内心的原型所控制：他们无法遏制对成就的渴望和追求（战士），他们会像着了魔一样体贴和照顾他人（利他主义者），他们似乎总是那个被伤害的人（孤儿），等等。缺乏对内心世界这一动力学的了解将会导致我们停滞不前，其危害丝毫不亚于不识字或不会算数对生活造成的不良影响。

你完全可以利用在第一部分中所掌握的信息来弄清楚当前自己的生活所表达的是哪一种原型，并借助他们来欣赏那些和自己不一样的人。如果这是你在看完本书后所做的，那么这本书对你而言就是有价值的。了解自己的内在动力，并且懂得欣赏他人不同于自己的品质，是我们在职业生涯以及个人生活中获得成功的关键要素。

不过，如果你接受本书第二部分向你发出的邀请，你就能在原有的基础上进一步发掘出本书的用途。当你这样做了之后，不仅能让自己的生活变得更加丰富、有内涵，还能得到控制生活的个人掌控力。在经典的荣格式分析中，你会通过专注于自己的梦想，以及产生这一梦想的心理原型发现生活的意义。这一练习也是内在能量开发中的关键一环，所以我想把这本书大力推荐给每一名读者！这样做的目标就是实现你自己的个性化，而这也意味着你从一个最基础的层面弄清楚了自己到底是谁。

当我们意识到心理原型的存在之后，通过将本书中所提的概念应用于自己的生活，我们与这些原型之间的关系就会随之发生转变。最终，我们不仅能够做到尊重每一种原型，而且还能够有意识地与之合作，改变自己和生活。从这一点来说，我们和原型之间是一种合作关系，或者说我们是彼此的舞伴，在内心指引的带领下翩翩起舞。在这一过程中，我们原有的自由和力量也会因此而登上一个新的台阶。我们对自己内心世界了解得越深，个人意识就会越清醒，身心就会越自由。

除了本书中所讨论的几种心理原型之外，还有其他许多原型。不过，这6种原型已经为我们提供了一个内部框架，从而使得我们能够由此培养自我的内心力量，而这反过来也让我们能够与其他原型能量建立安全的合作关系。今天，许多人在自我发展的道路上往往浅尝辄止，造成这一现象的原因一部分是他们不相信任何物质以外的思想或信仰。伴随着天真者的回归，以及魔法师的觉醒，我们将会成为一个更深沉、拥有更加深邃的精神世界且充满激情的个体。

在第一部分的最后一章里，我们了解了获得内心平衡后的魔法师角色。自我掌控意味着我们能够自觉地意识到存在于自身的外界角色与内在的原型之间的差异。由此，我们不会再去试图满足所有人对我们提出的要求，而会转而关注与表达真实内心的自我，并积极应对那些挑战。

在今天这样一个世界里，能够有效地利用这6种心理原型对我们而言意义重大。当我们做到这一点的时候，生活就会变得更加轻松自如。尽管在这英雄之旅中，各种原型的出现并没有任何既定的秩序，但是当这些原型都处于相对平衡的状态下时，我们对自己的自我掌控能力就会得到加强，生活也会因此而变得轻松。

从传统意义上来说，和谐的内在循环一直是个人心智完整性的象征，因为，这一神圣的循环恰好是宇宙的微观缩影。荣格向我们描述了自发地接近这一完整性的人如何描绘出曼陀罗的过程。曼陀罗，即印度教和佛教中用于帮助禅定的象征宇宙的几何图形，由一个中心和四个围绕中心的部分组成。在印第安的某些宗教传统中，巫医都会先画出某种有魔力的环状图案（或药之轮），图案中围绕中心的四个延伸部分分别指向四个方向，从而祈求实现人类、精神和自然世界之间的平衡。

在《荣格心理学中的投射和再收集》中，玛丽–路易斯·冯·弗兰丝写道："有一个特别的原始图案，其在科学传统中存在的时间远胜于其他大多数图案，这个图案被当成是上帝的图案、宇宙的图案、时空的图案，以及微观的图案。它就是一个圆圈，或者说，一个球体、一个中心，没有圆周的球体。"数个世纪以来，这个图案经历了多次变形，直到最终越来越多的人开始将它理解为存在于人类身体内的灵魂。

后文中的圆形图表就是对本书第一部分的一种视觉意义上的总结。在开始旅行之前，定义我们内在意识的是我们周围的社会。当我们进入天真状态后，一些危害我们信仰的事情就会发生在我们父母的身上乃至生活自身当中。于是，孤儿原型出现。当我们开始面对自己生活在一个堕落的世界里时，由此而产生的失望之情会唤醒流浪者原型，它将带领我们努力挣脱眼前的桎梏，促使我们从自身出发，去探寻和发现存在于生活当中的各种可能性。然而，我们很快就意识到当事情出了问题时，我们不能总是选择离开。这时，觉醒的战士原型就会帮助我们留下来，并且坚定不移地声明自己的界限和主张。但是，在生活的正常进程中，如果我们总是埋头于战斗，就会因此而陷入被孤立的境地，并进而开始感到孤独。当利他主义者原型浮现出来后，我们开始发现原来付出和照顾他人也同样可以给我们带来乐趣。这时，我们不再觉得自己脆弱不堪。最终，回归的天真者将会治愈我们的内心，并且让我们能够信赖生活。当旅行走到这一步时，魔法师就会出现，我们将会收获自我掌控力，同时做出那些能够帮助我们坚定生活观的选择。

这一过程创造出了一个内在的"家庭"，这一家庭能够弥补我们现实家庭中所存在的任何缺陷。换言之，当你获得这一内在家庭之后，你的生活就不会再受到幼年时不曾拥有过或做过的那些事情的限制。你将永远生活在一个健康的家庭之中。

我们的内心

孤儿原型能教会我们内心的那个小孩如何在困境中生存。流浪者能够帮助内心的青少年将自己区别于父母和他人，并且促进其内心冒险精神的形成，而这正是我们在面对未知世界时必须具备的品质之一。战士可以激活我们内心的父亲，从而使他能够适时地保护我们，助我们一臂之力。利他主义者为我们内心的母亲提供援助和支持，使她能够哺育和安抚我们（当然，我在这里使用的是传统意义上的母亲和父亲定义。他们也许恰好能够与你现实生活中的父母相对应，也许不能。只要能够确保孩子的安全，保证他获得足够的爱以及挑战，父母中到底由谁担负起哪一项职责其实并不重要）。

在我们构建内在家庭的时候，我们内心的那个小孩的失落、孤独以及依赖感并不会太强烈。因此，我们也不再需要将内心家庭的一切都与现实家庭建立联系，尤其是你父母的行为，他们做过哪些事情，没做过哪些事情。尽管我们大多数人都会把与父母有关的事件投射到其他权威人物或组织机构上，但是，通过构建内心那个充满魔法的原型循环，我们完全能够缓和内心的不满情绪，减少这一做法的危险性，因为内心的原型循环能够让我们有意识地撤回这种心理投射。

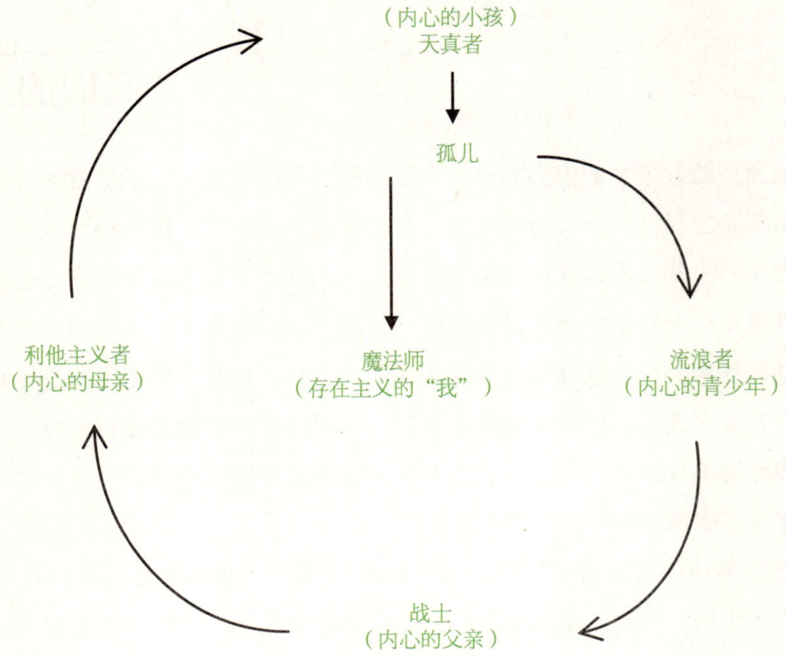

我们必须要记住内在家庭中的人物都是心理原型，是存在我们思想中或外界生活中的原型，这很重要。当我们重返天真状态时，就会开始感觉宇宙本身仿佛变得更加友好。在了解自己到底是谁之后，珍视其他人就不再是一件困难的事情，因为我们一样都有自己的独特之处。在培养出自己的界限之后，敞开心门接受他人的给予似乎也就变得不那么可怕了。当我们知道任何会伤害我们的事情发生的时候，我们就能够及时地竖起防线，保护好自己。当我们敞开心扉，体贴和照顾其他人之后，其他人关爱自我似乎也就成了水到渠成、符合逻辑的一件事。

当这一循环完成之后，内心小孩受到的伤害会被治愈，魔法师进入循环的中心，平衡了其他原型。与此同时，他也支撑了一些能够帮助我们创造自己想要的生活的决策和内在掌控力。大多数人就认为，我们的生活之所以会在运作中失控，就是因为受到了外在压力的压迫，譬如说同时周旋于多个社会角色之中。我们无法理顺生活的头绪其实是因为我们内心的原型处于一种不平衡的状态。如果天平的一端倒向孤儿，我们就会觉得自己只能任由外界环境摆布。如果过多地偏向于流浪者，我们就会不断地走向冷漠，拉开与他人的距离，从而使我们无法获得所需的帮助。过多的倚重战士则会让我们感到压力重重，成就不再是激励人的目标，而成了肩头的重担。如果利他主义者占据了主导位置，我们就会变成殉道者，为了帮助或取悦他人而放弃自己的生活。假如天真者原型在生活中的比重过大，我们就会堕入思想僵化的深渊。如果魔法师成了主宰我们生活的原型，我们就会缺乏应有的局限感：我们会认为自己能够改变任何人、任何事。

每个人身上都具有几个原型特质

知道这些原型的名称及其特质，我们就能将它们逐一识别出来，从而阻止他们成为我们的主宰者。在此，我的意思就是，从根本上来说，当我们允许某种原型用它的观点来定义我们是谁的时候，我们就会被这一原型所“控制”。如果你能够将一种情感或思想归类于某种特定的心理原型，那么决定人生的就不再是这种思想或情感。只要你将自己区别于所有这些心理原型，你就能决定各种原型在你生活中得到展现的内容及尺度。

不久前的某日，我结束了一天并不顺利的工作，离开了办公室。我思忖道，“我感到很沮丧？”这时，我意识到只要我保持这种思维模式，我就能够和自己进行越来越深入的谈话。利用原型模式，我没有忘记问自己，“我为哪一部分感到沮丧呢？”这时，我发觉感到不高兴的正是我的孤儿原型，因为我受到了某些同事的不公正对待。事件中的不公平性令我始终无法释怀，以至于我的心理一下子就失去了平衡。我开始识别出一个内在原型。

就在我想到这一点的时候，我意识到余下的自我并没有感到丝毫的不适。将自我同孤儿原型区分开来后，我顿时松了一口气，不再为这一消极情绪感到不安。我可以召唤内在的利他主义者原型，而它给我的建议是和朋友聊聊天，然后再洗一个泡泡浴。接着，我的战士原型也跳出来，告诉我如何对抗在工作中遇到的那些意图不良的花招和伎俩。最终，我可以召唤内在的天真者，借它来提醒自己我可以自主选择，让内心恢复平静，并且信赖这一互相作用的过程。

当我们识别出所有想法的原型基础之后，我们就具备了识别隐藏在这些想法之下的原型架构。从此，我们就不会再长久地拘泥于某一种观点，当我们用惯用的方法无法解决问题的时候，我们可以随时转变思维模式去解决这些顽固的问题。这也是为何对于当今身处于领导位置的人而言，开发自我内在能量的能力会显得如此重要的原因。用紧紧攥住某一种原型的视角去看这个世界的人，永远都无法解决存在于我们这个时代的那些大问题。

原型的力量对生活的影响

与此同时，心理原型往往也会出现在一些可预测的生活舞台之上，除非它们受到了外在条件的限制或当前环境的压制。尽管任何一种原型都有可能随时出现，但是在某些特定的时期，我们需要其中的一种或几种来帮助自己面对那些挑战。因此，如果在某一特定时期，只要某些原型能够在我们的生活中发挥比其他原型更积极、更有效的作用，我们就不会感到心理失衡。譬如说：

> 天真者和孤儿原型通常会出现在童年时期。他们会不断地引发各种与内在小孩有关的事件，直到这两种原型与我们的思想成为一个整体。
>
> 流浪者原型往往会在青少年时期以及中年转型期被唤醒。在这些关键的过程中，如果我们没能吸取应有的经验教训，我们就会感到身心交瘁，失去生活的方向，同时丧失应有的勇气和意志。
>
> 在最初开始懂得承担家庭和职业责任的时候，我们的生活往往会受到战士和利他主义者原型的影响。如果这两种原型在这一时期内得不到应有的表达，我们就很有可能会感到无助，直到他们被唤醒。
>
> 如果在中年以前没有出现，回归的天真者原型以及魔法师原型将会在中年及人生后期出现。没有这两种原型，我们就无法解决某些与精神和灵魂有

关的事件，从而感到自己以及自己的生活毫无意义。

此外，我们通常都有方法能够接近或利用每一种心理原型，这也是事实。我们所处的“舞台”大都和我们“出现频率”最高的地点有关，即我们在哪儿度过了生活中的大部分时间。即使是受压迫最深的被害者也将会迎来自己的卓越时刻。我们所有人都会取得突飞猛进的发展，以至于我们不再觉得自己像一个无助的孩子。事实上，每个阶段都将会送给我们一件礼物，一件告诉我们如何做人的至关重要的礼物。在一生当中，我们大多数人会钟情于自己最喜爱的一种原型，但是我们需要了解其他所有原型，从而成功地完成生活这一复杂的过程。如果我们能沿着这条路走下去，随着年龄的增长，我们将会收获更多的智慧。

在现实生活中，人们往往会按照一种可预测的顺序接受不同的成长任务，但这一现实并不意味着我们可以在放下一种原型后再召唤出另一种原型。只有加强对其他原型的了解和利用，我们才能获得对某一种原型的深度理解，并且淋漓尽致地发挥其功效。我们会不断地磨炼每一种原型所具备的技巧，因为这一旅行事实上就是一个培养高难度技巧的过程。最后，我们将会明白如何面对生活中可能出现的情况和问题，而这也极大地拓宽了我们的选择空间，使我们在任何情况下都能应对自如。相应地，随着时间的推移，成熟将会拓宽我们的选择余地，所以我们内在的各种心理原型都将会达成一种更深层次的平衡。

你可以利用原型循环来分析自我生活的整体平衡状态。拥有一种全面而复杂的生活要求我们满足以下几点：

预测问题的能力，从而使你能够避免超负荷运作（孤儿）；

一些真诚的自我表达形式（流浪者）；

明确的目标，以及实现这些目标的意志（战士）；

慷慨对待家人、朋友和同事，并且关注对整个社会有益的事件（利他主义者）；

信赖上帝、神、更高的力量或生活本身，并建立对他们的信仰（天真者）；

在任何时候都主动承担起生存选择，以及创造或恢复平衡的责任（魔法师）。

内在能量影响外界角色

当我们所肩负的外界角色与内部的动态能量发生矛盾时，我们就会感到精疲力竭，就好像我们的生活已经失去了意义。之所以会出现这样的情况，原因可能是这些角色的确适合我们，但是现在我们的内心世界已经发生了变化，或是因为我们当初做出这一选择完全是基于他人对我们的要求，是一种权宜之计；又或者这一选择只在短期内有效，却并不能如实反映我们内心的真实渴望。当内在能量能够通过我们所扮演的外界角色得到适当的表达时，我们的生活就是可控的。如果我们的内在能量不由自主地流向受到压制的外界角色，那么，在扮演眼下所担任的角色时，我们就会感到力不从心。结果，我们时刻都处于极其亢奋的状态，或者总是打不起精神，萎靡不振。当我们内在的原型潜能与我们所从事的外界活动相吻合时，我们的工作就会变得轻松简单，而我们也会觉得生活无限美好。有时候，我们能够改变自己的外界角色，从而适应内心能量，而有时候，我们需要面对的挑战则是唤醒与外在角色相匹配的内在心理原型，从而实现我们的外在承诺和目标。

本书的这一部分相当于一本旅行指南，旨在帮助你培养个人掌控力。第八章《尊重你的生活》就为你提供了一个机会，使你能够利用英雄之旅的地图加速你在人生道路上的前进步伐。在这一过程中，你将会探索到原型影响力在家庭以及当前工作中的体现或表达形式。第九章《迷路或陷入困境时的故障检修》则相当于一枚指南针，能够在你迷失方向或陷入困境时帮你找到前进的路。最后一章，第十章《旅行的道德规范》探索了英雄密码，世界上能够令我们在最短的时间内失去心理平衡的办法就是违背自我原则和价值观。从整体上来说，本书的第二部分相当于一个工具箱，有了这些工具的帮助，你就能顺利完成自己的英雄之旅，从而获得对自我生活的更全面的控制权。

练习A：如果你还没有做附录A的《英雄神话自测》，那么，你现在就可以动手去做了。探索你现在的生活是否平衡，然后在第一部分中寻找你想要的结果。将你现在正在扮演的原型角色与书中的描述作对比。譬如说，如果你的利他主义者一栏得分最高，而与此同时你本人也正忙于照料或帮助他人，那么，这个时候，你的原型与角色就达到了统一。然而，如果你的利他主义者一栏得分很低，而你所扮演的主要角色却是照料他人，此时的你很可能就会有一种压力重重的感受。这时，你可以用一种更宽泛的方式来看待你现在从事的活动，从而找出内在原型通过外界生活表达自我的方式。如果诸多证据显示你的某些原型所表达的正是其消极的一面，你也需要找到扭转这一局面且使内在原型的表达趋向于积极的方法。下一页的表格就为你提供了一些能够刺激你思维的范例。诚然，这些范例并非方法的全部。

练习B：《英雄神话自测》的第二部分将会告诉你其他人从你身上所看到的是哪一种原型。回顾你在测试第一部分中取得的结果，然后将它与第二部分测试的结果相比较。首先，你需要注意，你的自我认识中积极的一面是否比其他人对你的看法要多。其次，留意是否存他人从你身上看到了某种原型，而你自己却忽视了它的情况。第三，如果你明知某一种原型已经被唤醒，但是其他人却并没有注意到它的存在，这时，你就需要分析出现这一状况的原因。也许，你的外在表现形式并没有展示出这一原型的内在力量。也许，其他人并没有完全敞开自己的心门，因此没有注意到你身上的这一原型表现。不过，如果其他人对你的看法与你对自我的看法大相径庭，你可能就需要用内在的能量使自己的人格与日常行为保持一致。

内在原型	可能出现的外在表达
孤儿	参与心理治疗或其他康复计划，援助那些有需要的人，选择那些能够提供职业安全感的工作，参加解放运动，学习如何提高生活效率的方法。
流浪者	坚定不移且持之以恒地努力、旅行，探索新观念或新体验，追随自己的兴趣，将自己区别于他人，不断地开始新的奋斗。
战士	极具竞争力，能够在困难的环境中生存下来，设定并逐一实现自己的目标，声明自己的需求，并且严守自己的界限，构建强壮的体魄。
利他主义者	照顾孩子、老人或病患，积极担任志愿者，效力于义务劳动和社区服务，博爱，致力于慈善工作，抚育自己或他人。
天真者	祈祷和冥想，有创造性或艺术性的追求，积极学习他人，庆贺生活，快乐生活。
魔法师	改变的催化剂，极具领导力或影响力，做重大决定，帮助他人更好地合作、共事，创造新模式、新方法或新规则。

08 尊重你的生活：路径

信赖你的过程。

——安·威尔逊·雪夫

英雄之旅的地图将你和各个时代及地区的英雄都联系在了一起。此时，还是那幅地图，但是你已经可以选择自己想走的道路。这一章旨在帮助你学会如何以欣赏的眼光去看待迄今为止你所经历过的生活以及你从中所收获的礼物。当我们将自己的现实生活与理想生活进行对比的时候，我们通常都会感到不满。紧接着，我们的自我感觉就会变差。然而，如果我们接受自己已经走过的旅程，将它当成是一段神圣的经历，我们就会对其中的神秘之处感到惊奇，并且不会对这段经历做出过多的评价。我希望这一章的内容能够帮助你尊重自己，以及你经历过的生活，同时为你提供一条基线，从而使你能够为自己的将来做出可以提升生活品质的决定。

英雄之旅是一个发展的过程，而并非一种线性的过程。没有任何规则规定，我们必须经历它，并且循着前辈的脚步，走和其他人一样的道路。问题的关键就在于你需要了解自己这趟独特的旅行的特殊性质及其内在逻辑。引文中描述的神圣之轮的循环图看上去是一个两维的图表，但是其所描绘的却是一个三维的立体过程。事实上，把这一循环想象成一个圆锥或螺旋状的图表应该更加准确，这样你就可以在前进的同时保持盘旋的模式状态。每一个阶段都会为我们上一堂生动的生活讲座，我们会不断地遇到那些会将我们打回前一阶段的状况，从而使我们在智力和情感上都变得更加复杂，而我们会一而再再而三地学习这些课程的内容，从中受益。

在此，我们所说的是我们长大的历程。有些人会觉得自己十分肤浅，就好像他们的内心空无一物，他们的灵魂似乎十分单薄、简单。旅行能够让人们成长，赋予他们为人的实质。那些踏上这段旅途的人觉得自己成长了，就好像他们的身体从原本很瘦小的状态结果突然之间就变得高大了一样。我们能够感觉到其灵魂究竟是大，还是小；是充实，还是空洞。

在我们穿越这一螺旋体的过程中，旅行的“舞台”就变成了与外部世界交互作用的不停旋转的螺旋轮上一个个流动的点。每当有事情发生，我们感到梦想幻灭或无能为力的时候，我们在孤儿阶段所学的教训就有了用武之地——我们为自己的损失感到悲哀，同时也意识到我们尚不具备应对当前情况的技巧或知识，所以我们需要寻求帮助。当我们被疏远的时候，我们专注于自己的内心，然后问自己，“这一次，我是谁？”要想追上不断变化的自我认知的脚步，我们就必须花时间去自省。

当我们感到受到了威胁且内心十分愤怒的时候，我们知道这是因为我们并没有按照自己期望或信赖的方式去生活。于是，我们开始表明自我立场和价值观，冒险冲破惯例，去过我们自己选择的生活，也接受由这一选择所带来的种种后果。如果我们感到过多或不恰当的付出让自己感到举步维艰；又或者，我们觉得自己成了他人的牺牲品。那么，这就意味着探索自我内心的时间到了：我们真正拥有的，能够快乐地给予他人的礼物是什么？我们必须问自己，“在这种生活中，我们真正需要付出的是什么？又有哪些付出只是为了安抚他人？”

在穿越螺旋体时遇到的第一次回转往往会耗费我们的一些时间和精力。这种感觉就像是遇到了困难的工作。不过，这也有点像骑自行车，一旦你掌握了平衡，一切就会变得水到渠成，轻而易举。我们从生活中所学到的经验教训都是各种原型送给我们的礼物，就像骑单车时的平衡感一样，一旦我们接受并掌握了平衡感，那这些礼物就将成为自我的一部分。因此，我们其实从未离开过英雄之旅，只不过这一旅行已经成为自我的一部分，以至于我们不再留意它的存在而已。

此外，我们的个人英雄之旅也概括了各种心理原型进化发展的方方面面（以至于它们和我们所生活的时代和地点都紧密地联系在了一起）。例如，在最初几次实践战士原型的尝试中，我们可能会表现得直接且强硬，但是此后，我们会慢慢地学会如何用恰当且委婉的方式来表达自己的意愿，从而使得我们拥有商谈的余地和空间，而不至于引起任何矛盾和纷争。如此一来，我们在拥有了能够捍卫个人边线的战士的同时，也可以将全副精力都集中在实现目标的活动上。

每一个原型送给我们的礼物都能够与其他原型的某些方面产生共鸣。譬如说，利他主义者原型帮助我们学习如何以爱为出发点为对方做出牺牲。孤儿的牺牲有一部分原因就是想抚慰神灵或某些有权势的人，从而让自己处于安全的境地。流浪者为了寻找自我而牺牲了与群体的交流。战士们冒着危险去追求自己的目标。魔法师相信本质的东西永远都不会丢失，所以他会从容地放开那些旧的事物，从而为新的成长和生活腾出空间。

对自己有一个全面的认识

我们大多数人都习惯性地认为更高的就是更好的，所以我们总是想走出“低层”的原型，发展“更高级”的原型。但是，螺旋体的拓展和扩张不同于常见的发展模式。随着我们在生活中能够应对的问题范围越来越大，我们所穿越的螺旋体也会不断地加宽加大，从而增加其容纳的体积。身处于其中的我们也因此能够接纳更多的选择。那幅圆形图表提醒我们，我们根本不必去选择“最佳”原型。相反，我们应该寻求一种能够让所有原型都处于平衡状态的表达方式。尽管这幅示意图能够帮助我们从概念上了解这一旅行，但是人类的发展很少会像图表中表述的那样简单、整洁。不过，问题的关键就在于各种原型是互相关联的，因此，在解决其中某一种原型的心理或认知难题的时候，我们不可避免地会涉及其他原型。例如，如果你关注于自身成就，却不愿意去帮助别人，你就很有可能无法得到其他人的信任，并无法取得成功。相反，如果你总是不断地为其他人付出，却没有个人界限，你可能就会被其他人的诸多要求压垮。战士和利他主义者是两种互补的原型，与此同时，他们又以各自不同的方式改变着这个世界。当二者之间处于平衡状态时，我们从生活中获得的满足感就会愈加充裕，获得的成就也更多。这一点不仅适用于个人，也同样适用于团体。（同样，天真者和孤儿也是两个有着类似关系的对立面原型，不过，这两种原型共享着同一渴望，即在这个世界上寻求一种能够确保其自身安全的生活方式。当二者联合起来的时候，他们就能帮助我们区分诱惑和指引，从而使我们能够培养自身的生存能力。）

在生活中，我们不止一次地带着所有的原型回到生活大讲堂重新接受教育。生活中发生的事件将会影响我们学习的顺序和强度。任何重大事件、承诺或危机的出现都要求我们重新审视自我。每当我们遭遇同一个原型的时候，都等于迎来了一个机会，一个让我们能够从更深的理解层面来应对这些问题的机会。

英雄在每个阶段所培养起来的美德将会永远植根于英雄内心，既不会丢失，也不会超越英雄的成长速度，它们只会变得越来越细微。作为天真者，英雄向我们展示了开展旅行所需的简单的信仰。当困难不可避免地降临时，英雄失去了原有的天真，至少暂时脱离了最初的天真状态。进入孤儿原型后，他们学会了如何谨小慎微，如何同情他人。流浪者原型让他们找到了自我，并且完成对自我的命名。作为战士，他们学会了通过为这个世界做出积极贡献的方式来证明自我。利他主义者令他们学会了如何去爱、去奉献，以及如何保护他人。当他们最终回归天真者原型的时候，会由衷地欣赏这个世界上的美好和奇迹，并且相信神助世人。进入魔法师阶段后，他们将会明白要想改变世界，首先必须改变自己。

当新的舞台出现时，任何一种登上这一舞台的原型都能让我们获得个人发展的新鲜力量。然而，当那些处于初期发展阶段的原型提前登上舞台，扮演那些超越其原型发展水平的角色时，我们的成长就会陷入停滞状态，任何努力都只会是徒劳无功。例如，身为利他主义者的父母可能会从小就教育自己的孩子要大公无私地爱其他人，为他人奉献自我。然而，他们在这样做的时候并没有意识到儿童和青少年也必须要培养一定的自信、勇气和竞争力；不然，其内心受到过度刺激的利他主义者原型很有可能就会让他们成为他人的工具，在不自觉中成为殉道者，牺牲自己的生活。

原型意识的关键就在于更完善、更完整，以及拥有更多的选择，而不是在个人发展的阶梯上爬得更高。任何教训都会帮助我们成长。对此，我们可以在政治舞台上找到最好的例证。每一种原型都有其特有的贡献和长处。天真者们往往会为当选的候选人感到高兴、兴奋。这时，最坏的情况就是他们一厢情愿地想象候选人会成为他们的拯救者，而最好的情况就是他们会通过不懈的努力让其中最优秀的候选人成为最后的赢家。换作是孤儿，在候选人被推选出来之后，他们会迅速地发现他的致命弱点。因此，最糟糕的情况就是他们会坐在那儿，除了抱怨这个世界的种种不公和黑暗，什么也不做，而最好的情况就是他们会在了解这些官员的弱点和缺陷的基础上帮助其他人平衡他们内心的情绪。对于战士而言，最坏的情况就是他们会毫不犹豫地跳上花车，向站在上面的领袖发动进攻，将有缺陷的领袖推下花车。不过，如果一切都进展正常，他们会首先关注管理竞选的细节问题，然后伺机寻找改变的机会，发起一场正义之战。如果从政者是利他主义者，可能出现的最糟糕的情况就是这位政治家为了弥补政治体系（或领导者）的缺陷和瑕疵鞠躬尽瘁，即便已经精疲力竭也不放下手头的工作；但是，最佳的状况却与之相反，他们会量入为出，拿出合理数量的时间和金钱去从事扶危救困的工作，为大众谋取利益。

同样的情况如果发生在流浪者身上，最坏的情况就是他彻底放弃自己的全部责任，但是我们也有理由期待最佳情况的出现，即他们成为政治领域的先驱，开展各种先锋实验运动。在当今这样一个社会文化正经历重大转变的时期，流浪者也许会从政治活动中抽身，转而研究认知及价值观取向问题，从而使新政治成为可能。（就在我撰写本书第一版的时候，我恰好属于后者。我看到了意识转变的需求已经迫在眉睫，并且意识到这一改变也能促进政治的新生。因此，我将关注的焦点从政治本身转移到了人的内心世界。）

魔法师很可能更加重视创造新社会或可替代机构，以及个人之间的交往方式。或者，他们可能会首先致力当地或底层团体的工作，直到拥有能够促使全国乃至全球发生改变的影响力。因此，对于魔法师而言，最坏的情况莫过于这种改变是一些诡异、天真的改变，或是流于形式的改变，而最佳的情况则是经由他们播下的种子最终发芽，创造出了一个全新的世界。

以上各种反应从其本身而言都各有不足之处，不过，所有的反应都有其用武之地——至少，从其积极层面而言是如此。有时候，当其他人知道得更多或是能力更强的时候，我们不仅需要认识到这一事实，而且还应该跟随他们。有时候，对你而言，放弃那些能够展现和证明你的价值观的活动是最好的选择。有时候，投身于政治事业则是明智之举；而有的时候，你则需要专注于你现在所处的位置，想一想你能够原地创造些什么。当然，有时候，你需要调动全副精力去发现生活中那些积极、正面的标志，无论大小。

所有的原型都有其优势

然而，我们并做不到时刻都用欣赏的眼光去看世界。有时候，当我们进入某种原型的初级阶段的时候，往往会表现得有点教条，认为这就是唯一的办法。而一旦我们离开那个舞台，又通常会推翻之前的想法，并且否认自己曾经在那个舞台上出现过的事实。对于刚刚走出利他主义者原型、揭下殉道者面具的人来说，任何赞扬或推崇牺牲价值的想法似乎都会让他们觉得很可怕。当然，这种感触通常都是对的，至少对于表达出这一情感的人而言即是如此。如果我们刚刚从利他主义者原型进入流浪者原型，那么诱惑我们中断旅行、继续为他人付出的想法将会是我们不得不面对的真实的威胁。

从心理原型的视角出发，放下一种身份就像结束一段感情或婚姻。几乎没有人能在与爱人或配偶分手时说自己已经做好了继续前进的准备，然后简单地为过去的一切说一句谢谢，转头就走。相反，我们会花大量的时间回忆前任爱人犯过的错误，以及这段感情的糟糕之处。通常情况下，我们会制造出各种花哨的情节，从而达到转移注意力的目的，减轻自己在面对未知世界时的恐惧感；或者，我们之所以这样做是因为我们认为，自己本没有权利离开任何人或事，除非他们糟糕透顶。

此外，我们也会否认尚未做好准备就闯进去的那个舞台，因为我们缺乏或几乎没有关于这个舞台的经验。相反，我们会用自己熟悉的词语来重新定义它们，从而完全误解了这个舞台的真实内涵。当然，这样做也并非毫无道理，因为在那个时候，那些我们尚不明白的道理或事实还没有和我们的成长建立任何联系。譬如说，对于一个第一次从伊甸园堕入凡尘的人而言，在他看来，回归的天真者所具备的那种对宇宙的信赖似乎是一种危险的蛊惑。

在过去的几年当中，当我和其他人分享这些观念时，人们往往想要立刻进入到在他们看来更高级或更好的原型状态。不仅如此，他们还想要其他人也自动跳过那些令人不悦的事件或条件。我曾经和一个管理团队共事过一段时间，该团队就认为自己的某一个小组具有明显的孤儿原型的特征。该团队的主席带着一脸沮丧的表情望着我，问道：“难道我们就不能直接将他们拉出孤儿原型吗？”我认为没有人能做到这一点，即便做到了，这一状态也维持不了多久。我们在每个舞台上都需要待够一定的时间，这就像缴税一样，是一种义务，也是一种责任。遇到这种情况时，我只希望我们可以通过了解自身可能的前进方向去摆脱恐惧的束缚，不会像面对恶龙一样，因为恐惧而吓得无法动弹。

伴随着人们逐一登上这些舞台，模式的改变也随之发生。最后，他们对于现实的认知也会发生彻底的改变。最重要的是，他们将会明白客观现实与认知现实之间的差异。通常来说，他们会意识到（有时候，他们会因为获得这一领悟而大叫一声“啊哈”）这个世界并不是一个充满威胁、伤痛和隔离的地方，这只是他们在旅行前期对现实的认知，而并非客观现实。通过思维训练，我们能意识到自己所拥有的强大力量，从而极大地解放我们的思想。从本质上来说，我们的每一个想法都是对自己渴望体验的生活的一次表达，因为我们在加强关注外部世界的同时，也开始强调关注内心世界的重要性。

练习A：要想知道自己究竟已经走过哪些路，你可以写下或画下迄今为止自己的生活故事，便会一目了然。在自己能力所及的范围内，从这些故事中识别出这些原型出现的时间和阶段（你可以通过查看自己附录A中第一、二部分的测试结果来获悉目前活跃在你生活中的是哪一种或几种心理原型）。然后想象生活必须按照它所走过的痕迹发展，因为唯有如此才能造就出当下的你。在此之后，对之前的生活稍作总结，看看自己从以往的旅行中获得了哪些智慧，以及现在的你对自己所收获的礼物和取得的能力都有哪些认识。

有些人也许会一口气完成所有练习，而另一些人可能会觉得更好的方法是每天都抽出一点时间来做这些练习，如此一来，他们就能够检查生活在不同的时期所具备的不同方面：爱、工作、友谊、学习、精神以及娱乐，等等。

本章剩下的篇幅将会聚焦于旅行的综合性本质：我们将会从性别期望、家庭及种族群体认知以及工作经历这三个方面来适应社会，成为社会的一员。

不要轻易被性别观念影响

原型的表达会受到社会模式的影响。例如，在我们的性别特征发展过程中，这一影响就十分显著。战士原型与男性之间的联系十分密切，而利他主义者原型则通常会让人联想起女性的娇弱和温柔。因此，人们往往会刻意培养和加强小男孩的战士原型，与此同时，引导小女孩学习利他主义者原型的各种行为。这样做最终导致了个体性别特征发展的不对称。无论男人们做什么，他们都觉得自己需要表现得十分刚硬、坚强，不然，他们就会觉得自己不像男人，或缺乏男子气概。无论女人做什么，绝大多数女性都会不由自主地认为自己应该表现得温柔体贴，不然，她们就会觉得自己缺少女性特质。因此，女性往往会在强调联系的舞台上（利他主义者和孤儿）流连忘返，而男性则往往倾向于那些强调独立和对立的舞台（流浪者和战士）。正如卡罗尔·吉利甘在她那本道德发展研究的经典著作《不一样的声音》中所展示的那样，女人更倾向于把这个世界看成是具有联结性的网状物；而男人往往会从阶梯和等级层次的角度来看世界，在这样的世界里，人们通常会为了获得高位和权力相互竞争。

在审视女人和男人个体发展的整体背景时，我们会发现男人和女人所走的两条似乎明显差异的、截然不同的道路。不过，成长过程都是一样的：变化无常。诚然，许多男人和女人完全抛开了既定的发展道路，另辟蹊径，最终也一样获得了幸福的生活。因此，我现在所描述的是一种倾向性，而并非某种绝对的规则。

换一个角度来说，如果我们只关注在生活中一个或多个原型，并没有留意其出现顺序，以及每个原型表现力度的强弱，那么，无论男女，其发展路径和方式似乎都是一样的。然而，男人和女人拥有不同的生理结构，其所经历的文化体验也不相同，而这些因素必然会影响他们在旅行中原型的顺序及其方式。

流浪者和战士感到自己独立于整个世界之外，因此在他们看来，过分亲密也是一种威胁。这些原型紧紧地抓住独立和隔离的“阳刚”特质。利他主义者和天真者会经常感到自己身处于关系网密布的社会之中（孤儿也渴望获得这种与他人的联系感和相互依赖感）。因此，对他们而言，孤立和隔绝才是真正的危险。因此，这些原型会牢牢地攥住联系的“娇柔”特质。占据了中心位置的魔法师则是一种雌雄同体的原型（本书上一版封面上所绘的一位雌雄同体的君王图片就是获得更高意识的炼金术的象征）。

除非我们能够结合另一种性别的发展视角，不然，无论是男性还是女性都会在个人发展道路上以不同的方式遭受磨难。过多的分离（没有为发展真正的感情提供空间）会让生活变得极其孤单，乃至于令人无法忍受。过分的亲密（从而导致个人表达的缺失）则会让生活陷入沉闷，同样也会让人无法忍受。无论是阳刚的男性原则，还是娇柔的女性原则，单一的发展准则都无法满足人类的需求。当阳刚的男性能量（流浪者和战士）因为娇柔的女性能量（利他主义者、天真者和孤儿）的介入而获得平衡时，个人才有可能成长为一个完整的人。尽管个人的完整最终都要求男性和女性特征的统一，但是男人和女人的不同表现风格往往还是会对社会产生影响。换言之，那些行为方式符合社会文化中男性标准的男人会展现出更多的男性原型特质。而同样的情况下，女性展现出来更多的则是女性原型特质。不过，对于一个成熟且内心强大的人而言，所有原型将会形成一个不可分割的整体，并且已经以某种方式融入这个人的意识之中。

当然，所有这些标注性别差异及同一性的指标全都共存于一个社会之中。每个个体和社会组织都不可避免地会随着自身发展速度及原型的改变而发生转变。如此一来，人类旅行中所有能够想象的舞台（包括原型舞台）最终都会通过某人在某个地方表现出来。由于现代技术会以一种令我们感到困惑的速度迅速更新我们脑海中关于可能性的信息，所以今天的我们也已经知道，自己无须停留在当前的位置上，也无须继续做以前做过的那些事情。我们因此而获得了打破旧模式的机会，有了更多的选择。

无论从外形特征上来看，男性和女性之间的差异有多大，从本质上来说，我们皮肤以下的构造都是相同或相似的。即使某些环境因素会阻挠其内心原型的表达，但从根本上来说，男性和女性接触和运用所有原型的机会是均等的。这意味着男人和女人之间能够相互理解，因为我们并不像有些时候看上去的那样不同。例如，在了解这一点后，从心理原型这一大背景出发，我们就能明白为何约翰·格雷的《男人来自火星，女人来自金星》一书会如此畅销了。毕竟，不管是男人还是女人，都同样可以成为战士（战神）或利他主义者（维纳斯）。

练习B：查看你的《英雄神话自测》结果（尤其是第一、二部分的结果），然后分别从两性的角度来审视自己的一生。性别因素是如何影响你的个人成长和发展的？你的生活是否恰好印证了社会上公认的性别模式？又或

者，你所选择的道路是否具有更多的个性因素？你对于自身性别身份的满意程度或不满程度究竟有多深？在你人生的当前阶段，相对而言，你是否同时具备两性的特质？你期望通过自己的外形和行为来表达的最理想性别平衡状态是一种什么样的状态？

家庭背景的影响

我们不仅会受到性别因素的影响，还会受到家庭背景的影响。这种背景的组成部分之一就是我们的种族传统。例如，我出生在一个瑞典和美国家庭之中。和大多数欧洲文化一样，斯堪的纳维亚文化与美国的主导文化有很多相似之处。当我的欧洲祖先移民到美国中西部之后，他们一定有一种宾至如归的感觉。不过，与此同时，他们也同样带来了一些与众不同的文化价值观念——至少，这些观念与当代美国文化还存在一定的差异。通常来说，美国文化强调的是独立和成就。然而，如果你来自于斯堪的纳维亚半岛，你从小接受的教育很有可能就是不要显得过分突出。事实上，在我们的大家庭当中，我还曾经听说过有亲戚不鼓励自己的孩子继续学习演奏乐器，原因就是他们表现得太过出色了！人们之所以会这样做，是因为他们害怕那些过于出色的人会让其他人自我感觉糟糕。所以在他们看来，不表现得那么出色，也是有礼貌、有教养的一部分。

考虑到这一点，我只能说我所接受的文化传统并不鼓励战士和流浪者原型，而是更青睐利他主义者原型。不过，即便如此，我仍然可以通过关注家人对这种大众性的观念加以调整，从而使其适合我自身的发展。我的祖父母和外祖父母都是来自瑞典的美国中西部移民。我的父母又从芝加哥搬到了休斯敦。事实上，他们留给我的文化传统更多地体现的是流浪者的特质，所以对于我而言，获取独立性会稍显困难。我之所以会如此自然地接纳利他主义者原型则是因为我受到了传统文化及家人的鼓励。因此，我不得不有意识地唤醒自己的战士原型，因为无论是我所接受的传统文化还是我的家庭，都并不重视这一原型的发掘和培养——尤其是对女性而言。（男人可以成为战士，但是其前提是他们真的参军入伍的情况下。）

你可以把心理原型想象成撒在你精神土壤里的种子。你所接受的文化熏陶将会滋养那些种子，而且还很有可能会清除那些被鄙视或不屑的种子。随着我们逐渐学会从自身的角度去欣赏文化差异及其价值，表达那些不被文化环境所认同的心理原型也就会随之变得更加简单容易。

你所处的特定家庭背景会对文化原型加以提炼和精致，从而使其能够满足小群体的特殊要求。那些受到家庭背景重视以及被其遗漏的文化因素最终都会在你的生活中留下烙印。通常来说，人们往往会以一种想当然的态度接纳家庭认可的原型所具备的能量，哪怕自己可能会被这些能量所吞噬。存在于你家庭中的那些强大而健康的心理原型通常能成为你旅行途中的盟友；而那些家庭中缺失了的，或通过其消极形式表达出来的原型则会激发你走上一条自我康复和发展的道路。

当我们能够将那些缺失了的或表达不完整的原型所具备的积极一面表达出来时，我们就对家族的进化贡献了自己的微薄之力。对于大多数人而言，治愈家人和自己是一种能够刺激我们踏上成长道路的强大动力。你可以用以下这张图表来判定自己家庭的原型平衡状态。你可以从中挑出适用于自己的所有内容。

家庭原型	家庭价值观	受鼓励和培养的重点	可以预见的弱点
孤儿	生存； 忠诚； 适应能力	适应力； 现实主义； 同情心	期望值低； 受害者的思维模式
流浪者	独立； 自力更生	喜欢冒险； 个性表达	疏忽孩子 （孤独，寂寞）
战士	成就； 竞争； 正义	成就； 纪律； 有主张	痴迷于工作； 斯多葛主义者； 完美主义者
利他主义者	体贴，付出； 博爱，仁慈	无私； 慷慨	边界意识薄弱； 殉道者
天真者	稳定，有信仰； 乐观主义	精神至上； 创造力	否认，天真； 浅薄
魔法师	转变； 有意识地创造 自己的生活	想象力； 创新； 个人魅力	怪异、秘密的方法； 缺乏常识

练习C：想一想自己的家庭传统以及活跃于家中的心理原型（可参考你在《英雄神话自测》第三部分的测试结果）。上文的图表能为你在识别自己家庭的价值观时提供一些参考，不过，请记住要留意父母、姊妹或其他亲戚价值观之间的差异。然后，想一想自己和家庭成员，仔细回顾每个人在家庭背景的影响下所形成的个人优缺点。现在，通过参考第四部分的结果，你可以再考虑一下自己现在所处的家庭背景（放松对“家庭”的定义要求——那些与你关系密切、并且为你提供了主要支持和帮助的团体都可以称之为你的家庭），注意家庭所保有的价值观、优势及劣势。你现在的家庭和你的家族传统有哪些相似和不同之处？你受家庭传统积极思想影响的程度有多深？你在超越其局限性或缺陷的路上已经走了多远？

工作的考验

我们大多数人都已经意识到了童年社会对个人成长的重要性。然而，有许多人却忘了我们在生活的每一个阶段都处于社会化的过程中。每当你接受一份新工作，一个新的交友网络，每当你出现在任何一种有组织的活动中，或是去一个不同的地方，你都会受到周围环境的影响。这时你会展示出被周围人（尤其是那些位高权重者）重视并认可的原型特征。相对于被我们压制、隐藏和忽视的原型而言，那些在生活中获得表达机会的原型会发展得更快，变化也更大。因此，每当我们选择进入一个新环境时，我们的这一行为通常会影响自身的原型发展。考虑到这一点，我们就会明白自己所做的每一次生活选择，无论大小其实都很重要，因为这一选择的内在含义将会对我们是否能成为自己想成为的那个人产生深远的影响。

在快速改变的工作环境中（以及学校环境里），你的心理原型发展成果将会不断地接受检验。决定你成败与否的不仅仅是你的个人技术竞争力，还有你内心原型素质的好坏。例如，当我们与成功擦肩而过时，其原因往往是我们遗漏了一种或多种原型。

> 没有孤儿原型，我们可能就无法预见到问题；
>
> 没有流浪者原型，我们很可能就会一味地顺从他人，哪怕我们明知对方错了；
>
> 没有战士原型，我们也许就会允许他人践踏自己；
>
> 没有利他主义者原型，我们就无法与其他人和谐共事；
>
> 没有天真者原型，我们往往无法坚持到底，因为我们缺乏信仰；
>
> 没有魔法师原型，我们就会允许自己成为墙头草，摇摆不定，而无法做出有意识的自主决策。

分析自己失败的原因能够有助于你了解哪一种原型能够帮助你获得更大的成功。

大多数工作场所及学校都存在一种原型偏见。如果你无法在工作中表达出组织机构中表现机会最多且最明确的那种原型特质，你在这一组织机构中取得成功的概率就很小（哪怕你具备该组织机构最急需的原型特质）。你可以从代表每个组织机构文化的价值观及禁忌中看出一些原型因素。通过参考以下这张图表，你就可以知道，活跃在你身边的原型究竟是哪一种或几种。

组织机构原型	价值观	禁忌
孤儿	现实主义，仔细谨慎	天真
流浪者	自力更生，自治	依赖
战士	竞争，强硬	失控的感觉
利他主义者	无私，体贴	个人野心
天真者	信仰，乐观主义	消极
魔法师	变形	无聊，平凡

练习D：了解你的学校或办公地点的历史，查看你在《英雄神话自测》第五部分的测试结果，留意在此环境中占据主导地位的原型，以及被禁忌的原型。那些活跃于你周围的原型往往会促进你内在心理原型的发展。如果周围的环境视某种原型为禁忌，那么你内心这一原型的发展不可避免地会因此而受到拖累，停滞不前（除非你可以在生活的其他领域找到表达这一原型的机会）。你认为这些环境对你产生了哪些影响？如果最近有任何一种学校或工作环境令你感到焦头烂额，那么，请你记住每一种原型都有其各自的情节架构。走进这样一个原型就好比迈入一个电影场景，你只需要让自己与当前的环境建立一种合理的联系即可。或者，你可以像一个与之无任何关系的旁观者一样，悄然走向下一个适合你的场景。当然，你也可以尝试着改变当前的布景，但是这样做不仅需要时间，也需要一定的技巧。在这种情况下，你可以做一个实验，在已有布景的基础上，写一个关于自己的大团圆结局的故事。

和他人一起成长

使用上述这些理论有一个大前提，那就是我们必须意识到自己是一个多面体。绝大多数人会在不同的生活领域运用和发挥不同的原型特质。例如，有些人在想到灵异事件时会受到魔法师意识的影响，可是当他们在考虑个人健康问题时，魔法师意识又会悄悄地隐藏起来。探索每一种原型在生活各个方面出现的可能性也许能成为你拓展自身技巧的一种方法，不过，这样做也有可能会徒劳无功。也许，你会发现自己被卡在由环境造成的困境中进退两难，而此时你的反应也不再能体现自己的真实感受。

你也许会害怕人们被你的行为吓跑，譬如说，你尝试着在家里培养战士原型，或是在工作中发挥利他主义者的特质。又或者，当你放下已经熟练掌握的技巧，转而去尝试那些有些生疏或初次使用且没有任何担保的技巧时，你可能会害怕失去已有的能量。不过，在感到害怕的同时，你也同样能从中发现乐趣和挑战。毕竟，用新的方法去应对旧的环境不仅能够丰富你的个人经历，也可以令你从中获得一些新鲜感和成就感。譬如说，在私人生活中声明自己的权利和界限，无论从方式还是从实质性的内容上来说，都不同于在公共生活中的各项主张。以当前的环境为基础，你可以了解到各种原型所具备的之前尚未被发现的一面。

此外，我们也需要注意到，人们之所以会认为所有原型舞台最原始的版本往往都显得矛盾丛生，极不和谐，原因其实很简单，就是因为这些版本自身还处于一种粗鲁迟钝的状态，尚未达到高雅的境界。别忘了，通过演变和发展，当这些原型逐渐具备更加细致和高级的形式之后，绝大多数人在应对出现在自己生活中的心理原型时都不会感到为难。如果人们感到为难，这有可能是他们自己因为某一种改变而暂时失去了方向，找不到生活的目标。或者，随着你的改变和成长，一些你曾经熟识的人渐渐离你而去，不过，你也会因此而获得补偿：久而久之，你将会吸引到那些懂得欣赏你的人，并与之成为朋友。

我们并不孤单的事实也意味着我们的旅行将会在很大程度上受到身边人的影响。假如没有这些人，我们所有人都会因为无法突破其本身的局限性而停滞不前。有时候，如果我们走得太快，也可以选择停下来，等待那些被我们落在身后的人们。事实上，如果我们希望自己能在这个世界上留下自己的烙印，有时候就不得不停下来，等待环境发生改变，并有新的因素出现。我们每个人都需要认识到自己所进入的每一个环境其实都有其自身的原型特征，这也是我们的一项责任。无论我们年龄多大，都会被周围的环境社会化。而且，我们也同样会影响这些环境，这一影响可能是积极的，也有可能是消极的。

在《出埃及记》中，希伯来人摆脱了埃及人的奴役，在野外流浪了整整40年。而这一故事相当于给我们上了两堂宝贵的人生之课。第一，希伯来人一直处于流放状态，直到最后一名希伯来奴隶死去。同样地，在我们的旅行中，在我们进入乐土之前，我们必须彻底消灭内心的奴性思想和幼稚观念。就像摩西，当他从远处看到了福地时，最终也还是没能进入到福地。第二，所有最终实现这一目标的人都曾经有过穿越沙漠的经历，并通过这一经历发生了相似的改变。作为社会中的个体，我们的脑海中都曾出现过关于乐土的想象，可是仅凭这一想象，我们很难将这一乐土意识长久地保存在脑海之中。对于许多人而言，这些幻想就像是位于前方的海市蜃楼，稍纵即逝。要想将这种体验长久地保存在我们的意识中，我们需要他人的帮助，因为他们也能够看到那片乐土。英雄之旅并不仅仅是个人，这是一次“我们”大家的旅行。因此，你需要停下脚步，等待那些你关心的人或依赖你的人，而不是像独行者那样，不管不顾地独自前进。例如，如果你们一起去攀登喜马拉雅山，登山队里的所有成员在攀登的过程中都会互帮互助，直至登顶。在个人发展的道路上，我们也可以效仿登山队员，当他人有需要时伸出自己的援助之手。

练习E：列出一张与你关系密切的人的名单：你的家人、朋友、同事，等等。这些人对你的个人发展产生了哪些影响？在你看来，这些人中谁更重要，从而使你愿意加快脚步追赶，或停下脚步等待，只为能和他同行？你有没有自己关心或关注的机构，譬如说，工作室、学校、运动？如果有，到底是什么使你如此关注它？

大多数时候，我们完全可以信赖自己的成长，无须想太多，径直把自己交给它即可。然而，有时候，问题会突然跳出来，原来的办法突然就失效了。我们感到失落、空虚或一筹莫展。这时，接受自我的立场就变得至关重要。如果你已经仔细地完成了本章列出的所有练习，那么你就对生活有了一个基础的了解。下一章将会为你提供一个旅行的指南针，当你感到自己失去方向，迷路了的时候，这枚指南针将会帮助你重新找回前进的方向。

09 陷入困境时的指引：指南针

生活会不断地为我们提供机会，让我们去面对自己的恐惧，面对我们需要意识到的一些东西，又或者，我们需要掌握的技巧。每一次，当我们顺着螺旋状的路径盘旋至一个令我们进退维谷的地方时，我们都会希望自己能够获得更多的洞察力，然后可以在下一次经过这里时做出更明智的决定，直到我们最终能够与更深邃的价值观和谐共处，以一种平静的心态走过这个阴云密布的地方，完全不会受到其所带来的消极影响。

——珍·史诺达·波伦《普通女人心中的女神》

了解生活中的原型就相当于拥有了一枚能够为我们导航的指南针。有时候，我们会感到很迷惘，不知道该怎么办。通常来说，这种情况都发生在我们像以往那样继续做某些事情的时候，突然之间，以前的方法失效了。许多人在描述这一情况时更多地会把它当成一种困境，而不是迷失。你经常会遇到一些新的挑战：

尽管你不断地努力，想尽办法，可就是无法取得任何进展。你所做的工作并没有奇效，但是你却不清楚是否还有其他能够生效的办法。

一个女人曾经对我说，早在她阅读本书的第二版之前，她的直觉就已经告诉她自己完全有能力改变生活，可是她不知道该如何开始。她说，这本书的内容，尤其是关于魔法师的那一章，使她找到了立足点，让她可以开始自己的行程。另一位读者把这本书描述成一个指南针，一种能够让他找回失去方向的心灵指南——通过让他弄明白自己在地图上的位置。

通常，当我们感到迷失或进退维谷的时候，这就意味着我们的心理原型因为受到某种干扰而陷入停顿。这种发展障碍出现的原因大致有以下两种：

某一种原型受到了我们的过度关注和认知，从而使其他原型受到了伤害；

我们刻意地压制某种原型，从而使得我们在遇到新情况时，这一原型无法及时地发挥作用，或我们已经完全被该原型的消极因素所控制。

随着你唤醒原型能量的能力与日俱增，你在面对现有状况时做出适当回应并改变这一状况的能力以及追求并获得能真实反映你内心自我的生活能力就会随之增强。由于你的英雄之旅既是一种发现英雄无处不在的旅行，又是你个人所特有的一段成长经历，所以这张英雄地图需要加上你的个人旅行图——它能帮助你明白自己怎样做才能成为真正的你，才算完整。

因此，这一章将会帮你确认：

你为何会对某一种原型过度关注和认知；

可能导致你内心原型能量不平衡的家庭和工作力量；

可能令你压制某种原型的社会文化影响；

识别并同化消极因素的方法；

唤醒一种原型的策略。

过度关注和认知的原因

对每一个人而言，过分专注于一种原型，从而彻底封锁其他原型观念都是一件很寻常的事情。

例如，杰克不仅是一名典型的战士，而且在其他战士眼中他也显得有些极端。他在地板上睡觉，因为在他看来，床是给胆小鬼准备的。他从来不会在早上花时间给自己煎鸡蛋，因为这会耗费多余的时间。虽然在一次心脏病发之后，他为自己制定了一套严格的养生方案，但他在早餐中摄入的红肉量，以及他为自己安排的慢跑时间都超过了医生认为的安全值。他还为自己安排了一年一次的滑雪旅行（旅行行李中还包括一些紧急供氧设备）。他把疾病当成敌人，认为决不能向敌人低头，不然，它就会战胜你。和许多人一样，这一占据主导地位的原型与他生活的许多方面都十分契合。在第一次心脏病发后，他成功地又度过了20个年头，并且一直保持着旺盛的精力直到临死前的一段时间。然而，他对战士原型的认知却损害了他的人际关系，而且随着年纪的增大，年老体衰的他又很需要与他人的亲密关系。幸运的是，他意识到了这一点，并且开始有意识地接纳身边的人，对妻子、女儿和朋友的态度也逐渐变得越来越柔和、体贴。晚年时他开始尝试的一种新原型，这要求他必须跳出原本让他备感舒适的区域，但是这样做却最终帮助他不在孤独中终老。

被动地体验一种原型的影响能够有助于我们了解他人。你像无头苍蝇一样乱撞的时间变少了，思想也不会再经常陷入僵化状态。譬如说，当人们宣布所有人都想骗他的时候，而如果你此时正和这样的人在一起，那你就一定要看好自己的口袋！因为人们往往都会从自我形象出发去看这个世界。我们会用自己关注的任何事情来表现自己。有些人经常说生活是多么的艰难，对此，我们能够肯定的就是他们生活中的灾难一定接连不断。此外，对于那些看起来过于积极、乐观的人，你也一样需要提高警惕。因为那些带着过于乐观的态度生活和工作的人很有可能会成为问题和麻烦的吸铁石，除非他们的意识变得更加成熟。

此外，人们还会从有利于主导原型的角度出发去面对这个世界。那些正处于战士原型统治下的人可能会把生活当成是一场战斗，或一次竞赛。在他们看来，其他原型所持的世界观都是天真幼稚的想法，或是逃避现实的办法。如果你和他们谈起收获、分享和爱，他们一定会认为你受到了蛊惑。千万不要试图为孤儿提供赋予其权利的选择机会，除非你能够走进他们的世界，感同身受地对他们的痛苦表示同情和理解。不然，他们就会毫不犹豫地说你并不理解他们，不理解他们的现状。

由于种种缘故，人们常常会将原型与自己混为一谈。每当他们这样做的时候，他们的生活就会失去平衡，出现一边倒的局面，而他们也会因此和现实失去联系。

第一，如果社会化的过程强化和巩固了你单一的思维模式，你可能就会执着地认为这就是你的模式。高成就男性可能会不断提醒自己要时刻表现得像一个坚忍克己、吃苦耐劳的男人，以致任何一点偏离这一理想男性模板的行为都会让他们惶恐不已。一个全心全意照顾他人，为他人服务的女人也许会被赞为“好女人”，但是久而久之，她就会因为害怕自己缺乏女性光辉或表现得自私自利而被拘禁在一个狭小的生活圈里。

第二，你之所以会过度关注和认知一种原型，可能是因为这种原型在你的世界里占据了统治地位。今天，人们之所以会在维系生活平衡时感到很为难，一个主要的原因就在于工作世界中的竞争价值观已经成为主导我们社会文化的观念：我们就是我们所从事的工作，而衡量我们的标准就是工作的成败与否。结果，我们往往就陷入了对成功的执迷追求之中，并且偏执地只认知战士原型及其对胜利的需求。

要想让外部世界的生活恢复平衡，唯一的办法就是使内心世界的原型能量实现平衡。当战士原型以压倒性优势超越其他原型并成为主宰你思想的统治者之后，你最高兴的时候就是自己获取成就的时候。因此，你就会不愿意离开办公室，而一旦如此，你就很有可能会动用手机、传真机和电邮等现代方式确保自己在你所认为的“停工期”也不会丧失竞争力。压力管理专家会整天向你传授“你需要真正放一个大假”以及“你需要提高和家人或朋友相处的质量”等思想，可是你却做不到，除非其他的原型在你的精神世界里也能获得平等的对待，拥有同样大的施展空间。

我们在生活中所经历的每一种社会体系都会对内在的原型产生十分重大的影响。例如，如果你接受了一份新工作，而新的工作环境中，战士原型占据了主导地位，那么要想在这样的环境中生存下来，你就必须拥有一个强大的战士原型。对于这种单一的行为模式，如果你从周围环境中获得的鼓励和强化越多，你就越容易认为这一部分自我就是全部。

同样地，如果你身边的朋友或同事都认为自己很虚弱，或者是受压迫的被害者，那么，你内心的孤儿原型就很有可能会受到你的过度重视。我记得，有一个女人到我的办公室来找我，在自我介绍时，她把自己描述为一个来自于受虐家庭的没长大的成年人。她解释道，她被告知（并且也相信）她还需要很多年的时间才能解决这个问题，而在此期间，她将无法过多地关注其他事情。很显然，她没有能力承担严格的工作，也无法承受一段成年人的恋情。在她的整个社交网络里，你只能找到一些同样来自于功能不健全家庭的成年人，而他们之间的谈话也总是围绕着刚刚经历的那些令他们很受伤的回忆，以及他们对这些事件所做出的种种反应。

在此，我想明确说明的一点就是，许多人在处理童年伤害时往往会表现出极大的勇气。这些伤害中有一些简直恐怖得骇人听闻。我从来不曾想过要贬低人们在此期间所表现出来的可贵的勇气。不过，对于这些伤害，我的经验是，如果在现有的孤儿原型的基础上，其他原型也能积极地发挥效用，那么，这些人康复的速度将会快很多。

其实我们的心智是很聪明的。有些人之所以会“忘记”或压抑童年时的悲惨记忆，原因就在于他们还不够强大，不足以应付这些不快乐的记忆。例如，同样是面对来自童年的创伤记忆，相对于那些内心世界里只有天真者和孤儿原型的人而言，战士和流浪者的人通常更容易康复，康复速度也更快。而且，就在这一康复过程中，他们很有可能继续追求充实的生活。然而，在孤儿文化中，交际和联系往往会伴随着伤痛。在交流彼此的痛苦回忆或经历的过程中，人们往往会觉得自己与对方的距离在不断缩小。反之，当一个人与他人交流自己的成功故事时，他有可能会发现身边的朋友开始有意无意地回避自己。为了维系这份亲密，人们会下意识地压制存在于内心当中的其他自我。这也是为何有些人康复所需的时间明显长于其他人的主要原因之一。

所有原型都有其独特之处，也都会给我们带来礼物。当我们唤醒其潜在能量之后，他们就会出手帮助我们。于是，我们的视线就会聚焦在给予我们帮助的那种原型上。渐渐地，我们就成了这一原型忠实的追随者，而曾经的冲动也彻底翻身演变成了一种固定的模式。

第三，有一名权威人士告诉你“这就是你”，于是你就陷入了对某一种原型的执迷之中。

就拿一名因为内心充满恐惧而不敢离开家半步的接受心理治疗的年轻女性来说吧。她想获得一份工作，却无奈恐惧心理太强。她的心理辅导师向她传递了一种观点，即虐待可能会导致女性的胆怯；可是与此同时，他引导自己的病人专注于自己的内在资产。最后的结果表明，这位客人拥有一个发展十分健全的利他主义者原型。她十分关心自己和孩子。于是，她和她的辅导医师都意识到她需要唤醒战士原型。唯有如此，她才能设定自己的界限。这名女性只有先将两种原型合二为一，才能做好准备工作。不过，她非常确信通过报名参加女性武术课程可能会有所帮助。通过这一方式，她的确成功地将注意力转移到了培养战士特质这一焦点上，并最终找到了一份工作。

后来，她通过回忆和分析，得出了自己之所以会如此胆小的原因。她的母亲十分担心她，总怕她会出事，所以，每当女儿独自外出的时候，她就会变得异常焦虑。由于她的母亲在她12岁那年就去世了，所以她从没想过自己的恐惧其实是源于母亲的行为方式，即她很脆弱。她总是自然而然地用一种浪漫的方式去回忆母亲，从来不会去批评她。当然，当她将所有记忆的碎片都组合起来之后，她意识到自己的妈妈其实从来不曾想过要限制她的潜能。接着，她用自己的方式向妈妈表达了敬意，然后宣布要成为一个勇敢的女人。毫无疑问，这也正是她母亲的希望。

也许，你是因为你的父母认为你充满爱心（利他主义者）；因为有一位老师看到了你冷淡、独立的一面（流浪者）；或是因为你的同学认为你是一个性格坚强的人（战士）；又或者，你的老板完全依赖于你，把你当成了一个能够创造奇迹的员工（魔法师）。如果是这样，你可以从现在开始留意存在于自己精神世界里的其他原型特质，并且在现实世界中找到能够表达它们的方法。

第四，你之所以会专注于一种原型，原因就在于在你成长的过程中没能得到自我所需的支持和帮助，从而没能获得完整的自我认知。对于那些出生于职能不健全家庭的人而言，情况的确如此。从小到大，这些人不是生活在一个动荡不安且混乱异常的环境中，就是生活在一个并不重视个人天赋和观念的时代和地区。事实上，笨拙不堪并非那些出生于不健康家庭的人的专利，那些来自于典型“优秀家庭”的人走错路或摔跤的可能性几乎与前者相当。这是因为后者为了让自己满足“优秀”（其定义由于对道德、成就、财产或责任感的定义不同而各有千秋）的标准一直承受着巨大的压力。

不完美是人的本性。同样，我们在知道自己会受到苛刻标准的丈量时，尽量隐藏自己的不完美之处也是人之常情。

凯茜来自一个信奉宗教的家庭，从小到大，其家人都非常努力地想给她提供一个安全且充满爱的成长环境。然而，这对父母认为理想的“优秀父母”就是要培养出一个十全十美的子女，就像耶稣基督一样。在这一过程中，他们从来不鼓励她追求幸福和快乐，因为他们害怕她的欲望会引诱她犯错。教会留给她的印象则是，要想让自己变得足够好，唯一的办法就是像基督或其他诸多圣人那样成为殉道者。于是，她得出一个结论：任何关注自己欲望的思想和行为都是自私的。事实上，她也总是觉得自己做得不够多不够好，因为她还不够完美，而且也没有任何一种无私的行为能与基督为了大众被钉死在十字架上相媲美。她不仅感到不幸福，而且还为自己有这一感受而感到愧疚。

这个深受宗教影响的女人最终转投了另一个原型力量相对平衡的教会。在这里，她被告知，圣灵既存在于人的内心，也存在于外部世界。此外，神父也强调耶稣生活中除死亡以外还有许多值得教众借鉴的方面。耶稣将货币贸易商人赶出庙堂的故事就像一道特赦，使凯茜终于敢唤醒内心的战士。耶稣独自进入沙漠的故事使凯茜意识到，踏上自己的流浪者旅行本无可厚非，而她开展独自旅行的方式就是看书。通过看书，她拓宽了自己的眼界。耶稣满足多方面需求，并且治愈病人的故事给了她灵感，唤醒了她心中沉睡的魔法师原型。随着其他原型在她生活中所占比重的增加，她的生活也更加充实，所取得的成就也变得更多了。在这一过程中，她对每一种原型的认知程度也越来越高，区分不同的原型也随之变得越来越容易。最终，她构建起了自己的个性。

睿智的神父一直在帮助凯茜，而他的方法就是鼓励她在不同的生活领域思考真正适合自己的到底是什么。结果，凯茜最终成为一个能够更加真诚付出自我的女孩。因为只要她试图压制或否认自己渴望关心他人的本质，她就无法取得成功。只有当她学会如何信赖自己的经历之后，她才能带着一份真诚的快乐去爱其他人，给予他们帮助。

查尔斯的背景完全不同于凯茜，但是他的问题和凯茜相似。作为一名职能不健全的家庭成员，他从小就生活在一个贫穷、犯罪频发的地区。正是因为如此，他对自己的认知是不法之徒（战士的阴影面）。他为自己的刚硬不屈感到骄傲，并且可以为了能在这个世界上推行自己的方式做任何事情。当他还是个孩子的时候，他就靠偷汽车轮毂盖和其他东西给自己换零花钱。十几岁的时候，他开始贩毒，并且成为当地小混混的头目。

从表面上来看，查尔斯的一生似乎永远都和犯罪脱不了干系。然而，一位法官看到了隐藏在其表面行为之下的潜质。她把他推荐给了一个法庭下属的吸毒康复计划中心。起初，查尔斯并没有意识到硬汉与不法之徒这一形象与真实自我之间的差异。幸运的是，这位法官把他送进了一个非常不错的康复计划小组。在小组辅导和一对一帮助中，他开始意识到了自己的弱点（孤儿）。接着，他回忆起自己曾突发灵感，在一个爵士乐队里演奏过的完全不同于他当前情形（流浪者）的生活。作为该计划的一部分，他开始和其他工作人员一道，帮助那些年龄更小的男孩。结果，他发现自己为这些男孩做得越多，自我感觉就越好（利他主义者）。

在一个主要的转折点，查尔斯做了一个梦，他梦到自己和他身边最亲密的朋友都死了，有的是因为得了艾滋病，有的是因为过量吸食毒品，还有一些则死于黑帮火拼。大约就在同一时间，他在一个星期里参加了两个朋友的葬礼，而他们的年龄也都和他相仿。梦境所产生的震撼效应，加上现实生活中朋友的离去，最终令他下决心要彻底改变自己。他意识到自己需要面对的敌人与他在现实生活中的表现几乎毫无联系，而真正与之相关的是他周围的社会氛围。作为自我转型计划的一部分，他决定开始结识那些认真对待自己生活的人，并和他们做朋友。伴随着他的改变，他注意到自己的身边也随之产生了一连串波浪效应：他的改变影响了那些年龄更小的男孩，使他们远离黑帮，留在学校里专心学习（魔法师）。

凯茜和查尔斯的例子虽然有些极端，却依然具有很强的代表性。我们所有人都会受到周围环境的牵制，而这些环境因素并不鼓励我们踏上自己的旅行——即使不跳出来反对，它们也会以一种很微妙的方式牵制我们的脚步。每当我们在原有环境和新环境中做出选择的时候，我们也就等于决定了自己将会受到何种社会因素的影响。

练习A：注意自己是否对某一种原型存在过度认知现象。如果有，被你过度关注的是哪一种原型？你认为造成这一现象的原因是什么？

文化对原型发展的影响

正如我在前一章里谈到的，每个家庭都有其原型的优势和劣势。在家庭发挥其功效的原型将会成为我们进攻的宝剑和防卫的盾牌，并将陪伴我们走上个人成长的旅途。存在于家庭里的劣势将会给我们造成伤痛，而这些伤痛最终将会成为刺激我们踏上旅途寻找个人财富的动力。在旅途中，我们还会遇到各种挑战，这些挑战将会使我们有机会接触到家庭中缺失的那些原型。

苏珊妮来自于一个职能非常不健全的家庭。她的妈妈是一名精神分裂症患者，且从未接受过任何治疗，所以行为举止非常怪异。由于她们家富有且有权势，所以没有人为拯救这个家中的孩子做出过任何努力。苏珊妮很清楚自己背负着哪些心理伤害，但与此同时，她也理所当然地接受了家族精神传统中积极的一面。她的父亲是这个小镇上一位很有影响力的大律师，他一直在为维护小镇上的正义而战斗。苏珊妮接受了家庭传统中这种积极的战士潜质，而不再做一名改革者。她迫切地渴望打破自己原有的孤儿自我，在这一渴望的敦促下，她踏上了自己的旅途。在面对自己的过去和创伤时，苏珊妮意识到精神疾病可能是魔法师的一种消极边缘，而她对医疗人员的兴趣也反映了她对这一原型积极面的渴求。在这一过程中，她成功地治愈了自己，而她的这一行为也使得她能够将战士和魔法师这两种原型的积极特质通过家庭纽带传给自己的孩子。

只要一个家庭中出现了原型的真空地带——当一种重要的原型被忽视或缺失的时候，这个家庭就至少会有一个孩子不可避免地被这一原型所吸引。在苏珊妮的案例中，她惊讶地发现冥冥中仿佛有一股看不到却异常强大的力量，不由分说地就把她推向了天真者原型。在探索了自己被这一原型所吸引的前因后果之后，她意识到她的家庭所缺乏的正是一种信仰。

当你了解早年家庭生活在你身上留下了何种烙印之后，这一意识就能帮助你预测出可能会出现在自己身上的原型失衡情况。此外，它还能帮助你确认可以从哪一种原型中获得支持和力量，而哪些原型是其消极的，以及你现在需要唤醒哪些原型。

无论何时，当你进入一个社会系统的时候，你自身的原型平衡就会受到体系内部看不见的原型结构的影响。例如，当你接受一份新工作之后，你和新公司的原型结构就会进入一种互动状态之中。公司里每一条未明文规定的潜规则都有其内在的原型根源。有些原型的特质会受到高度重视，而有些则是公司里的禁忌。譬如说，如果公司采纳的是一种利他主义者立场，而你的表现让人觉得你最大的工作动力就是去帮助别人，你自然就会在公司里得到重用。如果你表现得自己做所有的一切都是为了钱，那么你能获得尊重的可能性便微乎其微。

尽管自己根本不具备任何竞争意识和自信，但是德波拉还是接受了一家推行战士作风的公司所提供的销售工作一职。她很讨厌与之共事的那些人，而他们也把她当成是公司里的边缘人物。她一点也不满意这份工作，工作时也很不开心，直到她意识到自己来这儿是为了培养她的战士潜质。当她开始逐渐表现出自己强硬的一面之后，同事们对待她的态度也随之好转，开始把她当成这个团队的一员。

假如你身处于一个原型结构与自己完全相反的组织机构中，你就会感到非常不适，甚至难受，但是这样的组织机构恰好能够平衡你内心的原型能量。如果你与组织机构相处极其和谐——它的原型失衡状态与你一致，那么在这样的公司里工作，你虽然会感到通体舒畅，但是这样的环境却会拖延你的自我发展。最理想的情况就是，周围的环境与你自身的原型状态大致相近，又与你略有不同，从而使你身处其中有一种宾至如归的感觉，但与此同时，又能促使你发现自身不足，加以弥补。

吉姆就读于一所学术竞争气氛十分浓厚的公立高中。他本人是一个以帮助他人为己任的年轻人。他本人的性格特征，加上学校的整体氛围使老师很快就想到让他去辅导那些资质不太聪颖的学生，或是与他的同龄人合作做项目。此时，吉姆的妈妈了解有关心理原型的知识后向吉姆解释说，尽管她也想为他找一所更适合他成长的学校，但是她和他爸爸的确无力供他上私立学校。不过即便如此，他现在就读的学校也一样能够为他提供战士原型所需的机会和空间，而这种战士特质将会有助于他找到正确的人生方向。于是，吉姆便开始有意识地督促自己加强这一方面的锻炼。放学后，他自愿帮助其他学生辅导功课，与此同时，他也开始了解和接受通过课堂上相互竞争所获得的乐趣。虽然战士原型自始至终都不是主导其思想的基础原型，但是他仍然借助这一原型成功地设置了适合自己的个人边界，并且具备了在竞争环境中获取成功所需的资质。

当组织机构的原型结构大幅度失衡的时候，具备该组织机构所缺失的原型的人就成为关乎其生存的关键人物。例如，博特就职于一个教会，该教会常常教导教友要积极地思考问题和看待世界（天真者）。他本人的主导原型则是孤儿，所以他常常会预计到未来将会出现的种种威胁。尽管他在教会中并不受欢迎，但是他却为教会提供了一个十分重要的早期信号，从而逆转了该教会的财政问题。在这一过程中，他本人也从教会那儿学到了如何构建自己的信仰，从而更加信赖生活。

练习B：参考前一章中关于家庭和组织机构原型及其表征的图表，从而确认你所在的社会体系对正常的原型平衡发展产生了哪些影响。

社会对原型发展的影响

如果我们在旅行的下一阶段所需的原型受到了压抑，我们的精神世界可能就会因此而失衡。人们往往会刻意压抑那些他们认为不适合或在他们看来是错误或不利的原型。通常来说，令我们牢牢抓住这一信念的正是我们从文化中所接受的信息。

首先，同一种原型，表现在其他人身上可能会受到重视，但是并不意味着它就适合我们。性别角色是导致我们压抑认为不适合自己的原因之一，但并不是唯一的原因。这种下意识的压抑行为在我们还是个孩子的时候就已经初露端倪，那时的我们由于太小根本不清楚自己的这一行为会带来何种后果。例如，尽管各种女权运动及男性运动的影响力不可小觑，但是大多数生活在当今社会的男人仍然会为自己的脆弱言行感到羞愧。男孩们从小就被告知，如果他们流眼泪，就是胆小鬼、没用的人，等等。当他们从地上爬起来，一声不吭地重新上场，人们就会赞扬他们勇敢，是个男子汉。结果，大多数男人都会刻意压抑内心的孤儿原型，并且极不善于表达内心的脆弱。

对于女孩，情况则恰好相反，只要她们想哭，就随时可以掉眼泪。然而，如果她们表现出过于强烈的欲望或是过多的愤怒情绪——尤其当这种欲望或情绪让其他人感觉受到了威胁或失落的时候，她们就会体会到来自社会的压力（按照社会文化的要求，女孩们应该更多地关心和体贴其他人的感受，而不是专注于自己）。因此，为了克制内心的愤怒，不将自己的自信表露出来，女孩们会很自然地压抑其战士原型。当她们顺从于他人，强压住自己的愤怒和野心时，她们就会得到人们的表扬，说她们是个真正的好女孩。

当我们不让自己的女性或男性特质获得充分地表达，进而被性别认知的消极因素所控制的时候，那些约定俗成的与男性和女性相关的消极特征就会跳出来，左右我们的思想和世界。大男子主义者以及水性杨花的女人就是这些消极特征的受害者。此外，人们同时也会受到异性认知的消极因素的影响。例如，那些不会有意识地调动其性格中的女性因素来调节自我的男人通常都很情绪化，喜怒无常，而那些与内心男性因素缺乏有意识的沟通的女人往往十分武断，固执己见。这也就解释了为何有些男人会针对女人是多么的情绪化而展开攻击，以及有些女人为何会坚决要求每个人都要表现得像外交官一样，谨言慎行，从而避免身边出现任何家长制作风或思想。这些现象都说明我们每个人下意识的行为不可避免地会泄露我们的内心，而且还表现得十分透彻。

浪漫的爱情具有一种不可思议的魔力，这种魔力能够帮助男人和女人唤醒被他们压抑的那部分自我。因为要想亲近对方，就必须心甘情愿地向对方展示自己的脆弱之处。当然，与此同时，我们也必须拥有牢固的个人边界，从而使我们能够提出自己的主张和需求。这也就意味着，如果一个人始终不愿走出其心理舒适地带，无论是男人还是女人，他都无法获得自己想要的。整体上来说，男人需要培养敢于向他人展示自身脆弱之处的勇气，而女人则需要大声说出自己的欲望和需求。

举例来说，玛格丽特对自己的生活越来越不满意，却一再地压抑和克制内心的悲哀，因为她的丈夫似乎很享受现在这种生活。突然，他的工作环境发生了改变，来了一个并不太支持下属的新上司。玛格丽特和孩子鼓励他辞职，去找一个更能让他得到重用的工作，于是，他辞职了。然而，在那之后，她的一部分自我似乎变得更加抑郁了。

许多年来，她不止一次地向丈夫和孩子抱怨她现在的工作，可是从来没有人鼓励她辞职，去找一份她喜欢的工作！有一段时间，她真的为自己感到悲哀，心想似乎没有人关心她是否开心，这到底是为什么呢？就在这时，她突然想到了答案。她的丈夫拥有比她更强的自尊心。作为一名战士，他认为自己应该受到良好的对待，当他感到不开心的时候，其内心的流浪者就会跳出来，引导其思想。玛格丽特意识到，问题的关键并不在于自己的丈夫，而在于她应该像他那样生活。于是，她开始寻找真正能带给她快乐的工作，哪怕这份工作的报酬低于前一份工作。当她找到这样的工作时，她的丈夫看起来似乎有些不太高兴。不过，她并没有说什么，只是告诉他她现在感觉好多了，而且为自己有这样一位支持自己的丈夫感到高兴和幸福。

练习C：留意会吸引自己的异性特征。尤其需要注意的是那些你认为自己并不具备的特征。在自己身上培养这些特征，是否能够提高你的生活质量或进一步拉近你和恋人的关系呢？

你还需要留意异性身上那些被你评价为负面特征的资质。从作为浪漫爱人的角度出发，或从生活的其他方面来说。我们常常会对自己需要培养和发展的特质投以鄙夷之情。设想一下，如果你同时兼具男女特质，你的生活是不是会更美好呢？

其次，原型之所以会受到压抑，是因为社会文化根本就不重视它，无论它出现在谁身上。例如，今时今日，我们的社会文化常常会把孤儿原型看成是一种消极的原型。社会对人们寄予的期望是所有人都能自力更生，不需要太多的帮助。当我们中的任何人——无论男女，压抑内心的孤儿时，我们很有可能就会在感知他人的喜怒哀乐时表现得很迟钝。或者，这可能意味着当我们受到他人的不公正对待时无法及时地意识到这一点，例如，在遭到配偶、老板或同事的贬损或奚落时不加反驳。那些习惯于被忽略的人会很自然地用同样的方法去对待其他人。譬如说，那些坚忍克己的管理者在宣布“我的方法或最佳方法”时几乎从来不会理会其下属的反应。与此同时，他可能也不会留意到或干脆忘记自己这种工作狂式的工作方法对其健康造成的不良影响。

在某些极端的情况下，压抑孤儿原型甚至会伤害他人（而他们这样做也就等于丧失了其最基本的人性）。在对待他人时，他们能够联想到的只有他们虐待自己的种种方式方法。只有当他们那被意识冰冻住的情感解冻之后，这些人才会突然意识到自己的行为对他人造成了多么可怕的伤害。当他们终于能够感同身受地体会受害者的情感之后，有些人会表现得悲痛欲绝，万分懊恼。在某些极端情况下，他们的自我感觉会彻底跌至谷底，糟糕透顶。

孤儿原型也同样会对其他原型造成心理投射效应。当一个人脱离了自己的痛苦却能够清楚地感受到他人的伤痛时，他很有可能会就把自己当成是救世主。这种人在面对他人的求助时，极有可能会表现得束手无策，即使是在他完全可能做到的时候。孤儿所造成的投射效应会导致一些残酷的行为，在这些行为中，其中一方会暂时关闭其内心的孤儿原型，通过刻意贬低或残酷对待另一方，他会突然觉得自己无比强大。在政治事件及家庭案中，我们经常能看到这种极端的案例。在日常生活中，当一位受挫的母亲痛打哭泣的孩子，当一名老师羞辱自己的学生，又或是，当老板羞辱手下的员工，施暴者往往都是受到了这种投射效应的影响。

在某些家庭当中，出于宗教或政治原因，维护自己的主张会被当成是一种错误的行为（不仅仅是针对女孩而言），因为这样做可能会导致暴力的发生。当战士原型受到压抑时，所有人——无论男女，都会萌生出一股强烈的操控欲望或表现出一种消极的攻击性行为。在日常生活中，一位长相甜美、条件出众的年轻女人常常会轻责自己的丈夫，直到随着时间的推移，她的丈夫渐渐失去了自信，开始按照她的要求去做任何事情。或者，她会变得十分虚弱和无助，直到有人担负起照顾她的职责，满足她的全部愿望。在工作中，这个女人从来不会直接像领导者那样发号施令，相反，她可能会利用流言蜚语去提升或贬低他人，在不知不觉中成为幕后操纵者。又或者，她会将战士原型投射在其他人身上，以自己的不足为借口，完全依赖于他人。因此，如果我们想让内心保持宁静状态，就最好培养出超越了其消极一面的战士原型，从而使我们能够申明自己的需求，并且以一种诚实且公开的方式解决矛盾。令人深感讽刺的是，压抑战士特质根本无法获得宁静，唯有通过培养其更高层次的表达方式，你才能真正体会到宁静的甜美。

被压抑的原型力量

首先，当压抑一种原型的力量很强大时，它就会创造出一种个人或普遍性的阴影。当我们压抑一种我们认为是不好的原型的时候，很有可能就会将其投射在其他人身上——只看到对方的邪恶之处，却看不到自己的。

例如，丽莎就受不了珍妮。珍妮是一个典型的山谷少女（指20世纪70年代后期及20世纪80年代初期迁居加利福尼亚圣费尔南多山谷地带的女性青少年，其特点是富有革新、反抗和自由思考的精神）。根据此处所使用的词语，我们可以得知她是一名天真者，所关心的全是一些肤浅的事物：美甲、美发产品、“时尚的”活动以及那些“大块头”的男孩。丽莎对珍妮的厌恶并非偶然。她会在半夜醒来时还不忘嘲讽她几句。在她看来，珍妮浅薄、思想空洞且爱慕虚荣。在联想到对方的诸多缺点后，丽莎开始审视自己。是的，她是一个好人。她是一名严肃的学生和社会活动家，从来不会考虑诸如穿着、打扮之类的无聊事宜，也不会浪费时间去做一些轻浮的举止，或是和那些无所事事的男人鬼混。

然而，丽莎其实认识许多道德品质比珍妮更差的人。按道理，她对珍妮的偏见应该不会比对那些人的更差，可是她就是想不明白自己为何会如此厌恶珍妮。终于，她想到了！尽管她并不想成为珍妮那样的人，但是她不得不承认珍妮的一些品质一样可以为她所用。“放轻松些，”她对自己说，“我并不需要和那些面色苍白、身体瘦弱的男孩约会。我也可以偶尔去看一场不那么严肃的电影。也许，是时候改换一个漂亮的发型了！”

练习D：为了确认有哪些原型特质受到了压抑，你可以列一张清单，在上面写出所有被你贴上“消极”标签的人，然后找出这些人最相似的原型特征。不要将连环凶杀案的凶手和所有人都认定的坏人列入这张清单。你只需

将那些你不喜欢、但其他人表示能够接受的人列出来即可。你可以想象其他人对他们的看法，这样做可能会有助于你将这些积极特质或行为纳为己用。

其次，压抑原型会造成两大群体互相无法容忍对方。有时候，如果一些原型会让我们联想到那些不同于自己的人，我们就会刻意地压抑这些原型。因此，我们可以通过心理不适区域——可以是其他人能够自如做到而我们却做不到的事情，也可以是其他人打扰我们的某种方式，或一些似乎有些怪异或陌生的方式，以发现被我们压抑的原型。

在经济全球化之风愈吹愈烈的今天，大多数人至少在工作中都会与文化传统异于自己的人发生各种互动行为及思想交流。在不同的文化中，受到鼓励的原型也各有不同。例如，相对于欧洲裔美国人而言，日本人和拉丁美洲人的关系概念更浓，团队导向性也更强。因此，他们通常更容易让自己的个人需求顺从于团队需求（利他主义者），但是他们也会因此而压抑流浪者的特性。美国的主导文化提倡和赞扬个人权利高于团队责任（流浪者），却往往会因此而令其文化性格中的利他主义者和孤儿原型遭到压抑。

唤醒内心的原型

在一个日趋复杂且快速变幻的社会当中，我们会不断地遇到各种新的挑战。面对挑战时，最让我们感到为难的莫过于身处于一个新环境中，而新环境却要求我们必须唤醒一种长期以来一直被我们压抑的原型，从而使得我们对这一潜在的可用之才毫无敬意可言。例如：

如果你讨厌依赖性强、爱发牢骚的人，最终，你会发现自己陷入了一个令你两难的境地：你受到了不公正的对待，可你对此却什么也做不了，除非你能“委曲求全”，乞求权势者的宽恕，并且言辞激烈地抱怨事情有多么糟糕。不然，你就会发现自己一次又一次地沦为受害者，所以除了哭泣，你不知道自己还能做些什么。

如果你受不了野心勃勃、富有侵略性的人，毫无疑问，你会发现自己被人推来推去，任人摆布。事实上，除非你能够唤醒内心的战士原型，不然，你就会接二连三地遭遇一些让你无所适从的情况，每一种情况都要求你必须学会如何为自己而战。

如果你看不起那些为了其他人做出自我牺牲的人，那么，你迟早都会遇到完全依靠你的人，这时，你就不得不为了那个人放下其他你非常想参加的活动。如果你宣布你不想付出，你也许很快就会发现自己需要其他人的帮助。

如果你认为那些所谓的局外人是无关紧要的人，或是纯粹的自恋狂，用不了多久，你就会发现自己不知何时也成为一名局外人。或者，你越想成为某个团队的一员，你遇到的不符合自己行为规则的要求就越多，直至你感到自己被这些要求压得喘不过气来。

每逢遇到那些天真、无知得难以置信的人，或看起来对神灵充满了不理智信仰的人时，你就会被他们气得抓狂，渐渐地，你就会发现自己所处的环境越来越苛刻，越来越凶险，直到你乞求神的帮助。

如果你认为关于魔法的念头都是些奇怪、不理智的思想，总有一天，你会发觉自己迫切地渴望自己的生活中能出现奇迹。事实上，你脑海中关于世界的理性观点越牢固，你生活中出现的不理性事件就会越多。

你可以通过不同的方法来处理上述这些问题。例如，有些文化会通过将某种社会文化原型定义为“另类”或“低劣”的方式让其成为替罪羊。

这些残酷的案例无时无刻不在提醒我们，除非我们能够理解存在于内心世界的精神动力学，不然，我们就无法维系真正的民主。只要我们开始意识到这一心理投射效应，并且明白自己此举无非就是想找一只替罪羊，我们就不会因为其他人不同于自己而给他们贴上“错误”或“坏”的标签。当然，人的忍耐都是有限度的，我们生活在一个全球化的社会中的事实为我们提供了许多机会。借助这些机会，我们就能唤醒内心那些受到文化珍视和哺育——而不是我们所重视和刻意培养的原型特质。做到这一点，我们尊重不同才能及观念的能力就会随之得到提升。

最终，我们需要面对的挑战不仅仅是珍视个体差异，还必须意识到我们对他人形成了何种投射。

当我们回望人类发展历程的时候，可以看到不计其数的关于某一种族将其他种族定义为替罪羊，然后对其百般压迫的事例。所有这些事例的一大共同特征就是，占据主导地位的种族群体皆因自我认知不够，最终将一些"自我的"印象投射于其他种族群体之上，从而造成了一种"误解"。一旦撤回投射，我们不仅可以立刻停止压迫对方，还能由此靠近并利用一直以来被我们压抑的原型积极面。

如果我们可以敞开心扉学习他人，多文化体验将会立刻拓宽我们的视角。大多数当代社会都带有一种战士倾向性。除此以外，西方文化的滋养也促进了流浪者原型以及个人主义的发展。东方文化强调得更多的是团体利益高于个人利益，也就是利他主义者的特质。

通常来说，令我们感到最为难的人莫过于那些会引出我们自身阴暗面的人。如果我们不能忍受政治"强硬派"或五角大楼的常规，我们也许就会发现，当我们坚定立场要捍卫一个没有核威胁的世界时，我们内心的主战热情就会随之湮灭。如果我们不喜欢那种喜欢依赖他人且牢骚满腹的人，我们也许就会发现，随着承认自己内心的依赖感和无助感，我们似乎也能体会到这种人的疾苦，开始同情他们。如果我们能够拓宽自身行为的疆域，并且允许自己变得更加完整，我们就能吸引一些更加有趣的人，或者，我们就能体会到身边其他人的有趣之处。例如，那些与其他女性之间存在竞争关系的女性往往会认为其他女性都是自己的竞争对手，且这些人全都喜欢背后中伤他人，不值得信赖。当她们逐渐意识到自身女性特征的价值之后，其身边的那些女性又突然像变了一个人一样，成为她们的好姐妹，为人诚实，值得信赖。如果这种奇迹般的变化没有出现，这时，她们就需要为这种原型阴暗面而负责，并且需要问自己："从她们身上，我能看到哪些自己的影子？”

如果我们能够坚持下去，不断学习，就能从所有原型那里继承其遗留下来的宝藏。轻视心理原型的责任将会由我们自己一力承担。如果我们拒绝对某种原型表示敬意，很快，我们就会接二连三地遇到需要这种原型的特质才能解决的难题和困境。我们将会一次又一次地走进同样的故事情节，直到我们找到走出这一迷宫的道路。

练习E：写出存在于其他文化或团体中值得你欣赏的特质，识别出其所代表的心理原型。你认为其他文化或团体的消极面是什么？通常来说，我们都会看到存在于他人身上的原型消极面，而对于自己，我们则往往只会看到其积极的一面及其表现。当你遇到某些你厌恶的人时，以下这张图表也许能帮助你识别原型种类。通常情况下，当我们唤醒这些原型之后，就会突然从那些自己原本厌恶或鄙视的个人、文化及团体中发现其值得欣赏的特征。

受轻蔑的品质	相对应的原型	才能
受害者思维模式；抱怨连连；权利感	孤儿	现实主义；同情心思想
迷失自我；缺乏计划；自私	流浪者	独立；个性化
无情；野心十足；贪婪	战士	纪律；卓越
顺从；懒惰	利他主义者	体贴；亲密；团队合作
天真；教条主义	天真者	信仰；乐观
怪异；似乎有做“白日梦”之嫌	魔法师	变形；新视角

激活原型的七个步骤

过去，社会改变的速度一直相当缓慢。现在，改变的步伐已经加快了，由此带来的结果就是对人类精神世界的要求越来越高。过去，我们只需要一两种原型即可，但是现在，我们需要获得所有原型的帮助，缺一不可。

当你发现自己身处于某种情境之中，迫切需要一种原型的帮助，而你的这一原型又恰好尚未被激活的时候，那很有可能是因为这一原型在被激活的途中受到阻滞。你是否能够及时唤醒自己所需要的那种原型，这一点尚值得怀疑。不过，如果你所需的原型并没有受到阻碍，从而顺利地帮助你渡过难关，这时，你就能够运用自身意识的能量提前清除那些可能会阻碍其被激活的障碍。

第一步，识别每种原型的积极品质。你可能会敬佩有些人表达其原型积极特征的方式，密切关注这些人有助于你了解其积极品质。此外，你还可以阅读与这一原型有关的书籍，观看与之相关的电视节目。你还可以摆出一些能够反映你生活环境的照片、图画或海报，从中了解其所体现的原型及其特征。在完成日常工作任务的同时听一些能够唤醒你内在原型的音乐。当你读完关于某种原型的章节后，刻意留意身边能够反映这一原型情节结构及美德的人、书籍、歌曲、电影，等等。我强烈推荐大家随身携带一个剪贴簿，随时记下你发现的细节。

第二步，有意识地按照你需要的原型模式去思考问题。首先，你可以用你需要的原型思维模式取代你现有的习惯性模式。例如，你也许已经习惯于从孤儿的角度出发来思考和行动，而此时此刻，你想唤醒自己的战士原型。每当觉得“我什么也做不了，我只能接受这一切”的时候，你必须立刻打断自己，然后对自己说，“我拥有捍卫自己的力量和勇气，我能够得到我想要的东西”。然后，尝试着用这一新观念来指导自己。你甚至可以自创一个推行这一原型的小型仪式，邀请它进入你的思想和生活。例如，点亮一根蜡烛，创造出一个神圣的空间（用一种与你的信仰体系相吻合的方式）。接着，在一张纸上写下你所珍视的孤儿特质。对孤儿原型表示感谢，然后点燃写了其特质的那张纸，在心里默默地与它们道别。随后，拿起一件象征战士的标志性物品，将它放置在家中或办公室里显著可见的地方，接着，点亮蜡烛，大声地说出战士的美德，然后邀请战士成为你的同盟。最后，吹灭蜡烛，将其放回原有的地方。

最重要的是，你应当形成一种习惯性的思维——想象自己成功地将原型在生活中表达了出来。

第三步，找出阻碍你表达这种原型的内在根源。如果你在表达某种原型时遇到了阻碍，首先问自己，“谁说这种行为不适合我”？也许，当你第一次向父亲提出异议的时候，他会否定你。于是，你因此而得出一个结论：战士行为很有可能会伤害你。而这一观念可能会在你观看完某些战争电影后得到进一步巩固和加强。在那些影片中，士兵们最后的结局都是战死沙场。带着这样的观念，你开始和内心那部分消极的自我进行交流和沟通，你们谈话的核心话题就是，战士能量的匮乏究竟是如何阻碍你获得成功的。其间，那一部分自我将会描述你被父亲否定时那种失落的感觉，而你则会向其解释，父亲从来都不曾想过要伤害你，而你也并没有上阵打仗的计划。或者，假如你真的打算参军入伍，或加入警察队伍，你可以向内心感到害怕的那部分自我解释自己这样做的必要性：为了能够全身心投入工作，冒险完成任务，有时候一个人必须面对内心对死亡的恐惧。

此外，你也同样可以与某种原型展开对话，请它给出如何生活的建议。这样做等于允许这种原型的能量进入你的思想，使这一原本就存在于你身体内的原型能够发挥其能量，使你能够分享它的智慧，更好地统筹你的生活。

第四步，开始谈话。聆听自己内心的声音，然后有意识地采用与你想表达的原型相吻合的方式与之交谈。例如，你发觉自己的谈话方式过于战士化，想调动更多流浪者因素。这时，你应该说：“聆听他的话让我意识到我想采用的方式与他做这件事的方法几乎完全不同。”而不是说“我真想给那个打扰我们的家伙一拳！”如果你经常和一些死死抓住自己的伤痛不愿松手的人在一起，你可以尝试着说一些积极向上的、充满乐观情绪的话语。坚持下去，并始终保持积极向上的乐观态度，哪怕一开始这样做的时候你会感到不太自然。

第五步，从原型角色模式入手。开始时，最好的方法就是寻找并靠近那些表现出原型积极特征的人。例如，如果你想唤醒战士原型，你可以报名学习武术课程，或接受一份战士文化环境中的工作、志愿者工作，或是参与以这种环境为基础的娱乐活动。原型能量是一种具有传染性的能量，能够通过人际交往传递给他人。

要想唤醒天真者原型，你就需要采用积极乐观的思维方式思考尽可能增加自己与那些有深度宗教信仰的人在一起的时间，或是干脆每天都自觉地拿出时间来享受和欣赏生活。

如果你期望自己的工作中能出现奇迹，可以寻找一位能够给你带来灵感的人，让他做你的导师。阅读那些关于新模式思考的书，增强与具有新锐思维的人之间的联系和交往。自愿为致力于全面实现其设想及价值观的工作团队工作，或干脆加入这一团队，成为其中一员。

第六步，言行一致。开始用原型的特征要求自己，哪怕一开始这样做的时候你的感觉可能会很糟糕。将这一行为方式当成是自己的行为方式。有意识地进入自己的精神世界，找到该如何去做的那一部分自我，将这部分自我表达出来。你甚至还可以有意识地召唤自己渴望表达的原型。例如，我认识一位高水平的职业女性，每当她想要在行政体系中支持或推行一种强制性的构想时，她就会想象自己召唤出了雄狮或狼的精神，为她所用。虽然每一次的情况各不相同，但她总是能够坚持到底。一名救济计划的女性工作者告诉我，她会通过联想戴安娜王妃和特雷莎修女的方式来唤起自己内心的同情心。同样，青少年可以通过有意识地联想诸如超人或齐娜之类的超级英雄（或想一想星球大战中的英雄），来唤醒其内心的能量。

有些人还让自己置身于那些能够象征某一种原型的物品之中，以有助于唤醒其内在的原型（如果你想在不知不觉中完成这一转变，你可以采取一些较为保守的方式；如果你希望自己的变形能够引来更多的关注，你则可以采用更加戏剧化的方式），通过有意识的行为唤醒原型能量。

当然，要做到言行一致，最重要的一点就是确保自己的行为完全符合这一原型的要求。假如你想获得更多的战士能量，你就必须从现在开始不放过任何小事，坚决捍卫自己或他人的立场。如果你想获得更多的魔法师能量，就从现在开始寻求解决问题的方法。

第七步，即最后一步，调试你的技巧。当我们刚刚进入战士状态时，可能会积极应战每一场战斗，无论其规模大小。然而，老到的战士在选择战斗时往往显得格外小心，有时候为了获得战略上的长期优势，甚至会选择性地接受一些短期的小损失。你拥有为内在原型能量命名的能力，而这一能力也使得你能够在自己与原型之间保持一小段距离。这段距离具有至关重要的作用和意义，因为它可以随时提醒你：原型并不是你，你和原型不可同日而语。如果你能够观察出生活中各种原型的成败之处，就能影响每一种原型在自己生活中获得表达程度的深浅。掌握了这一技巧之后，你就能够有效地保护自己，使自己不会过分地执迷于某一种或几种原型，并且能够有效且及时地调动不同的原型，使其成为你最有力的内在盟友。

一种原型被埋藏得越深，唤醒其所需的时间和过程就越长。譬如说，在唤醒战士原型的过程中，你一定不会想将每一个出现在自己视野中的人都当成是对手。一段时间之后，你渐渐地将这一原型融入自己的生活，如果可以的话，你最好首先借助诗歌、歌曲、绘画等某种艺术形式将其表现出来。这种艺术性的表达方式及过程能够帮助你调试及融合原型能量，从而避免它以一种不恰当的方式在你的行为中表现出来。然而，假如你需要唤醒的原型处于休眠状态，并未受到过多的压抑，你大可以直接召唤它，不需要采用任何中间环节及步骤，因为它和你的意识之间原本就存在某种内在联系。

练习F：选择一种原型，按照以上步骤唤醒它。通常情况下，你第一次唤醒的对象最好是没有受到压抑且早已在你生活中获得表达途径的原型。不然，你可能就会经历一段并不适合自己的唤醒过程。

通常来说，唤醒内在原型是一种很自然的内在精神活动。有时候，你可能都不会注意到自己已经进入了激活过程之中。如果你有定期记录自己梦境的习惯，可以从梦中寻找原型人物。这些人物所具备的往往是与你性格互补的原型要素，他们所表达的恰恰是你生活中所缺失的那一部分自我。当你识别出这些人物的原型根源之后，他们就会进入你的意识世界，成为某种原型获得其表达途径的前提条件，从而拉开了唤醒心理原型的序幕。

荣格的梦境分析法鼓励我们去了解出现在梦中的那些神秘的模式。即使没有受到这一方法的鼓励，凭直觉去回顾并思考自己梦境中的那些奇怪的模式也是一件很正常的事情。接下来，我们将会有意识地阅读和观看能够为我们剖析梦境提供线索的书籍和电影。一段时间后，人们也许不会注意到，这种原型已经很自然地通过其思想、语言和行为渐渐找到各自的表现方式。对许多人而言，这是一个下意识的过程，但也是一个有效的过程。

此外，你还可以在自己日常的涂鸦、白日梦、幻想以及流水账中寻找原型模式。任何能够有助于你留意内心的习惯或做法都能令你及时地打开门，迎接门外那个等待进入你意识世界的心理原型。请记住，那些一再出现在你梦中的原型之所以会出现，就是因为他们渴望能够在你的生活中找到表达渠道。如果你允许他们获得表达，他们并不会制造出任何症状或问题。换言之，这是一个潜意识的过程。

练习G：记录自己的梦境、涂鸦以及其他充满想象力的表达方式。关注通过这些方式所表达的原型。

你可能会因此而发现一些本书中未谈及的原型。在这种情况下，你可以就此展开一些学习和研究，当你明白这些原型的含义之后，可以尝试着将其融入自己的生活。

---

10 旅行的道德规范：原则

我们不应该忘记，道德法并不是一种强加于人类的外部事物……恰恰相反，它表达的正是一种精神事实。道德法作为一种行为规范，与之相对应的是一种预先制定的形象，以及一种植根于人类天性的原型所决定的行为模式。

——埃里希·诺伊曼《深度心理学和新道德》

我们今天所遇到的价值观危机其实是意识进步中的一个消极面。除非我们意识到了这一性格革命，并且将其规则清楚无误地告知年轻一代，不然，现有文化中的道德生活就会继续保持其混乱状态。过去，大多数人都会遵循这些原则，或者，至少会表示支持。他们觉得，如果自己按照父母、教师、牧师或政府的要求去做，就能被纳入“好人”人群。现在，我们都期待能够在生活中实现自我，于是大多数人开始对那些不允许其踏上自我旅程的道德法规表示抵触或拒绝。

约瑟夫·坎贝尔喜欢警告人们，当人们顺着成功的梯子向上攀爬时，最终会发现这架梯子靠错了墙壁。透彻理解他的这一表述后，我们会明白道德规则之路已经发生了变更。当性格意味着遵循其他人设定的路径时，遵循这一路径的人们通常不会从生活中获得成就和满足感。这很有可能就是他们在做正确的事情时会心存畏惧，害怕遭受苦难，害怕受到社会排斥，遭到拘禁或受折磨。此外，美德也被定义为遵循权威规定的行为。今天，人们对于性格和成功的认识都要求我们具备一定的自知之明。如果我们从来不曾了解内心真实的自我，就永远无法获得真正的自我满足感。只要我们所遵循的不是自己的生活方式，我们就会觉得攀爬的梯子靠错了墙壁。

在今天这样一个多元化的世界中，来自不同文化和宗教的人们聚集在一起，因此，要想让所有人就我们应当遵循的道德规则达成一致意见几乎是不可能的。即便我们认为自己知道其他人该怎样做，他们也不会心甘情愿地接受我们的准则，无论我们的出发点多么友善。事实上，其他人只是和我们一样，想让自己的英雄特性获得他人的尊重。结果，一场战争由此引发，战争的焦点问题就是性格，斗争双方都以战胜对方作为此次战争的最终目的。

我们很容易会在不知不觉中倾向于自己的标准，并且往往会用审判的眼光去打量那些不遵守这些标准的人。然而，随着时间的推移，这种审视很有可能会导致愤怒和怨恨，尤其是当只有你一个人坚守这些原则，而其他人却坐收渔翁之利的时候。这时，你可能会想卸下重担，不再坚持任何标准。于是，有一天，一觉醒来，你突然意识到自己已经不认识镜子里的那个人了。

那些明智的人则会允许这种道德困惑在自己的旅途中而不加以理会。如果没有人能告诉我们该怎样生活，我们就需要自己找到生活方式。在寻找这一方式的过程中，我们不仅理顺了自己的道德原则，而且也培养出了获得英雄生活所需的内在能量。英雄们通常都有一种历史责任感和社会责任感，为了留给后代一个更好的世界。因此，个人在踏上自己的旅途之后，往往会建立更加健康的人际关系。但是，这并不意味着我们就能将自己的标准强加于其他人。

此外，在这样一个多元化的社会中，学会忍耐也是十分重要的。人们通常会受到年龄、种族和文化因素的影响，对他人妄加评判；同时，人们还会用自己的标准去衡量那些遵循不同行为准则的人，哪怕这些人所遵循的准则也符合道德的范畴。当然，在某些情况下，人们的某些行为的确令人羞愧。不过，我在这里这样说并没有任何引申或特殊的意思，仅仅是在陈述一个事实而已。其实，所有的文化都认可同一条道德标准，即撒谎、欺骗和谋杀都是不好的行为。此外，大多数文化也都认可爱心、明智，以及追求精神真相是道德的行为。

人们的价值观各异，不仅是因为其文化和宗教背景相异，还因为主导其精神世界的原型各不相同。

内在盟友	成功就是	性格
天真者	快乐	乐观，积极向上
孤儿	安全，保险	保护自己不受伤害
流浪者	做你自己	行为真诚
战士	胜利	做正确的事情，不犯错
利他主义者	与人为善	关心他人
魔法师	变形	有意识地生活

其中，重要的一点就是我们必须要明白，当我们谈论如何才算是道德的生活时，大家对这一行为的定义可能会各有千秋，但是每一种视角和观点都对成就我们这个社会的真善美具有不可小觑的意义和价值。

原型的本质决定了它将会超越文化。因此，它为我们提供了一种探讨道德和价值观的渠道——一种不以任何宗教为基础的道德和价值观。它也为我们提供一种方法，使我们得以将文化与正义承诺结合在一起。在你的生活中，你可以选择忠于某些自身文化及宗教传统所形成的原则。然而，当我们跨越这些传统的界限，聚集在一起时，我们就能从精神世界的深层结构中发掘出一些彼此相通的道德基础。

战士原型能够帮助我们捍卫自己的边界，抵挡那些会伤害我们和他人的行为及思想。在战士的眼中，道德具有一种强制性，即只能做正确的事，它是一个清楚明了的概念。对战士而言，对与错界限分明，不容混淆。

因此，我们每个人心中都必须有一名战士，从而使我们能够明确自身价值观并始终忠于这一观念，这非常重要。战士知道，无论是个人还是团体，我们往往会不由自主地寻找各种借口，为那些自身利益的道德贴上“合法”的标签，使其合理化，因此，战士原型要求我们在检查自己的道德决定时，不仅要符合自己的标准，而且还必须与道德的基础原则相吻合。

然而，孤儿知道我们每个人都有自己的缺点，都不完美。它可以帮助我们知道自己什么地方意志最薄弱，是什么让我们无法做到继续坚持真我。对于犯错者，战士也许会采取极端的手法将其消灭掉，或是用严酷的惩罚方式令其不敢再犯。可是孤儿首先想到的是对方，到底是什么让他们犯下如此严重的错误呢？这时，孤儿通常会尝试各种办法去弥补他人的这一缺陷，帮助他们在下一次做得更好。在我们自己的生活中，帮助我们承认错误，并及时做出弥补的正是孤儿原型。

对于流浪者而言，他更感兴趣的是如何调整自己的道德规则，而不是那些泛泛的基础道德问题。流浪者还喜欢探索差异，所以这种原型可以帮助我们了解存在于他人身上的差异。只要人们真的忠实于自己的信仰，流浪者就能容忍其道德观和价值观，哪怕它们与他所信奉的观念迥然不同。

利他主义者会鼓励我们检测自己的道德理想，看它是否能够帮助自己和他人。当我们的思想脱离人类现实的时候，我们很有可能就会认同于一种表面看上去似乎是正确的信仰，但实际上，这种信仰只会给我们带来伤害和磨难。如果是这样，利他主义者就会将其归为不道德的范畴。此外，利他主义者会鼓励各团体聚集在一起，明确地阐述各自的基本价值观，然后从中找出一些共同点，求同存异。

天真者会通过宗教教诲、个人启示或神授灵感来发现道德。如果我们借用荣格的原则来表达，那么，天真者可能会把梦当成是灵魂写给自己的信，告诉他们怎样做才是正确的。

魔法师会帮助我们培养自身的警觉性，从而使我们在做出道德选择的基础上，更加关注这一决定所引发的结果。从这一点来看，魔法师会为我们提供一种了解道德的科学方法——它将生活看成是一个道德的“实验室”。如果其中一种方法带来的结果是消极的，那么魔法师就会深入其中，重新考虑该如何完成这一“实验”。此外，魔法师知道道德是一项内在的工作；如果你想成为这个世界上的一股积极的力量，就必须时刻不忘培养自我意识。

各种原型还能帮助我们培养按照道德准则生活所需的内心力量：

当其他人背叛或虐待我们时，孤儿可以帮助我们处理内心的伤痛或失望的情感，从而使我们不至于将内心的愤怒之情发泄出来，或是转而投向某种不健康的嗜好，麻痹自己的身心。

流浪者会不断激励我们坚持自己的价值观，不随波逐流。

战士会赋予我们规则和道德勇气，从而使我们能够不屈从于诱惑或威胁。

利他主义者要求我们对自己和他人表现出慈悲的同情心，从而使我们放弃任何想做坏事的念头。

天真者为我们提供了可以依靠的信仰和乐观思想，从而使我们不至于为了获得成功而牺牲自己的正直和完整性。

魔法师会帮助我们意识到，我们对这个世界所做的每一种行为，其最终的作用目标都是我们自己，而且其作用力通常都会放大数倍，乃至十几倍、几十倍。

本书中一共提到6种心理原型，每一种都主宰着我们性格发展历程中的一个阶段。如果你没有经历过所有的阶段，就无法真正获得这6种原型赋予我们的美德，即原型才能。要想获得这种美德，你必须克服恐惧的心理。因此，如果我们想让人们培养其自身性格，就必须鼓励他们踏上旅途。简而言之，本书中描述的6种内在盟友会从以下这6种情节来看待世间的一切，而这种视角最终将会帮助我们完成6项自我发展任务。

原型	对我们的帮助	克服来自……的恐惧	获得的美德
孤儿	在困境中生存	惩罚	同情心
流浪者	找到自我	顺从	真实
战士	证明自我价值	被打败	勇气
利他主义者	慷慨地生活	自私	慈善
天真者	信赖生活或上帝	被抛弃	信仰
魔法师	改变我们的生活	幻想	正直

练习A：写下你自己的道德准则，与朋友或同事分享这些准则。然后，检查自己实践这些准则时会遭遇哪些困难。最后，找出能够帮助你维持原有标准的原型。

道德原则

有一条道德原则与书中描述的方法十分吻合。从本质上来说，这一原则的成立必须满足一个最基本的前提条件，那就是尊重每个人的英雄之旅。要做到这一点，你应当遵循以下五条主要的道德行为规则：

1. 将每一个人都看成是旅途中的英雄。
2. 彻底抛开所有对他人的偏见和教条经验，使自己不再受这些思想的束缚。
3. 从消极情况中找出积极的潜质。
4. 通过坚持走自己的道路的方式来确保行为的正确性。
5. 尊敬相互依赖性。

规则一：将每一个人都看成是旅途中的英雄。在运用这本书的时候，最基本的旅行规则就是尊重自己的同时也尊敬他人，把每个人都看成是一名潜在的英雄。使用者必须尊重每个人的旅行，无论是自己的，还是其他人的。任何人都不应该用这些理论来指责他人，说他们“走错了路”。如果你最后用这本书作为武器去打击自己或他人，那么，我宁愿你从没读过这本书。尽管这本书为旅行者提供了一张参考地图，但是请记住，英雄之旅是一种个人的旅行，而地图仅仅只是参考，并不是必须遵循的步骤图。

世界上的每一个人都有其生存的原因。每个人的英雄之旅都是独一无二的，从这一点来说，英雄之旅也是神秘的。在使用这本书完成旅行的过程中，如果你能够抛弃“我们知道下一步会走向哪儿”这样的观念——对我们自己，或对其他人而言都是如此——这本书就能最大限度地发挥其作用。

尊重英雄之旅要求我们必须坚决抵制诸如“我们知道某人能做什么，以及不能做什么”之类的傲慢思想。无论何时何地，我们都不应该用这样的理论对他人进行归类，就好像他们永远都只有一种原型一样。例如，在本书第一版出版后，偶尔地，我会遇到一些读者，他们相信自己能够通过其他人的心理原型预测出他们的行为。然而，大多数人能够同时接触并运用多种原型，而且每次使用的原型种类也会随着时间的推移而改变。因此，我希望你们知道认为自己已经认准某人的想法只会削弱原型力量。

我在本书中提到的原型发展进阶是一种描述，而不是规定或指令。因此，对于旅行途中的你而言，并不一定非要遵循书中所描绘的步骤。尽管我给出了一些发展模式，但是除了一些基本特征相同以外，个体思想千差万别，因此，我们应该尊重其独特性以及自主权。书中介绍的模式将会帮助你们为自己或他人正在经历的阶段进行命名，并且能够加快你们的学习速度，减少这些阶段给你们带来的威胁感。不过，这些模式从来就不是唯一的标准，也不应该被当作是唯一的标准，这是每个旅行者都必须遵循和参照的标准。

简言之，只要你时刻牢记重要的是个人旅行而不是任何与之有关的理论，你就能够不受拘束地自由发挥，创造出各种适合自己的利用这本书的方法。这些方法旨在为旅行中的人带去一些慰藉，同时提醒所有人，这次旅行是一种神圣的追求。我们可以描述旅行的过程，并鼓励他人踏上旅途，而不应该牵制他人的旅行，更不应该借旅行来操纵或强迫他人。当然，匆匆忙忙地踏上旅途也并非明智之举。通常来说，最好的旅行道路应该是迂回蜿蜒的，有时候看起来，我们甚至似乎是在和自己最终追求的目标背道而驰。但是个人旅行是没有效率可言的，也是不可预测的。

规则二：彻底抛开所有对他人的偏见和教条经验，使自己不再受这些思想的束缚。许多同事和学生在阅读完本书的手稿后，纷纷询问我，从现实的角度来看，踏上个人的英雄之旅是不是只是少数特权人士的专利，与那些不太幸运的人并无太多关系？对此，我的答案就是，这是一种反英雄的偏见，请所有读者都注意并意识到这一点。

我知道，许多人因为拥有更多的金钱和特权而获得了许多常人所没有的教育，并且凭此大大增加了其职业成功的概率，但是很多这类人的精神世界却一穷二白，以至于他们的思想根本就得不到任何发展机会。我一贯的主张就是，逆境和顺境从来就不是决定个人成败的关键，不仅如此，真正的繁荣和兴盛从来都与财富权力无关。中产阶级人士往往能够看到唯物主义文化的价值，但是他们却通常会忽视其亚文化群体的价值，尤其是那些在物质上不太富有的人。

与之相反，我们有时候则会人为地将某些小群体文化优越化，并借此来逃避由贫穷、依赖性及缺乏社会尊重而导致的个人成长障碍。这一点在美国原住民身上体现得尤为明显。此外，这一点也在所有因种族特征或背景、性别或阶级因素而处于劣势的群体身上有不同程度的体现。

此外，我们还需要避免将特权优越化，这也很重要。优势群体的成员常常会忽视体系基于其优势所形成的偏见。结果，就在他们想当然地以为其他人都应该并且会为他们服务的时候，他们的个人成长便陷入了停滞状态。除非我们能够明白有些优势和有利条件是以他人的付出为代价这一道理，不然，我们的旅行就会受到天真者的消极因素影响而有一种下意识的优越感。

规则三：从消极情况中找出其积极潜质。无论何时，只要我们在其他人身上发现了某种原型的消极面，就一定能找到其积极潜质。一方面，我们必须意识到其他人可能会伤害我们，并且保护自己不受这些人的伤害；另一方面，我们也需要时刻牢记一个事实，即每个人当前的原型消极因素行为背后一定都隐藏着某种积极的潜质。你可以将这种思想当成是一种祈祷，随着时间的推移，积极的一面终究会显现出来。如果你此时正严阵以待，无论是在工作中，还是在个人交际中，请你记住，你想要的结果是你们双方能够以一种更加高尚的方式来解决问题。一旦你具备了这一观念，就相当于打了一针思想的防疫针，从而使你不会再受到任何不良欲望的诱惑，不会利用自己的优势去打压他人，或是在不公平的基础上推行自身优势。

M·斯科特·派克在他那本《邪恶心理学》当中，将那些宁愿伤害他人、也不愿了解真实自我的人定义为邪恶的人。当他们想方设法逃避自己的成长之旅时，人们也往往会做一些邪恶的事情。他们当中的一些人几乎很少会想到自己，并且总是觉得自己贫穷至极，因此，为了获得超越他人的竞争优势，他们愿意做任何事情。不过，如果他们能够迷途知返，等到他们回归的那一刻，这些人就会成为世界上一股强大的正面力量。

下表列出了每种原型不道德的一面。通常来说，如果某人没有完成该原型阶段的旅行，这些消极面就会随之在生活中表现出来。詹姆斯·希尔曼告诉我们，“我们所有的反常思想及行为都是来自神的呼唤”。对抗原型消极面的就是该原型的积极面。无论是哪种原型，其消极面的作用结果大都是个人受其影响做了某些违法或不道德的事情，但是，不同的原型对这一事件的观点各不相同，从而导致了个体的表现也大相径庭。不管怎样，他们都会想尽一切办法为自己的行为进行辩解，当然，其辩解的方式各不相同。如果其他人能够看穿隐藏在这些借口之下的深层原型结构根源，也许就能帮助犯错者找出正确表达这一原型的方法，同时纠正其不端行为。

原型	犯错动机
孤儿	感到他们为了生存或保护自己而不得不这样做。
战士	为了获得更大的权力，或更明显的竞争优势而采取不道德行为。
流浪者	认为自己凌驾于普通法规之上，并且不允许任何人告诉自己该怎么做。
利他主义者	当他们做出了过多的自我牺牲之后，最终因为愤怒而彻底爆发；羞辱他人，令对方感到羞愧。
天真者	以“大家都这样做”为借口；或根本就不思考自己的行为。
魔法师	操纵他人，让他们按照自己的想法去做。

坚守自己的底线，不让其他人伤害自己或他人，做到这一点十分重要。如果你将他人的消极行为看成是一种病症，并且召唤他去发现该原型的积极面，你就帮助了对方，使他成为一个更道德的人。明白了这一点之后，我们就不会再彻底地否定他人，拒绝他们走进自己的世界。

练习B：你认识的人或团体中有没有谁正在做一件错误的事情？如果有，他们在做什么？他们为什么要这样做？他们（也有可能是你自己）这样做是受到了哪一种原型的影响？

规则四：通过坚持走自己的道路来确保行为的正确性。绝大多数真正的解放运动都是行动的结果，而不是说教的产物。如果你真的想帮助他人，那么，你首先必须认准并忠实于自己选择的道路。然后，你会逐渐意识到自己在这一过程中能够学到什么。你的旅行经历并不一定要和其他人的一样，你一定认识某些人，而这些人对你的生活具有不可小觑的影响力。但是对你而言，对你影响更大的是他们的为人，而并非他们做了些什么。每当你忠实于自己内心时，你就已经为改变这个世界做出了自己应尽的义务。

练习C：回想自己在过去的生活中是否曾经偏离过自我轨道。当时的感觉如何？结果又如何？你最终是如何回归正轨的？对你帮助最大的他人行为（或者说，原本能够帮助你的他人行为）是什么？

规则五：尊敬相互依赖性。大多数人都把个人当成是孤立的实体，独立于其所归属的社会之外。这种缺乏系统性的想法往往会导致我们将人看成是问题的症结之处，而事实上，真正有问题的是我们的结构。最近，我曾经和一名管理咨询师开展过一次谈话。谈话中，这名咨询师向我表达了其内心的一种恐惧，他担心向行政者传授原型思想及理论可能会令他们形成一种“偏见”，即聘用或续聘那些具有“正确”原型品质的人。对此，我向他解释道，任何一个彻底了解生活原型意义的人都不会采用如此缺乏职业道德及人文精神的方法对这一理论加以运用。

原型通常会在我们不知道的情况下自主地涌现出来，并且会在出现后竭尽全力平衡我们的工作及家庭体系，就像它们作用于我们的精神世界一样。一位曾经拜访过我的工作室的大学校长就用她的亲身经历为我们解释了这一现象。和大多数强硬的领导者一样，她很不喜欢孤儿原型，想方设法地远离那些牢骚满腹或喜欢挑刺的员工。最终，她发现这样做根本没有用，因为她避开了一个人，但很快就会有另一个人跳出来，开始在她身边连篇累牍地抱怨，发牢骚。换言之，她意识到任何一个系统都必须留给孤儿以一定的表达空间。如果这一原型得不到表达或重视，其最终的结果只会是它通过一种更低级（或消极）的方式表达出来。因此，对于领导者而言，解决问题的办法不在于想方设法摆脱孤儿，而是创造一个能够鼓励其积极表达的环境。

在道德地利用原型理论这一点上，我们必须牢记：我们和家人、朋友、同事、社会以及自然界，都彼此相互依赖。当一种原型在生活中被激活之后，它就会向我们发出邀请，进入它的故事。通常来说，我们无法拒绝来自原型的邀请，除非我们彻底离开这一环境。譬如说，如果我们身边有人受到了压迫，我们就不得不面对孤儿原型。我们也许会觉得旅行中的这一步似乎迈得太大，从而认为自己无须理会它，然而事实却是，生活其实是一种公共的体验，所有人都概莫能外。

无论是个人行为，还是集体行为，只要我们的行为对他人造成了伤害，就必须承担相应的责任。如果一家公司污染了环境，最终必须有人站出来清除污染。如果清洁的任务落到了政府肩上，公司缴纳的税款就会增加，这时，该公司就会发现影响其利益的其实正是其自身的道德表现。当某一团体宣称该团体内某种原型泛滥的时候，自然会有人承担这一失衡带来的苦果。譬如说，如果团体中战士过多，我们就会遇到类似于种族清洗（针对那些在战士们看来比他们低劣的人）的危险，那些没能达到战士标准的人就会受到压迫，如此一来，富人（胜利者）和穷人（失败者）之间的经济差距就会拉大。这样的结果最终将会唤醒另一种原型，能够对此做出正确回应的原型。这时，个人及集体的思想就会随之自行纠正。例如，利他主义者和魔法师原型将会出现，从而帮助我们将注意力的焦点从单一的竞争模式转移到人与人之间的互动及联系上。我们对这种自我失衡状态的意识越清晰，解决问题所用的时间就越短。

从原型理论出发，我们将会发现无论是在哪个历史时期，不同领域的思想背后往往都隐藏着一个相同的深层思维结构。当战士原型在西方文化中占据主导地位的时候，神学关注的焦点便集中在善与恶的斗争之上；生物学则强调适者生存的道理。在这一时期，独裁思想成为统治各大会议的主导规则，而等级制度也成为各个体系不可动摇的内部结构模式，一如军队。当魔法师原型逐渐占据人们的意识之后，我们可以看到，这时的神学开始强调统一；生物学的中心则转移到了各生态系统的相互依存关系上。这时的会议原则也变成了自愿参与，自主决定，而系统结构也开始趋向于面化、平等化。当我们周围文化中的原型变得强大时，我们必须敞开心扉接纳它们，不然，我们就会与社会和时代脱节。

此外，除非原型能够找到一种外在的表达途径或方式，不然，我们就很难在生活中激活这一原型。内在的英雄经常会和外部英雄展开对话。尽管我们最终能够获得的成就在很大程度上取决于周围的环境及事件，但是我们所取得的任何一点进步都能对外部世界产生影响。

有时候，身处于旅途中的我们可能会感到十分孤单，但实际上，我们并不是一个人。无论你的想法或感受如何，你的身边都有陪伴者。原型不会只体现在一个人身上，他们首先会在社会先驱者的脑海中出现，然后再慢慢地进入文化领袖和其他人心中。了解这一点将会为我们带来旅行的勇气。我们生活的世界是圆的，谁也不会从边缘处掉下去。

大多数社会体系往往都会跟在人类意识后面缓缓而行，而一旦发生变革，它们转变的速度和出现的方式又会像柏林墙的坍塌一样，令人猝不及防。这时，我们需要做的就是停下脚步，审视自己，放下内心的恐惧，不要害怕其他人还没有做好聆听我们述说的准备。有时候要想改变观念，你需要做的其实就是打破沉默。在意识到这一点后，许多人开始质疑自己从前种种的陈旧观点！

最近，我听到有人抱怨说自己的办公室缺乏精神灵性。当然，我们的组织机构从来就不缺乏精神灵性。各机构中充满了精神世界异常丰富的人，只不过，为了得到他人的认真对待，大多数工作者都认为在工作时间里最好不要把自己的这一特征表现出来。因此，我们需要做的其实只是将精神灵性带回办公室，打破交谈禁忌，大胆而开放地谈论我们的心灵、灵性和精神。当我们真诚而开放地面对自我生活的时候，就相当于结成了同盟，放下了“牢牢抓住过去”的思想负担。

如果你已经唤醒了书中提到的全部6种原型，你就已经做好了改变自己，乃至这个世界的准备。只要你记住没有人需要一力承担世间所有的责任和义务，你就会发现，在家中、学校里、工作上以及社会团体中担任领导者其实并没有想象中的那么可怕。

当我们抛弃那种自大的观念，并且意识到所有人都是这个社会的一分子，并因此而不可避免地需要依赖他人时，我们就能够轻松而快乐地与他人分享我们的心声。我从你那儿汲取经验教训，你从我这儿学习生活经验。这就是我们的成长方式，也是我们这个时代解决问题的方式。你的个人生活就好比是汇入人类这条大河的涓涓细流。你永远都无法精确地知道生活会令这条河发生何种变化，但是你要知道你能够影响它，并且影响力不可小觑。

我们都能影响它。

附录A：
英雄神话自测

《英雄神话自测》旨在检测目前出现在你生活中的原型，既包括积极的一面，也包括消极的一面。在完成这份答卷的时候，你将需要回顾自己的原型，你眼中的自己，以及他人对你的看法，从而识别出那些影响你的原型。而他们之所以能够影响你的原因就在于当你还是个孩子的时候，他们就已经活跃在你的家庭之中，或是目前正活跃于你的家庭、学校或工作之中。

Part I：如何看待自己

从A栏和B栏中分别勾出你认为符合自身情况的选项。

A栏 （在我看来，我……）	B栏 （在我看来，我……）
1.	
____ 自我康复能力佳	_____ 多疑
____ 幸存者	_____ 消极
____ 现实	_____ 愤世嫉俗
____ 能与他人产生情感共鸣	_____ 牢骚满腹
2.	
____ 个人主义者	____ 孤独，不合群
____ 先驱者	____ 反叛者
____ 自治	____ 害怕亲密
____ 与他人意见不一的思想者	____ 很难适应人或环境

3.

____ 极其自信	____ 冷酷无情
____ 胜利者	____ 竞争意识过强
____ 自制，训练有素	____ 固执
____ 意志坚定	____ 不可变

4.

____ 体贴	____ 殉道者
____ 有良心，按原则做事	____ 干预、侵入他人/其他事
____ 愿意牺牲	____ 利用罪恶感使他人犯错
____ 慷慨	____ 控制欲强

5.

____ 乐观	____ 会受容易答案误导
____ 值得信赖	____ 容易受骗或被愚弄
____ 对他人深信不疑	____ 天真
____ 有道德	____ 伪善

6.

____ 喜欢幻想	____ 过于异想天开
____ 富有创造力	____ 怪异
____ 强有力的	____ 操纵欲强
____ 变革的催化剂	____ 过于喜欢冒险

上文的1至6对应的正是本书中所说的6种原型。A栏中列出的是原型的积极特质，B栏中则是同一种原型的消极特质。每勾记一个特征记1分，然后将自己的总计得分写在下表当中。每一栏的最低分为0分，最高分为4分。

原型	A. 积极项总分（0～4）	B. 消极项总分（0～4）
1.孤儿	______	______
2.流浪者	______	______
3.战士	______	______
4.利他主义者	______	______
5.天真者	______	______
6.魔法师	______	______

你可以按照下图的格式将自己的得分制成一张柱形图。A栏的得分从上至下递减，B栏的得分则从下至上递减。将你的A栏得分对应的0以上的小格子全部涂黑，同样的将B栏得分对应的0以下的小格子涂黑。最后，将中间连接部分的格子也涂黑，这样你就能完成一个原型的柱形图。

图表A

A	孤儿	流浪者	战士	利他主义者	天真者	魔法师
4						
3						
2						
1						
0						
1						
2						
3						
4						
B						

Part II：他人如何看待我

评估自身原型的困难之处就在于，绝大多数人对自己的看法都不够准确。有些人往往会下意识地放大或强调自己的正面特征，同时会将一些消极特征最小化；另一些人的眼光则过多地停留在自己的缺点上，从而忽视了自身的美德和优点。几乎所有人的心目中都有一个自我形象，而这一形象大都已经过时（换言之，我们看到的是过去的自己，而不是现在的）。因此，对于我们而言，了解其他人对自己的看法能够令我们受益匪浅。要想了解他人对自己的看法，方法有两种，最简单的方法就是完成这一部分的测试。测试时，你关注的焦点应当集中在他人对你的评论（或者，他们对你的抱怨）。做这一部分测试时，你可以按照第一部分的要求，只不过你关注的焦点应该是别人怎么看你，而不是你如何看待自己。此外，还有另一种更耗费时间但十分精确的方法，那就是将以下的指示和问卷复印几份，然后把它们交给三个人（最理想的人选是一位亲人、一个朋友以及一名同事）。这三个人必须很了解你，并且会对你坦诚相待。然后，再将你的自我评估结果与他人的评估结果作比较。

致为________提供评估的朋友、亲人及同事的答题指南。请按要求填写下表，对活跃在你们朋友、亲人或同事生活中的心理原型进行评估。因此，在完成测试时，请尽量诚实地表达你对他的真实看法。请在你认为符合其性格描述的词语前画钩。

A栏	B栏
（在我看来，_____是……）	（在我看来，_____是……）
（有人告诉我，我……）	（有人告诉我，我……）
1.	
____ 自我康复能力佳	_____ 多疑
____ 幸存者	_____ 消极
____ 现实	_____ 愤世嫉俗
____ 能与他人产生情感共鸣	_____ 牢骚满腹
2.	
____ 个人主义者	____ 孤独，不合群
____ 先驱者	____ 反叛者
____ 自治	____ 害怕亲密
____ 与他人意见不一的思想者	____ 很难适应人或环境
3.	
____ 极其自信	____ 冷酷无情
____ 胜利者	____ 竞争意识过强
____ 自制，训练有素	____ 固执
____ 意志坚定	____ 不可变
4.	
____ 体贴	____ 殉道者
____ 有良心，按原则做事	____ 干预、侵入他人/其他事
____ 愿意牺牲	____ 利用罪恶感使他人犯错

____ 慷慨	____ 控制欲强

5.

____ 乐观	____ 会受容易答案引诱
____ 值得信赖	____ 容易受骗或被愚弄
____ 对他人深信不疑	____ 天真
____ 有道德	____ 伪善

6.

____ 喜欢幻想	____ 过于异想天开
____ 富有创造力	____ 怪异
____ 强有力的	____ 操纵欲强
____ 变革的催化剂	____ 过于喜欢冒险

上文的1至6对应的正是本书中所说的6种原型。A栏中列出的是原型的积极特质，B栏中则是同一种原型的消极特质。每勾记一个特征记1分，然后将自己的总计得分写在下表当中。每一栏的最低分为0分，最高分为4分。

原型	A．积极项总分（0～4）	B．消极项总分（0～4）
1.孤儿	______	______
2.流浪者	______	______
3.战士	______	______
4.利他主义者	______	______
5.天真者	______	______
6.魔法师	______	______

你可以按照下图的格式将自己的得分制成一张柱形图。A栏的得分从上至下递减，B栏的得分则从下至上递减。将你的A栏得分对应的0以上的小格子全部涂黑，同样的将B栏得分对应的0以下的小格子涂黑。最后，将中间连接部分的格子

也涂黑，这样你就能完成一个原型的柱形图。

图表B

A	孤儿	流浪者	战士	利他主义者	天真者	魔法师
4						
3						
2						
1						
0						
1						
2						
3						
4						
B						

Part III：家族传统观对我的影响

家族传统为我们的英雄之旅提供了一张最基本的行程地图。以下选项旨在帮助你认清自己从家族继承的精神遗产。从A栏中勾记出所有你的家族所认可和重视的品质，然后从B栏中勾出那些家族不认可的、甚至令家族成员讳莫如深的特征——简言之，按照家族的标准，你不应该具备的品质！

A栏（我应该……）	B栏（我绝对不能……）
1.	
____ 自我康复能力佳	_____ 多疑
____ 幸存者	_____ 消极
____ 现实	_____ 愤世嫉俗
____ 能与他人产生情感共鸣	_____ 牢骚满腹

2.

____ 个人主义者	____ 孤独，不合群
____ 先驱者	____ 反叛者
____ 自治	____ 害怕亲密
____ 与他人意见不一的思想者	____ 很难适应人或环境

3.

____ 极其自信	____ 冷酷无情
____ 胜利者	____ 竞争意识过强
____ 自制，训练有素	____ 固执
____ 意志坚定	____ 不可变

4.

____ 体贴	____ 殉道者
____ 有良心，按原则做事	____ 干预、侵入他人/其他事
____ 愿意牺牲	____ 利用罪恶感使他人犯错
____ 慷慨	____ 控制欲强

5.

____ 乐观	____ 会受容易答案引诱
____ 值得信赖	____ 容易受骗或被愚弄
____ 对他人深信不疑	____ 天真
____ 有道德	____ 伪善

6.

____ 喜欢幻想	____ 过于异想天开
____ 富有创造力	____ 怪异
____ 强有力的	____ 操纵欲强
____ 变革的催化剂	____ 过于喜欢冒险

上文的1至6对应的正是本书中所说的6种原型。A栏中列出的是原型的积极特

质，你从中勾出的全都是受到你的家族尤为重视的个人品质，这些品质也是家族留给你的精神财富。通过这些品质，你不难看出他们想要你（和其他人）成为什么样的人。B栏中则是同一种原型的消极特质，你从中选出的恰恰正是家族长者不希望你拥有的品质，这些品质也显示出了你家族性格的消极面。对你而言，要想在这片消极因素中发现闪光耀眼的金子，的确是一个不小的挑战（当然，你完全可以做到，方法就是在生活中腾出一部分空间，有意识地去接触每一种原型所具备的更加积极向上的特质）。统计每一栏每一种原型的得分，每勾记一个特征记1分，然后将自己的总计得分写在下表当中。每一栏的最低分为0分，最高分为4分。

原型	A. 积极项总分（0～4）	B. 消极项总分（0～4）
1.孤儿	________	________
2.流浪者	________	________
3.战士	________	________
4.利他主义者	________	________
5.天真者	________	________
6.魔法师	________	________

你可以按照下图的格式将自己的得分制成一张柱形图。A栏的得分从上至下递减，B栏的得分则从下至上递减。将你的A栏得分对应的0以上的小格子全部涂黑，同样的将B栏得分对应的0以下的小格子涂黑。最后，将中间连接部分的格子也涂黑，这样你就能完成一个原型的柱形图。

图表C						
A	孤儿	流浪者	战士	利他主义者	天真者	魔法师
4						
3						
2						
1						
0						
1						
2						
3						
4						
B						

Part IV：当前家庭对我的影响

接下来的这一部分测试旨在帮助你识别当前家庭对你的影响——你对这个“家庭”的定义是什么并不重要。（请注意：如果你仍然和家族中的长者生活在一起，或者此时此刻你将他们视为自己目前的重要家人，你可以直接跳过这一部分测试，直接开始第五部分的测试。）在A栏中，选出你目前家庭所鼓励和认可的品质。然后，从B栏中选出所有你目前家庭不认可，或是会因为家庭成员具有某种特征而惩罚他或对此讳莫如深的品质——简言之，按照目前这个家庭的标准，家庭成员不应该具备的品质！

A栏 （我应该……）	B栏 （我绝对不能……）
1.	
____ 自我康复能力佳	_____ 多疑
____ 幸存者	_____ 消极

____ 现实	_____ 愤世嫉俗
____ 能与他人产生情感共鸣	_____ 牢骚满腹

2.

____ 个人主义者	____ 孤独，不合群
____ 先驱者	____ 反叛者
____ 自治	____ 害怕亲密
____ 与他人意见不一的思想者	____ 很难适应人或环境

3.

____ 极其自信	____ 冷酷无情
____ 胜利者	____ 竞争意识过强
____ 自制，训练有素	____ 固执
____ 意志坚定	____ 不可变

4.

____ 体贴	____ 殉道者
____ 有良心，按原则做事	____ 干预、侵入他人/其他事
____ 愿意牺牲	____ 利用罪恶感使他人犯错
____ 慷慨	____ 控制欲强

5.

____ 乐观	____ 会受容易答案引诱
____ 值得信赖	____ 容易受骗或被愚弄
____ 对他人深信不疑	____ 天真
____ 有道德	____ 伪善

6.

____ 喜欢幻想	____ 过于异想天开
____ 富有创造力	____ 怪异
____ 强有力的	____ 操纵欲强
____ 变革的催化剂	____ 过于喜欢冒险

上文的1至6对应的正是本书中所说的6种原型。A栏中列出的是原型的积极特质，你从中勾出的全都是受到你当前家庭尤为重视的个人品质，这些品质也是你的家庭留给下一代的精神遗产。B栏中则是同一种原型的消极特质，你从中选出的恰恰正是目前这个家庭不希望家庭成员拥有的品质，这些品质也显示出了你家庭性格的消极面。对你而言，要想在这片消极中发现闪光耀眼的金子，的确是一个不小的挑战（当然，你完全可以做到，方法就是在生活中腾出一部分空间，有意识地去接触每一种原型所具备的更加积极向上的特质）。统计每一栏每一种原型的得分，每勾记一个特征记1分，然后将自己的总计得分写在下表当中。每一栏的最低分为0分，最高分为4分。

原型	A. 积极项总分（0～4）	B. 消极项总分（0～4）
1.孤儿	______	______
2.流浪者	______	______
3.战士	______	______
4.利他主义者	______	______
5.天真者	______	______
6.魔法师	______	______

你可以按照下图的格式将自己的得分制成一张柱形图。A栏的得分从上至下递减，B栏的得分则从下至上递减。将你的A栏得分对应的0以上的小格子全部涂黑，同样的将B栏得分对应的0以下的小格子涂黑。最后，将中间连接部分的格子也涂黑，这样你就能完成一个原型的柱形图。

图表D

A	孤儿	流浪者	战士	利他主义者	天真者	魔法师
4						
3						
2						
1						
0						
1						
2						
3						
4						
B						

Part V：当前工作地点（或学校）对我的影响

工作地点同样也会有其偏好的性格特征，以及被其视为禁忌的原型特征。（学校也同样如此。如果你在学校里生活，你应该考虑的是学校而并非工作地点。）再做一次测试，这一次，从A栏中勾选出受到你的老板或工作团队（或者你的老师或同学）推崇的所有特质，然后再从B栏中勾选出不被他们认可和鼓励的特质。

A栏 （我应该……）	B栏 （我绝对不能……）
1.	
____ 自我康复能力佳	_____ 多疑
____ 幸存者	_____ 消极
____ 现实	_____ 愤世嫉俗

____ 能与他人产生情感共鸣　　____ 牢骚满腹

2.

____ 个人主义者　　____ 孤独，不合群

____ 先驱者　　____ 反叛者

____ 自治　　____ 害怕亲密

____ 与他人意见不一的思想者　　____ 很难适应人或环境

3.

____ 极其自信　　____ 冷酷无情

____ 胜利者　　____ 竞争意识过强

____ 自制，训练有素　　____ 固执

____ 意志坚定　　____ 不可变

4.

____ 体贴　　____ 殉道者

____ 有良心，按原则做事　　____ 干预、侵入他人/其他事

____ 愿意牺牲　　____ 利用罪恶感使他人犯错

____ 慷慨　　____ 控制欲强

5.

____ 乐观　　____ 会受容易答案误导

____ 值得信赖　　____ 容易受骗或被愚弄

____ 对他人深信不疑　　____ 天真

____ 有道德　　____ 伪善

6.

____ 喜欢幻想　　____ 过于异想天开

____ 富有创造力　　____ 怪异

____ 强有力的　　____ 操纵欲强

____ 变革的催化剂　　____ 过于喜欢冒险

上文的1至6对应的正是本书中所说的6种原型。A栏中列出的是原型的积极特质，你从中勾出的全都是在你的工作地点（或学校）受到重视的个人品质。B栏中则是同一种原型的消极特质，你从中选出的恰恰正是上司或同事（老师或同学）不希望你拥有的品质，这些品质也反映出了你所在的工作地点（或学校）不足的一面。你的得分可以帮助你了解每一种原型在你的工作地点（或学校）的表现情况。如果其中一项得分明显超出其他原型，那么，这就意味着你需要开始踏上自己的旅行，获得这一原型的才能。统计每一栏每一种原型的得分，每勾记一个特征记1分，然后将自己的总计得分写在下表当中。每一栏的最低分为0分，最高分为4分。

原型	A. 积极项总分（0~4）	B. 消极项总分（0~4）
1.孤儿	______	______
2.流浪者	______	______
3.战士	______	______
4.利他主义者	______	______
5.天真者	______	______
6.魔法师	______	______

你可以按照下图的格式将自己的得分制成一张柱形图。A栏的得分从上至下递减，B栏的得分则从下至上递减。将你的A栏得分对应的0以上的小格子全部涂黑，同样的将B栏得分对应的0以下的小格子涂黑。最后，将中间连接部分的格子也涂黑，这样你就能完成一个原型的柱形图。

图表E

A	孤儿	流浪者	战士	利他主义者	天真者	魔法师
4						
3						
2						
1						
0						
1						
2						
3						
4						
B						

Part VI：总结

在下表中列出你在刚才的测试一至五中得分最高的原型（包括积极原型和消极原型）。对比你在这五个部分测试中的成绩，从中找出某种规律或模式。

测试一至五	A栏最高分（积极）原型	B栏最高分（消极）原型
Part I：如何看待自己		
Part II：他人如何看待我		
Part III：家族传统观对我的影响		
Part IV：当前家庭对我的影响		
Part V：当前工作地点（或学校）对我的影响		

1. 你对自己的看法与其他人对你的看法相似吗？如果相差甚远，你就需要思考为什么会出现如此大的差异了。你是不是将一部分自我隐藏了起来，从而使其他人看不到真实而完整的你？人们是否看到了那部分被你忽视或遗漏的自我？

或有其他想法?

2. 你内心最强大的心理原型是什么? 这些原型会通过你生活的哪些方面体现出来?

3. 在你的生活中，哪些原型明显是通过消极形式体现出来的? 你是否能够想到用一种更积极的形式来表达这些原型呢?

4. 看一看你家族提倡和鼓励的美德，现在和过去，这些美德在你身上的体现是否很明显呢?

5. 哪些原型特质是不被你的家庭所认可的? 你是不是曾经在某种程度上展现过这些品质，通过其消极形式或积极形式（见与之对应的A栏）?

6. 将当前家庭重视和鄙夷的原型特征与家族传统上所珍视和鄙夷的特征作比较。（如果你的配偶或其他家庭成员也完成了这一测试，你会发现对比查看这些测试结果是一件十分有意思的事情。）

7. 你当前的工作地点（或学校）最推崇的原型特征是什么? 对你而言，表达这些特征是否是一件容易的事情?

8. 你当前的工作地点（或学校）最不鼓励的原型特征是什么? 在你个人的生活当中，这一原型是否已经被激活? 你是否能够在当前的工作（或学习）环境中展现这一原型? 如果你这样做了，结果会如何?

9. 你需要意识到你的家族起源将会决定你的社会关系基础，而你当前的家庭及工作（或学校）则不可避免地会影响到现在的你。这些环境唤醒或激活了你内在的哪些原型? 这些原型的积极面及消极面分别是什么?

10. 当你意识到内在的原型结构与你所在的社会体系的原型结构不一致的时候，你就会感到压力重重。如果压力帮助你唤醒了内心的某种原型或某原型更积极的表达形式，那么，这一压力就可以被视为成长的动力。就你目前的情况而言，唤醒哪种原型能够减轻你生活中的压力呢?

11. 此外，如果你所在的社会体系中，某种重要原型正处于消极面之中（受到了压抑、惩罚，等等），你也同样会感受到压力的压迫。你可以从这一处于消极面中的原型学到或领悟到什么呢?

12. 写一份简短的自传，阐述自己从生活中都得到了哪些收获。

也许，你会发现，将原型模式推荐给自己的家人、朋友或同事（或同学）将会令他们受益匪浅。如果他们也完成了之前五个部分的测试，通过分享各自的测试结果，你们将会加深对彼此的了解。此外，你还可以和其他人核对家庭、机构或学校体系的评估结果。这些外在的支持会帮助你在自己的英雄旅行中走得更远，同时也能增强你在不同的情况下表达内心自我的能力。

附录B：
英雄之旅支持团队指导方针

在实践中，读者可能会发现组成团队会令自己的工作事半功倍。团队成员可以一起阅读和讨论书中的内容，一起完成各种练习，并且在各自的旅行途中互帮互助。大家可以通过以下方式组建自己的团队。

友谊关系网；

家庭或家庭的延伸网络；

性格培养计划或学校/工作计划；

帮助人们完成工作计划；

帮助完成第二期康复的康复团队；

工作中面对同一主要变动的工作团队；

为终极治疗做准备的心理辅导团队；

旨在帮助个人对抗贫穷的团队。

写给参与者的指南

你将全权负责自己的旅行。其他人可以为你提供指引和帮助，但是只有你才能找到真实的自我。

无论该团队是否有领导者，你都应该为团队的效率担负起自己应尽的责任和义务。这意味着你需要帮助团队专注于它的任务；与此同时，这也意味着你需要时刻关注团队的进程，从而确保团队任务的达成不会以牺牲团队成员之间的健康关系为代价。

请尊重你自己以及他人的旅行。请接受团队成员和你处在不同旅行阶段的事实，也不要为了自己和他人看到的不同事实而大惊小怪。请记住，如果存在任何绝对的事实或真理，那它一定超越了我们的主观理解。我们就像是寓言故事中的盲人，每个人摸到的都是大象的不同部位，并且都把这当成了完整的大象。我们需要完整的视角。在任何情况下，哪怕你和对方观点不一，尊重对方都不失为一种明智的做法。

尝试着留意他人的感受或反应。当你和他人分享一个可能被认为充满敌意或与之相对的观点时，你应当让对方感受到你对他的尊敬、认可，以及你的内心情感。又或者，你要记住在表达个人观点时尽可能委婉、得体。如果其他人的言行令你感到很受伤，或是很气愤，你可以坦言自己的感受，但与此同时也应当尽可能地体会对方的立场和感受。永远不要在团队成员的背后议论他人。如果你受到了某事的烦扰，大可以坦白地将它提出来。

有时候，表现得圆滑、委婉并不一定就是正确的选择。也许，你正在尝试一种新的方式，譬如说，你想通过表现内心的愤怒或不满来打破一种家庭禁忌。你可以将自己的尝试告诉团队成员，从而避免在这一过程中受到不必要的伤害。

与大家进行交谈，不要将谈话对象仅限于领导者（如果你所在的团队有领导者）。当你感到有人需要获得他人的宽慰及鼓励时请不要吝啬你的帮助。

对自己负责，尽可能地满足自己的需求。不要想当然地以为其他人（包括任何领导者）都会读心术。说出你的想法和需求，但同时也应意识到你不可能总是如愿以偿（尽管将内心想法和需求表达出来通常都能助你一臂之力）。

每一名旅行者都是平等的。哪怕你所在的团队有一名指定的领导者，你也应该全力以赴地投身于团队工作之中。不要等待他人去发现你所知道的一切，这样做只会削弱你自身的能量。通常情况下，只有我们自己能够弥补团队缺失的那一块。

对团队决定负责。当团队决定做一件你不想做的事情时，如果没有大胆地说出自己的想法，或是你的说服力不够，尚不足以说服他人改变决定（如果你尝试过），需要为此负责的人只有一个人，就是你自己。简而言之，在做决定的过程中，你必须尽到自己身为团队成员的责任和义务。如果你能够接受事情按照不同的方式发展下去，就不要总是抱怨连天。勇敢地提出自己的见解，尽可能用有力的证据和独到的创造力说服团队中的每一个人。

身为团队一员，你需要对自己的行为负责。做那些适合自己的事情，不适合自己的事情不要做。当你需要他人的帮助时，大方地说出自己的需求。

与内心那个更深沉、更睿智的自我保持沟通，从而获悉自己到底应不应该继续留在这个团队里。如果你认为自己应该留下，就尽可能地做一名积极的团队成员。如果你认为你该离开，就请跟随心的指引，继续自己的旅行。

附录C：创造英雄环境

当我们个人的平衡被打破之后，我们所在的组织机构及整个社会的正常运作也将戛然而止。纠正失衡的个人生活将会创造出一种神奇的磁力，借助这种磁力的帮助，社会体系也将重新恢复平衡。因此，我们也能够利用自己所掌握的6种心理原型知识创造出一种能够滋养我们及他人的成长的环境。

英雄家庭

健康的家庭会直面困难（孤儿），乐于接受新的可能性和观点（流浪者），并且能够丰衣足食，保护家庭成员不受贫穷或外在威胁的伤害（战士），不仅关心家庭内成员的悲喜冷暖，还十分体贴家庭以外大众的疾苦（利他主义者）。当然，这样的家庭也会对高层权力机关及权威人员表示出极大的信赖（天真者），并且会在确保自身正义不受侵害的情况下在这个世界上发挥积极的作用（魔法师）。此外，这样的家庭还会为每一位家庭成员提供充裕的空间，从而让其内心所有的心理原型都能获得完全自由的表达机会。

在这种家庭里，父母会通过自身对待孩子的方式让孩子感受到他们对这6种原型的鼓励和认可。例如：

孩子们在受到伤害（孤儿）时会得到父母的慰藉和安抚；

当他们展现自我个性（流浪者）的时候，父母会给予他们积极的鼓励；

鼓励孩子全力以赴地去做每一件事，认真学习，但与此同时也教导他们学会捍卫自己的立场和观念（战士）；

鼓励孩子主动与他人分享个人物品，关心体贴他人（利他主义者）；

保证孩子的身心不受伤害，并且鼓励他们相信这个世界以及自己（天真者）；

对待孩子也需要样充满敬意，从而让他们了解到自己的重要性，并且让他们相信只要坚持自己的原则就能够改变这个世界（魔法师）。

英雄学校

如果学校能够为孩子提供一种适宜的环境，使他们的心理原型能够平衡地发展，这样的学校就能够帮助孩子们成长：

能够为孩子提供保护，同时不会向他们灌输贬低其潜力的思想（孤儿）。

让每一个孩子都意识到自己是与众不同的个体（流浪者）来鼓励发展个人才能及天赋。

当孩子表现出自律、专注并且努力追求成绩的行为（战士）时予以鼓励和嘉奖。

为孩子提供或创造分享及集体协作的机会（利他主义者）。

无论孩子做出什么样的行为，首先假定孩子的初衷是积极而充满善意的（天真者）。

为孩子提供真正的选择机会，从而让他们开始培养自我责任意识，使他们明白自己虽然年幼但也同样对自己乃至整个世界都负有不可推卸的责任（魔法师）。

英雄学校会有意识地培养自己的学生，使其长大后能够成为高效率的工作者、充满爱心的家庭成员，以及富有责任感的公民，而要想做到这一点就必须满足经历和观念双平衡的要求。在很多情况下，关于教育，我们常常会不由自主地加入到辩论的阵营当中：到底什么才是最好的教学方法，竞争式教学还是合作式教学？我们究竟是应该注重教学中的公平性，还是应当更看重教学质量？如果我们认为自己必须以抛弃一方为代价来成就另一方的话，那么最终，这样的辩论只会把我们引进一条死胡同。问题的关键并不在于选择，而是在于如何让这看似对立的二者——竞争和合作，公平和质量——达成平衡，二者兼有之。唯有如此，我们的教学才能创造出奇迹。

英雄工作

对于组织机构而言，要想为员工创造理想的工作环境，以下几项必须达成平衡：

员工需要获得尽可能多的安全感。理想的情况是，员工不仅享有医疗保险和养老金，并且让他们确信只要自己工作勤勉，公司就会竭尽所能为他们提供发展机会。（孤儿）

员工想通过工作找到自己的才能和智慧，并且希望能够在工作中全面展示这些才能和智慧。这意味着管理者需要懂得知人善用，为员工分配最适合他的工作。（流浪者）

设置合理的激励机制（升职、奖金和认可），让员工竭尽所能去追求那些可以被复制的工作成就，以及能够促使其展开新挑战的机会（培训、新设备，等等）。（战士）

如果其所就职的公司正在积极有效地改变这个世界，而且公司里所有的股东（包括员工及顾客）都能受到良好对待，那么该公司的员工就会自然而然地体会到一种自豪感。（利他主义者）

如果组织机构及其员工所从事的事业能够与他们的价值观与核心原则保持一致，员工的道德意识就会迅猛增长。（天真者）

员工们需要一种信念，即他们对组织机构里发生的每一件事，无论大小，都具有一定的影响力。理想的情况是，组织机构中的每个人都觉得自己就是机构中的核心人物，而他所做的每件事对机构的未来都具有至关重要的影响和意义。（魔法师）

当满足上述条件时，组织机构不仅能够收获高效率的生产力和良好的职业道德，而且还能够对家庭乃至整个社会产生积极的影响。在此基础上，假如这一理想的领导者能够在组织机构内部倡导和鼓励所有6种原型的积极特质，那么该机构还能在这条成功的道路上走得更远。今天，各种关于领导力的理论及书籍都着力强调各种原型的优势：

领导力种类	获得鼓励的原型观念
拥护型领导力	孤儿
先锋型领导力	流浪者
策略型领导力	战士
服务型领导力	利他主义者
想象型领导力	天真者
转变型领导力	魔法师

从一名理想的领导者身上，你可以发现以上所有原型的特征。组织机构的发展往往会显示出对某些原型的偏好，并同时压抑另一些原型。如果你所在的组织机构的运作情况不佳，你的当务之急就是弄清楚哪些原型是通过其积极形式展现出来的，哪些原型受到了压抑，以及哪些原型展现出来的是其消极面。然后，你可以根据组织机构的原型分析结果选择相对应的培训计划或咨询要点。

任何形式的管理，无论其本身多么完美，也无论其执行情况多么令人满意，只要其整体平衡性被打破，这种管理方式最终都会以危害组织机构宣告结束，这可能是因为它增强了原本就在这一机构中占据主导地位的原型力量，也可能是因为新方法贯彻施行的方式不当或有所遗漏。例如，如果你所在的组织机构倾向于利他主义者或孤儿原型，你和你的同事往往就会把大多数的时间花在构建内部关系，以及扼杀其他原型所青睐的成功因素这些工作上。当问题出现时，你们可能会自发地认为问题出在了团队的搭建当中。但是，这只是你们一厢情愿的想法，并不是组织机构的真正缺陷所在。这就好比一位病人因腿部受伤就医，可是医生治疗的部位却是心脏一样，如此治疗又怎么可能让病人痊愈呢?

英雄心理疗法、训练和咨询

心理疗法、训练和咨询关注和强调的是所有6种原型，旨在识别、构建或加强每一种原型的优势或积极面。

第一步：找到当事人的原型强项。对当事人帮助最大的专业心理医生在病理诊断方面往往都训练有素。然而，如果你不断地给当事人以暗示，让他认为自己之所以会生病或受伤是因为不具备某种优势或强项，那么，这一心理辅导最终只会加深其病情。这就是为什么许多人在接受心理治疗多年后依然无法康复的原因。他们渐渐开始认为自己就是缺少什么，所以才会出现心理问题。不过一旦你找到当事人的内在盟友，就可以放心大胆地探索其受到伤害的那部分自我。

第二步：诊断出哪一种或几种原型受到了伤害，不仅仅是童年时期的伤害，还包括当前现实的。你可以帮助当事人走出自己的伤痛，从而使得他们能够自由自在地生活在当下，并且为自己的未来选择更有利的生活环境。与此同时，你也可以想办法唤醒或治愈与这些伤痛有关的原型。（孤儿）

第三步：鼓励其探索内在世界。鼓励你的当事人分析自己的梦，将它们记录在记事簿中，积极参与想象练习，或者干脆说出自己喜欢什么、重视什么，以及存在于自己内心世界的那个人到底是谁。（流浪者）

第四步：帮助当事人制定有助于实现其目标的策略，并将其付诸实践。强调认知方式和行为策略在行动中的重要性，帮助当事人在人际交往、工作和其他奋斗中获得更大的成就。（战士）

第五步：帮助当事人培养其爱心和责任心，使其成为体贴、有责任感的家庭成员、团队成员或社会一分子。为了让当事人能够更有效地理解他人、与他人进行沟通，夫妻咨询法、家庭疗法（整个家庭一起参与）、小组训练、团队构建等方法都不失为良策。（利他主义者）

第六步：鼓励当事人明确自己的价值观，并用它来指导自己的行为。作为咨询师，你不应该试图推销你的任何精神治疗方案。相反，你应该帮助当事人明确其价值观，并且找出他们真正愿意遵循的精神（天真者）。

第七步：支持并帮助当事人改变他们的生活和环境。通常来说，一个人若想改变自己的生活大都需要先完成其他五个方面的心理辅导。一旦他满足了这一要求，你就能够支持并帮助当事人调试其自我掌控的技巧，从而使其逐渐适应并且能够熟练掌握这些技巧，最终运用它们使自己的生活发生彻底而积极的改变。（魔法师）

英雄康复十二步计划和英雄之旅

十二步计划挽救了许多人的生活。有些人甚至把它当成了神赐的礼物。

英雄匿名戒酒的十二步计划

1. 我们承认自己对酒精无能为力——即我们的生活已经失控。

2. 可是我们相信有一种更强大的力量能够令我们的头脑恢复清醒。

3. 我们决定将自己的意志力和生活都交给心目中的那个上帝。

4. 带着一种探索的精神，勇敢地冲进自己的精神世界，开始整理自己的道德思想。

5. 向上帝、自己以及其他人承认我们的错误行为。

6. 我们已经做好了准备，时刻可以迎接上帝，让他祛除我们性格中的缺陷。

7. 谦卑地恳请上帝消除我们的不足之处。

8. 写出所有被我们伤害过的人的姓名，愿意为当初对他人造成的伤害做出弥补。

9. 只要有可能就以最直接的方式去弥补那些自己伤害过的人，除非这样做会再次伤害他们或他人。

10. 继续整理个人思想，发现自己的错误之后，立刻真心承认自己的过失。

11. 尝试通过祈祷和冥想来增进我们和心目中那个上帝的沟通；祈祷他赐予我们对自我的了解，以及实践自我的能量。

12. 在经历上述步骤后，我们最终实现了个人的精神觉醒，并且尝试着将这一信息传递给其他酗酒者，并且在以后的所有事件中继续坚持和贯彻这些原则。

此处刊登的《十二步匿名戒酒计划》获得了匿名戒酒世界服务中心的许可。此许可并不代表十二步计划认可该出版物中所刊登的其他内容，也不代表“匿名戒酒计划”同意该出版物在此所表达的任何观点。匿名戒酒计划是一项按照《匿名戒酒十二步计划》所设定的模式，针对酗酒行为及思想的一项康复性计划及活动。不过，该计划及活动也可应用于其他非酗酒环境下的问题。除此以外，该计划再无其他暗指或隐含意义。

十二步计划也许的确成功了，但它只成功了一部分，并不完全，因为各种各样的计划也同样可以帮助精神世界的心理原型恢复平衡。例如：

步骤一：通过承认自己对某种上瘾行为无能为力，并向他人伸出求助之手，唤醒其内在的孤儿原型。

步骤二至三：将自己的生活移交给上帝，从而完成天真者的回归。

步骤四至十：承认自己的过失并对其做出弥补，这一做法唤醒了已经升华的战士原型的正义感。圆桌骑士一直坚持着一项高贵的原则，并且凭借这一原则在无数惨烈的战役中生存了下来。同样，这些步骤能够帮助很多人最终成为胜利者，生存下来。

步骤十一：寻求神助将会帮助我们明白自己是谁，并因此而唤醒升华后的流浪者。

步骤十二：帮助他人、为他人服务，最终唤醒了利他主义者原型。

此处列出的原型康复计划模式，只有当我们将它和一个针对个人情况而设的十二步计划联系起来的时候，它才能发挥出这一功效。然而，只有人们进入康复的第二乃至第三阶段的时候，这一模式的重要性才会渐渐显现出来，因为它会帮助人们拾起之前被他们遗漏的生活课程。正是因为如此，这一方法不仅适用于酗酒者，也适用于家庭职能不健全的任何人。原型模式还有预防的作用，因为相对于那些内心能量较为匮乏、自我意识不足的人而言，自我发展良好的人遭遇这一风险的可能性会小得多。

英雄求同存异、实现社会平衡

如果将这本书的内容按照个人理解来解释，就是要民主地生活。一人一票意味着我们所有人都拥有平等的政治权利。当然，除非人们宣布并主张自己的这一个人权利，不然，他们就永远都无法真正地实践这一权利。正因为如此，如果我们每个人都能以某种方式开始自己的英雄之旅，那么，这个世界就会成为梦想中的理想世界。当人们想当然地接受一切，而不去践行自己的公民权时，民主就会受到威胁。要想让民主在这个社会生存下去，并且能够无一遗漏地效力于所有人，我们就需要投身于各项政治活动之中，投票支持那些能够体现我们个人观点的人和政策。

我们可以通过6种心理原型来描绘一个平衡的社会体系，同时，也可以借助它们来欣赏不同种族与团体之间的差异。

孤儿原型告诉我们，当人们真的需要帮助时，我们需要为其提供一张安全网，以及一些保护性的立法，从而保护他们不成为受害者，也让地球不受到掠夺和蹂躏。消费者保护措施、和平以及环境运动，加上各种解放运动，能够帮助我们识别哪里的民主出了问题，以及民主究竟是在为谁服务，从而推进必要的改革。

流浪者最想看到的场景莫过于所有公民的权利都获得周全的保护，而个人的生活、解放以及追求幸福的权利也能获得社会乃至国家的重视。所有人都相信真正的民主会赞同并支持这些价值观，而自由意志论者则会通过最极端的方式来表达自己的这一立场。

战士原型告诉我们，我们需要充分的竞争来提升个人素质和生产力，与此同时，我们也需要充足的军事力量来保护我们不受到任何威胁和危害。通常来说，政治保守派都会全力赞同并支持这一观念。

利他主义者告诉我们，仅仅有竞争还不够，要想让我们的生活恢复和谐，唯一的办法就是分享我们的时间、才智和能量，并且用它们为大众谋取公共福利，提供公共服务。

魔法师告诉我们，我们绝不能仅仅依赖某一种原型，将其他原型排斥在外。我们必须找到最适合当前的平衡点。魔法师还能有助于我们获悉如何在历史的某个特定阶段，借助某种特定的品质帮助社会体系恢复平衡状态。

附录D：
唤醒12种原型：注意事项

《影响你生命的12原型》是一种与个人心理原型发展过程有关的，即我们发现自我，以及了解我们能够为这个世界做什么，是比《内在英雄》更加高级且复杂的原型运用模式。1991年，《内在英雄》一书由哈珀出版社在旧金山出版。此后，与之有关的机构、练习手册以及书籍如雨后春笋般地出现在人们的视线之中，其宗旨就是帮助专业人员拓展对本书的运用空间及方法。你可以从哈珀出版社或当地书店买到这本书。

一些专业读者在读过《内在英雄》这一版本的手稿之后，曾经向我询问这两本书所描述的诸多原型之间的关系。有些原型的名称之间还略微有些差别。心理原型并不像实际的物质一样，可以轻而易举地将其定性，然后命名。由于故事背景不同，加上个人差异，即使在本质上相同，其最终的表现形式也可能会有所不同。我已经尽我最大可能，为每本书中的原型挑选了最适合它们的名称，从而使其能够与书的主题以及原型本身的层次和风格相吻合。《内在英雄》中的利他主义者原型结合了12种原型模式中护理者及毁灭者原型的特征。这一原型名称本身也强调了其面向大众的慷慨性，而不是仅仅局限于私人护理。

《内在英雄》：6种原型	《影响你生命的12原型》
天真者	天真者
孤儿	孤儿
流浪者	探索者
战士	战士
利他主义者	护理者
魔法师	毁灭者
	爱人
	创造者
	统治者
	魔法师
	圣贤
	傻瓜

我推荐大家可以把《内在英雄》作为入门的介绍性资料。此外，这本书也适用于那些年轻的读者，以及想将书中观点应用到社会、政治及工作环境中去的人。《影响你生命的12原型》更适合心理治疗师、中年及以上，以及更专业的

读者使用。《影响你生命的12原型》一书对各种心理原型又进一步加以区分，因此，除了那些准备踏上旅途的人（通过强化自我）以外，正在自我转变的人（通过加强与内在灵魂或更深层次的自我的联系），以及完成旅行后归来并打算为社会文化作出自身贡献的人（在他找到完整的自我并实现自我的过程中），都可以从书中获得他们所需要的帮助。